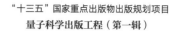

"十三五"国家重点出版物出版规划项目

量子科学出版工程（第一辑）

国家出版基金项目

NATIONAL PUBLICATION FOUNDATION

Some

Fundamental

Problems

in Quantum Physics

汪克林　曹则贤　著

量子科学出版工程
Quantum Science
Publishing Project

量子物理
若干基本问题

中国科学技术大学出版社

内 容 简 介

本书在认可量子物理已为实验所广泛肯定的前提下,对一些迄今尚未被完全理解的基本问题展开深入讨论,包括粒子的颤动问题、EPR 佯谬、连续谱的发散问题、测量原理,以及时间的标度问题,等等.尽管 Dirac、Schrödinger、Einstein 等一干量子力学创始人对相关问题给出过精辟的分析,但是因为问题的提出是在量子理论发展的初期,相关讨论难免带有经典思维的痕迹,会影响对这些问题的理解与判断.本书针对上述若干量子物理基本问题基于当前的量子力学知识给予了系统的再思考.

本书可供大学物理专业本科生、研究生和相关研究人员参考.

图书在版编目(CIP)数据

量子物理若干基本问题/汪克林,曹则贤著. —合肥:中国科学技术大学出版社,2019.9
(2021.8 重印)

(量子科学出版工程. 第一辑)
国家出版基金项目
"十三五"国家重点出版物出版规划项目
ISBN 978-7-312-04758-9

Ⅰ. 量… Ⅱ. ①汪… ②曹… Ⅲ. 量子—文集 Ⅳ. O4-53

中国版本图书馆 CIP 数据核字(2019)第 171411 号

出版	中国科学技术大学出版社
	安徽省合肥市金寨路 96 号,230026
	http://press.ustc.edu.cn
	https://zgkxjsdxcbs.tmall.com
印刷	合肥华苑印刷包装有限公司
发行	中国科学技术大学出版社
经销	全国新华书店
开本	787 mm×1092 mm 1/16
印张	14.75
字数	272 千
版次	2019 年 9 月第 1 版
印次	2021 年 8 月第 2 次印刷
定价	90.00 元

序

在量子力学建立初期,物理学家对量子理论持有不同的看法,有过激烈的争论.Einstein 认为量子理论的出发点违背科学的决定论.物理系统在一定状态下的物理量的值竟然呈现概率分布,这是不可接受的.Dirac 在他的《量子力学原理》一书中回答了这一疑问,认为在经典物理中状态是由一组物理量的数值来表征的,而在量子理论中状态由态矢来表征.科学的决定论在量子理论中指的是态矢遵守确定的演化规律.从这个意义上来讲,物理系统状态的演化规律是确定的,量子理论符合科学的决定论.

在 Einstein 关于量子理论存在不自洽的看法中有一个备受瞩目的 EPR 问题:"一个物理系统分离成两个子系统时,由于此系统内存在量子理论认为的纠缠,因此对一个子系统的定域测量会驾驭另一个子系统的状态,这种超距的影响是违背因果律的,所以量子理论是不自洽的."对于这一问题至今没有人给出过正面的回答,还没有谁真的做过实验对这一命题的真伪作出判断.从量子理论本身来看,它的测量原理只对物理系统的整体测量做了论断,对于系统之子系统的定域测量,量子理论的测量原理没有做过论述,遑论判定一个子系统的定域测量是否会驾驭另一子系统了.

除了像 EPR 悖论这样的尖锐问题外,量子理论中还有一些值得我们深思的问题.例如,任一个保守的物理系统都具有一组完备的能量本征态集,即定态集,并且有些系统(例如氢原子、谐振子)的定态集之具体数学表达式亦已经得到.有些系统的定态集之具体数学表达式尚未求得,但理论上可以肯定其存在,原则上总可以用数值求得.然而一个物理系统处于自由状态时虽能求得平面波形式的定态解,这个定态解形式上似乎亦是能量的本征态,但它并不是真实物理状态.这是一个长期以来被忽视的量子理论中不自洽的例子.我们要问:这一事实是意味着每一个保守的物理系统都具有物理的定态集这一规律不成立,还是自由状态就不是一个为量子理论所容许的物理状态?

在目前的物理理论中,另一个值得深思的问题是,不同频率的光子在现有理论中是被等权地对待的.初看起来这似乎是合理的,但当考虑到$\omega \to 0$和$\omega \to \infty$这两个极端的、在物理上无意义的光子亦将被包含进来并被等权地对待时,显然这样的处理是不合理的.这一不合理处其实人们过去已经注意到了,所以发展出了重整化理论加以弥补.我们可否设想,从一开始就不采取那种不合理的处理方法,而改从另一个更为合理的依据出发来处理这类问题,从而无需后来再行弥补呢?

上面列举了物理理论中存在的一些还不完全明了的问题,它们是否有答案以及如何才能找到令人信服的答案是作者试图去努力探索的,希望能引起同行的注意和讨论.此外我们要说的是,这些问题和我们对物理世界的一些基本认识有密切关联.本书中提到的不论是Dirac粒子的颤动问题还是EPR佯谬都会牵涉到另外一些基本物理问题,甚至会引起对时空概念的进一步思考.

最后要强调的是,我们在这里没有对物理理论中的任何一个基本规律提出质疑,我们想讨论和探索的是在现有理论框架下一些尚存的模糊不清的基本问题,并试图寻找相应的解决途径.

本书由作者之一汪克林基于过去多年在量子力学的教学与研究实践中积累的对相关问题的思考撰写而成,另一位作者曹则贤参与了部分讨论并校阅了书稿.

作 者

2019 年 9 月

目录

第 1 章

Dirac 粒子的颤动

1.1 Dirac 方程与颤动问题

　　率先将相对论和量子力学结合起来的工作见于 Dirac 提出的 Dirac 方程. 这一理论把过去的量子理论一下子拓宽了许多; 过去的量子理论只局限于讨论基本粒子外部自由度的动力学, 而 Dirac 方程揭示出粒子不仅具有外部自由度, 同时也具有内部自由度. 按 Schrödinger 后来的解释, Dirac 方程还给出了粒子的外部自由度和内部自由度之间的关联, 即粒子的外部自由度和内部自由度之间不断有能量的交换. 这一因素使得 Dirac 方程描述的粒子之物理变得十分丰富. Dirac 方程揭示出粒子的内部自由度中包括了粒子的自旋, 这一点给了自旋存在一个坚实的理论基础, 而且它还告诉我们粒子的内部自由度亦包括正负状态.

为了方便讨论,这里将 Dirac 给出的这一类粒子的 Hamiltonian 列出:

$$H = c\hat{\boldsymbol{p}} \cdot \boldsymbol{\alpha} + mc^2\beta \tag{1.1.1}$$

其中 c 是光速,$\hat{\boldsymbol{p}}$ 是粒子的动量算符,m 是粒子的质量,$\boldsymbol{\alpha}$,β 是四个满足以下对易关系的 4×4 矩阵:

$$\alpha_1^2 = \alpha_2^2 = \alpha_3^2 = \beta^2 = 1$$
$$\alpha_1\alpha_2 + \alpha_2\alpha_1 = \alpha_2\alpha_3 + \alpha_3\alpha_2 = \alpha_1\alpha_3 + \alpha_3\alpha_1 = 0 \tag{1.1.2}$$
$$\alpha_1\beta + \beta\alpha_1 = \alpha_2\beta + \beta\alpha_2 = \alpha_3\beta + \beta\alpha_3 = 0$$

在 Dirac 方程写出以后,Dirac 自己很快提出一个有趣的问题:按照该理论,在给出了系统的 Hamiltonian 后,粒子的速度算符便可以求出:

$$\hat{\boldsymbol{v}} = \frac{[\hat{\boldsymbol{x}}, H]}{\mathrm{i}\,\hbar} = c\boldsymbol{\alpha} \tag{1.1.3}$$

其中 $\hat{\boldsymbol{v}}$ 是粒子的速度算符,在得到上式时用到了关系式 $[\hat{x}_i, \hat{p}_j] = \mathrm{i}\,\hbar\delta_{ij}$.从式(1.1.3)可以看出,由于矩阵 $\boldsymbol{\alpha}$ 是 1 的量级,因此可知粒子的速度是 c 的量级.但事实上,在实际的观测中,属于 Dirac 粒子的电子,其观测速度在一般情形下都远远低于光速 c,这样的矛盾该如何理解呢? 为此 Dirac 作了如下的解释.

Dirac 认为式(1.1.3)给出的 $c\boldsymbol{\alpha}$ 是粒子的瞬时速度,它确实是 c 的量级,但我们在实际中观察到的电子的速度并不是它的瞬时速度.因为我们实测的速度是在一个小的时间区间里电子的平均速度,而电子在运动方向上做迅速的来回运动.因此尽管每一个瞬时它的速度都是 c 的量级,但因电子在运动方向上不停地振荡,故其平均的净速度是一个比 c 小很多的值.为了证明他的论证成立,Dirac 作了如下的形式证明.

假定粒子始终沿一定方向运动,例如运动是沿 x_1 方向的.下面将在 Heisenberg 图像中讨论这一问题.按式(1.1.3)有 $\hat{v} = c\alpha_1$,所以粒子速度随时间的变化等同于 α_1 随时间的变化:

$$\mathrm{i}\,\hbar\dot{\alpha}_1 = [\alpha_1, H] = \alpha_1 H - H\alpha_1$$
$$= 2\alpha_1 H - (\alpha_1 H + H\alpha_1) = 2\alpha_1 H - 2c\hat{p}_1 \tag{1.1.4}$$

在得到上式时用到

$$\alpha_1 H + H\alpha_1 = \alpha_1(c\boldsymbol{\alpha} \cdot \hat{\boldsymbol{p}} + \beta mc^2) + (c\boldsymbol{\alpha} \cdot \hat{\boldsymbol{p}} + \beta mc^2)\alpha_1$$

$$= \alpha_1(c\alpha_1\hat{p}_1) + c(\alpha_1\hat{p}_1)\alpha_1 = 2c\hat{p}_1 \tag{1.1.5}$$

再在式(1.1.4)两端对 t 求导,注意到 $\hat{p}_1$ 和 H 都是守恒量,它们对时间求导为零,故有

$$\mathrm{i}\,\hbar\ddot{\alpha}_1 = 2\dot{\alpha}_1 H \tag{1.1.6}$$

如记 $t=0$ 时 $\dot{\alpha}_1$ 的值为 $\dot{\alpha}_1^{(0)}$,则上式积分后给出

$$\dot{\alpha}_1 = \dot{\alpha}_1^{(0)}\mathrm{e}^{-2iHt/\hbar} \tag{1.1.7}$$

现在把式(1.1.4)改写成

$$\alpha_1 = \frac{1}{2}(\mathrm{i}\,\hbar\dot{\alpha}_1 H^{-1} + 2c\hat{p}_1 H^{-1}) \tag{1.1.8}$$

注意在改写时因为所有的量都是算符,必须保持顺序不变.这时将式(1.1.7)代入式(1.1.8),再代入式(1.1.3),得到

$$\dot{\hat{x}}_1 = \frac{1}{2}\mathrm{i}\,\hbar c\dot{\alpha}_1^{(0)}\mathrm{e}^{-2iHt/\hbar}H^{-1} + c^2\hat{p}_1 H^{-1} \tag{1.1.9}$$

作对时间的积分后得

$$\hat{x}_1 = -\frac{1}{4}c\,\hbar^2\dot{\alpha}_1^{(0)}\mathrm{e}^{-2iHt/\hbar}H^{-2} + c^2\hat{p}_1 H^{-1}t + x_{10} \tag{1.1.10}$$

在得到式(1.1.9)和式(1.1.10)后,Dirac 便可清楚地回答上面提出的疑问了.如果式(1.1.9)的右方只有第二项而没有第一项,则位置和动量之间显然满足类似于经典力学的关系,即位置随时间的变化具有线性的正比于 $\hat{p}_1$ 的关系.不过和经典情形不同的是还有第一项,它给出了一个沿 x_1 方向的粒子迅速振荡的部分,这一部分表示的运动被称为粒子的颤动(ZB)[①].第一项和第二项之和的瞬时值,即瞬时速度具有 c 的量级,但当观测一个小的时间间隔的平均速度时,对第一项的迅速振荡来讲,这样的时间间隔已经算得上是很长的了,平均后其贡献为零.故观测得到的实际速度只是第二项的远低于 c 的贡献.

虽然 Dirac 对这一问题做出了回答并给出了形式的证明,但他并没有更清楚地说明产生这种颤动的物理机制,以及为什么在 Dirac 粒子的情况下会出现这种过去

① ZB:zitterbewegung,颤动,指类似打冷颤那样的运动.其他西文文献保留了这个德语词的拼法.

经典理论没有遇到过的颤动现象. Schrödinger 把这样的颤动现象发生的机制阐明为凡是既有内部自由度又有外部自由度且两者间存在能量交换的物理系统都会具有的一种普遍现象, 而且特别指出它不是相对论的要求导致的结果. 形象一点讲, 粒子在任一时间点上的瞬时速度虽然是 c 的量级, 但它的外部自由度和内部自由度有能量交换, 来回的能量交换造成了粒子的外部运动中的颤动.

图 1.1.1 为颤动与测量速度间关系的示意图.

图 1.1.1 颤动的示意图

行进中的列车, 车厢壁上用弹簧悬挂的小球在极迅速地来回振动, 故它的瞬时速度很大, 但大时间尺度上的表观速度是列车的行进速度.

1.2 颤动的实验证实与量子模拟

尽管在 Dirac 方程建立的最初阶段 Dirac 和 Schrödinger 就一起很好地解释了 Dirac 粒子的颤动现象, 然而在随后的年代里所有想用实验来证实颤动存在的企图都没有成功. 人们似乎已经对颤动淡忘了, 不仅如此, 同时还出现一些从理论上否定颤动存在的工作. 对于从现有的实验水平来证实颤动存在之所以不成功, 人们还是具有充足的理由的, 那就是凭借目前发展达到的实验技术水平我们还无法观测到振幅如此之小而振荡频率又如此之高的颤动.

既然如此, 是否就可以说颤动现象只能是一个停留在理论上的论断, 它是无法在实际中得到证实的? 人们不禁还要问: 难道连间接的证据也找不到吗? 从 Schrödinger 对颤动现象物理实质的解释中人们还是得到了启发, 即如果我们能找到某种物理系统, 它们和 Dirac 粒子一样具有"外部自由度"和"内部自由度", 而且两者之间存在耦合, 使该系统的 Hamiltonian 的数学形式和 Dirac 方程中的 Hamiltonian 形式一样, 同时它们的物理参量又和 Dirac 方程中的参量不相同, 使得它们的颤动振幅不像 Dirac 粒子的颤动振幅那样小, 相应的振荡频率也没有 Dirac 粒子的颤动振荡频率那样高,那么对这样的物理系统观测颤动或是现代技术可以做到的.因此只要对这些系统观测的结果是肯定的,则 Dirac 粒子的颤动不就得到了间接的证明吗?按照这一思路,近几年来发表了不少这方面的研究工作成果,它们被统称为 Dirac 粒子颤动的量子模拟.

在众多的颤动量子模拟的工作中,应该首先提到的是 Gerritsma 等人的工作.他们在 Paul 阱中囚禁单个 ^{40}Ca$^+$ 离子,再用光泵浦和边带冷却技术使被囚禁离子的动力学行为满足和 Dirac 方程相同的数学形式,如前所述,实验安排下的参量给出的颤动的振幅和频率范围都在现代实验技术的可测区域内.按照他们所做的理论工作和实验结果,他们宣称证实了颤动的存在.

在其后的几年里,国际上相继发表了不少类似的工作.在这些研究工作发表以后,有关 Dirac 粒子的颤动的疑难好像已得到了肯定的答案.但是仔细思考以后人们还是要提出一个质疑,即这些工作真的是 Dirac 粒子颤动的量子模拟吗?如果不是,那么它们是否还有意义?我们的回答是:它们不是 Dirac 粒子颤动的量子模拟,但它们是有意义的.其意义在于证实了 Schrödinger 的关于既有外部自由度又有内部自由度且两者存在能量交换的物理系统具有颤动的论断,但唯独不是 Dirac 粒子颤动的量子模拟.为了讲清这一问题,下面我们将逐步予以阐明.

1.3 颤动问题分析

为了阐明上述的那些工作并不是 Dirac 粒子的颤动量子模拟,我们的分析如下.

由于 Gerritsma 等人的工作针对的不是三维而是一维的 Dirac 方程,所以这里先要将一维的 Dirac 方程理论回顾一下.如果我们考虑粒子在固定的一维方向上运动,并且考虑它的自旋取向固定在另一方向,则有如下形式的简化 Hamiltonian:

$$H_{\mathrm{D}} = c\hat{p}\sigma_x + mc^2\sigma_z \tag{1.3.1}$$

式中除了 m,c 仍表示粒子质量和光速外,由于粒子只在一个确定的方向上运动,所以动量算符 $\hat{p}$ 没有下标,原来标志自旋的的维数已不起作用,被代之以 2×2 矩阵 σ_x 和 σ_z.不过这时粒子态矢的上下分量已不再标志自旋向上和自旋向下,而是标志正负状态了.

如前所述，Gerritsma 等人的实验装置制备的离子系统的 Hamiltonian 为

$$H = 2\eta\Delta\hat{p}\sigma_x + h\Omega\sigma_z \tag{1.3.2}$$

比较式(1.3.1)和式(1.3.2)可以看出：一是两者的数学形式完全相同；二是出现在式(1.3.2)中的参量 Ω, Δ, η 不同于 m, c 等原始的 Dirac 方程中的物理参量. 正是实验装置的这些可调参量使得这种物理系统的颤动成为观测量.

他们的工作思路是这样的：因为 Dirac 在提出他的方程以后很快就得到了平面波解，这种三维的解包含四类，即如将解的态矢表为

$$|\rangle = \begin{pmatrix} \phi_1 \\ \phi_2 \\ \phi_3 \\ \phi_4 \end{pmatrix} e^{ip\cdot x/\hbar} = [u]e^{ip\cdot x/\hbar} \tag{1.3.3}$$

则得到的四类解可表述如下：

$$E_+(p) = \sqrt{m^2c^4 + c^2p^2}, \quad s_z = \frac{\hbar}{2}, \quad [u_1] = \begin{pmatrix} 1 \\ 0 \\ \dfrac{cp}{mc^2 + E_+} \\ 0 \end{pmatrix}$$

$$E_+(p) = \sqrt{m^2c^4 + c^2p^2}, \quad s_z = -\frac{\hbar}{2}, \quad [u_2] = \begin{pmatrix} 0 \\ 1 \\ 0 \\ -\dfrac{cp}{mc^2 + E_+} \end{pmatrix}$$

$$E_-(p) = -\sqrt{m^2c^4 + c^2p^2}, \quad s_z = \frac{\hbar}{2}, \quad [u_3] = \begin{pmatrix} -\dfrac{cp}{mc^2 - E_-} \\ 0 \\ 1 \\ 0 \end{pmatrix}$$

$$E_-(p) = -\sqrt{m^2 c^4 + c^2 p^2}, \quad s_z = -\frac{\hbar}{2}, \quad [u_4] = \begin{pmatrix} 0 \\ \dfrac{cp}{mc^2 - E_-} \\ 0 \\ 1 \end{pmatrix} \quad (1.3.4)$$

由于现在讨论的是一维 Dirac 粒子,又考虑固定的自旋取向,所以上述的平面波解或能量本征态可约化为

$$s_z = \frac{\hbar}{2}, \quad E_+(p), \quad [u_+] = \begin{pmatrix} 1 \\ \dfrac{cp}{mc^2 + E_+} \end{pmatrix}$$

$$s_z = \frac{\hbar}{2}, \quad E_-(p), \quad [u_-] = \begin{pmatrix} -\dfrac{cp}{mc^2 - E_-} \\ 1 \end{pmatrix} \quad (1.3.5)$$

或者

$$s_z = -\frac{\hbar}{2}, \quad E_+(p), \quad [u_+] = \begin{pmatrix} 1 \\ -\dfrac{cp}{mc^2 + E_+} \end{pmatrix}$$

$$s_z = -\frac{\hbar}{2}, \quad E_-(p), \quad [u_-] = \begin{pmatrix} \dfrac{cp}{mc^2 - E_-} \\ 1 \end{pmatrix} \quad (1.3.6)$$

Gerritsma 等人认为不论是取式(1.3.5)的解还是取式(1.3.6)的解,它们都是一组完备的能量本征态集,因此对于系统随时间的演化,只要给定了初始态,并让这个初始态在这组完备的能量本征态上展开:

$$|t=0\rangle = \iint F(p)[u_+]\mathrm{e}^{\mathrm{i}p \cdot x_1/\hbar}\mathrm{d}p \mid x_1\rangle \mathrm{d}x_1$$
$$+ \iint G(p)[u_-]\mathrm{e}^{\mathrm{i}p \cdot x_1/\hbar}\mathrm{d}p \mid x_1\rangle \mathrm{d}x_1 \quad (1.3.7)$$

则以后任意时刻的态矢 $|t\rangle$ 即可表示为

$$|t\rangle = \iint F(p)\mathrm{e}^{-\mathrm{i}E_+(p)t/\hbar}[u_+]\mathrm{e}^{\mathrm{i}p \cdot x_1/\hbar}\mathrm{d}p \mid x_1\rangle \mathrm{d}x_1$$

$$+\iint G(p)\mathrm{e}^{-\mathrm{i}E_-(p)t/\hbar}[u_-]\mathrm{e}^{\mathrm{i}p\cdot x_1/\hbar}\mathrm{d}p \mid x_1\rangle\mathrm{d}x_1 \tag{1.3.8}$$

得到时刻 t 的态矢 $|t\rangle$ 后,所有的物理量,自然也包括粒子的瞬时速度,便均可得到. 在 Gerritsma 等人的研究工作中,理论计算的结果和实验相较是符合的,因此他们认为在他们的工作中已得到了 Dirac 粒子的颤动存在的间接证据,故称其是对 Dirac 粒子的量子模拟. 事实上,在上述论证过程中有一个关键点被忽视了. 原因是在 Dirac 方程及平面波解提出后,Dirac 亦从式(1.3.4)~(1.3.6)中看出粒子的能态集中既有正能本征态,又有负能本征态,而这种负能本征态的存在不仅使粒子始终不能居于一个稳定的能态上,并且实际上从未发现过有居于负能本征态的粒子. 有鉴于此,Dirac 提出了负能本征态全被填满的假设,换句话说,粒子是不可能居于负能本征态的. 有了这一原则,我们就必须从式(1.3.7)和式(1.3.8)的展开式中去掉负能本征态的部分. 这样一来还会有间接证实 Dirac 粒子具有颤动的结论吗?

1.4　一维 Dirac 粒子的速度

为了阐明在 Dirac 的负能海假设下按照上面的论证不能得出 Dirac 粒子具有颤动的结论,我们在下面重新具体计算这一问题. 式(1.1.3)曾给出 Dirac 粒子的速度算符,但由于现在讨论的是一维 Dirac 粒子,因此需要把前面的速度算符转化为一维的表示:

$$\hat{v} = c\sigma_x \tag{1.4.1}$$

为了更好地说清楚问题,讨论开始时在式(1.3.8)的展开式中仍暂时保留负能本征态的部分,于是粒子的瞬时速度可表示为

$$v(t) = \langle t \mid \hat{v} \mid t\rangle$$

$$= \left\{\iint \langle x_1 \mid F^*(p)\mathrm{e}^{\mathrm{i}E_+(p)t/\hbar}[u_+(p)]^\dagger \mathrm{e}^{-\mathrm{i}p\cdot x_1/\hbar}\mathrm{d}p\mathrm{d}x_1\right.$$

$$\left.+ \iint \langle x_1 \mid G^*(p)\mathrm{e}^{\mathrm{i}E_-(p)t/\hbar}[u_-(p)]^\dagger \mathrm{e}^{-\mathrm{i}p\cdot x_1/\hbar}\mathrm{d}p\mathrm{d}x_1\right\}c\sigma_x$$

$$\cdot \left\{\iint F(p')\mathrm{e}^{-\mathrm{i}E_+(p')t/\hbar}[u_+(p')]\mathrm{e}^{\mathrm{i}p'\cdot x_1'/\hbar}\mathrm{d}p'\mathrm{d}x_1'|x_1'\rangle\right.$$

$$+ \iint G(p') \mathrm{e}^{-\mathrm{i}E_-(p')t/\hbar} [u_-(p')] \mathrm{e}^{\mathrm{i}p' \cdot x_1'/\hbar} \mathrm{d}p' \mathrm{d}x_1' |x_1'\rangle \Big\}$$

$$= \int F^*(p) F(p) 2\pi \hbar [u_+(p)]^\dagger c\sigma_x [u_+(p)] \mathrm{d}p$$

$$+ \int F^*(p) G(p) 2\pi \hbar [u_+(p)]^\dagger c\sigma_x [u_-(p)] \mathrm{e}^{\mathrm{i}[E_+(p)-E_-(p)]t/\hbar} \mathrm{d}p$$

$$+ \int G^*(p) F(p) 2\pi \hbar [u_-(p)]^\dagger c\sigma_x [u_+(p)] \mathrm{e}^{\mathrm{i}[E_-(p)-E_+(p)]t/\hbar} \mathrm{d}p$$

$$+ \int G^*(p) G(p) 2\pi \hbar [u_-(p)]^\dagger c\sigma_x [u_-(p)] \mathrm{d}p \tag{1.4.2}$$

现在来分析粒子速度公式(1.4.2)的含义.

(1) 在计算式(1.4.2)时有意保留了负能本征态,但如果是 Dirac 粒子,它在负能本征态上的布居是不可能的.换句话说,从一开始就应该没有由 $G(p)$ 表征的负能本征态部分,这就是说对于 Dirac 粒子来讲,式(1.4.2)中应该只有右方的第一项而没有余下的三项.这样一来得到的结果是粒子的速度始终保持一个恒定的与时间无关的常量,因此从上面的清晰的表述中看出不存在一个随时间振荡的颤动部分.

(2) 上述的那些研究工作的理论计算被认为是 Dirac 粒子颤动的量子模拟,它们是根据式(1.4.2)那样的考虑来计算的,说得更明白一点就是在那些工作中保留了负能本征态的存在,那些工作中论证存在随时间振荡的颤动就是根据式(1.4.2)的第二项和第三项.

(3) 由以上两点阐述可知,迄今为止那些声称是 Dirac 粒子颤动的量子模拟的提法是不确切的,因为它们没有满足负能海的假定.那么这些研究还有意义吗? 答案是它们虽不是 Dirac 粒子的量子模拟,但它们仍具有重要意义.其意义在于肯定了 Schrödinger 有关物理系统如果具有内、外自由度又有两者之间的能量交换的话,则这样的物理系统就有颤动现象的结论.那些不是 Dirac 粒子而又具有和 Dirac 方程相同的数学形式的动力学规律的物理系统不存在负能海的假定.

(4) Dirac 粒子的颤动至今仍然没有得到直接或间接的证实,需要更进一步的探讨.

1.5 一个类似的问题——Weyl 粒子的存在

无独有偶,最近有一个与上面讨论的 Dirac 粒子颤动的量子模拟非常相似的研究工作宣称证实了 Weyl 粒子的存在.我们认为这样的情形和上面谈到的那些认为是 Dirac 粒子颤动量子模拟的说法很相似,是不确切的.为了清楚表述后面这个工作的准确含义,下面将具体予以分析,并说明在对这两个研究结果的认定上有相似的不确切的情形.

1. Weyl 粒子理论的简单回顾

在 Dirac 理论提出后,Weyl 提出一个想法,即如果符合 Dirac 理论的粒子的质量为零,那么这种粒子会有什么样的新特点? 一方面,当 Dirac 理论中粒子的质量为零时,它的 Hamiltonian 将约化为

$$H = c\hat{\boldsymbol{p}} \cdot \boldsymbol{\alpha} \tag{1.5.1}$$

其动力学方程可表示为

$$\frac{\mathrm{d}}{\mathrm{d}t}\,|\,t\,\rangle + c\boldsymbol{\alpha} \cdot \frac{\mathrm{d}}{\mathrm{d}x}\,|\,t\,\rangle = 0 \tag{1.5.2}$$

对上式作用以 $\left(-\dfrac{\mathrm{d}}{\mathrm{d}t} + c\boldsymbol{\alpha} \cdot \dfrac{\mathrm{d}}{\mathrm{d}x}\right)$,得

$$\left(-\frac{\mathrm{d}^2}{\mathrm{d}t^2} + c^2 \sum_{j,k} \alpha_j \alpha_k \frac{\mathrm{d}^2}{\mathrm{d}x_j \mathrm{d}x_k}\right)|\,t\,\rangle = 0$$

并可改表示为

$$\left[-\frac{\mathrm{d}^2}{\mathrm{d}t^2} + c^2 \cdot \frac{1}{2} \sum_{j,k} (\alpha_j \alpha_k + \alpha_k \alpha_j) \frac{\mathrm{d}}{\mathrm{d}x_j} \frac{\mathrm{d}}{\mathrm{d}x_k}\right]|\,t\,\rangle = 0 \tag{1.5.3}$$

另一方面,我们知道质量为零时相对论的能量-动量关系成为

$$E^2 = c^2 \boldsymbol{p}^2 \tag{1.5.4}$$

将它们换作量子理论中的能量、动量算符时有如下的动力学方程:

$$\left(-\frac{\mathrm{d}^2}{\mathrm{d}t^2} + c^2\ \nabla^2\right)|\,t\,\rangle = 0 \qquad (1.5.5)$$

比较式(1.5.3)和式(1.5.5),可知在粒子的质量为零的情况下,对 α 的矩阵的要求约化为

$$\frac{1}{2}(\alpha_j\alpha_k + \alpha_k\alpha_j) = \delta_{jk} \qquad (1.5.6)$$

从上式看出,在质量为零时只对三个矩阵有反对易关系的要求,而不像在非零质量下的对 $\boldsymbol{\alpha}$ 及 β 这四个矩阵有反对易关系的要求.这时三个 $\boldsymbol{\alpha}$ 就可取为 2×2 矩阵而不必是 4×4 矩阵.因此 Hamiltonian 的表示式(1.5.1)可改表示为

$$H = c\boldsymbol{\sigma} \cdot \hat{\boldsymbol{p}} \qquad (1.5.7)$$

2. 新守恒量——螺旋性算符

从式(1.5.7)可以看出 $\boldsymbol{\sigma} \cdot \hat{\boldsymbol{p}}$ 是守恒量,因为有 $[\boldsymbol{\sigma} \cdot \hat{\boldsymbol{p}}, H] = 0$.自然 $\dfrac{\boldsymbol{\sigma} \cdot \hat{\boldsymbol{p}}}{|\hat{\boldsymbol{p}}|}$ 也是守恒量,这一守恒量被称作螺旋性算符.它具有如下的性质:

$$\left(\frac{\boldsymbol{\sigma} \cdot \hat{\boldsymbol{p}}}{|\hat{\boldsymbol{p}}|}\right)^2 = \frac{(\hat{\boldsymbol{p}})^2}{|\hat{\boldsymbol{p}}|^2} = 1 \qquad (1.5.8)$$

从它的定义知道,它的物理意义是粒子的动量在自旋方向上的投影.同时知道它的本征值是 ±1.如果本征值为 +1,则表示动量和自旋方向相同,称粒子具有右螺旋性;如果本征值为 −1,则粒子的动量和自旋的方向相反,称之为左螺旋性.

3. 螺旋性和能量的共同本征态

由上面的讨论可知,粒子的螺旋性本征态也一定是能量的本征态,即无质量粒子具有螺旋性和能量的共同本征态.这种共同本征态有两类:一类是右螺旋性的共同本征态,它是正能量的能量本征态;另一类是左螺旋性的共同本征态,因为左螺旋性本征值为 −1,故它是负能量的能量本征态.如果回忆一下 Dirac 的负能海的假设来自基本粒子不应有负能本征态的论断,则从这点来看我们一样应该对无质量的粒子有这样的论断:如果存在零质量的基本粒子,由于只有正能态粒子才存在,故它一定是

右螺旋性的,而不是左螺旋性的.这样的具有确定的螺旋性和能量的共同本征态的粒子被冠以 Weyl 粒子的名称.

4. 左螺旋性粒子的可能性

尽管我们从式(1.5.1)出发严格证明了如果有无质量的 Weyl 粒子存在,则它一定是右螺旋性的而不能是左螺旋性的,不过由有质量的 Dirac 理论过渡到无质量的情形时,H 取式(1.5.1)的形式当然没有问题,但如果把 Hamiltonian 写为

$$H = - c\hat{\boldsymbol{p}} \cdot \boldsymbol{\alpha} \tag{1.5.9}$$

同样亦是可以的.如果是这样,则 Weyl 粒子一定是左螺旋性的而不是右螺旋性的.因此,如果 Weyl 粒子果真存在的话,则它一定要么是右螺旋性的,要么是左螺旋性的,而不能有左、右螺旋性同时存在的情形.

综上所述,当我们找到物理系统,它的动力学规律和无质量的 Weyl 粒子的动力学一致时,如果这样的物理系统的能量本征态有确定的螺旋性,则可以说我们得到了 Weyl 粒子的量子模拟.但如果得到的能量本征态既有右螺旋性的,也有左螺旋性的,则这样的结果和 Weyl 粒子应该是没有任何关联的.与前面的 Dirac 粒子颤动的量子模拟的讨论一样,它同样只证实了它是 Schrödinger 设想的内、外自由度都存在且有关联的无质量物理系统而已.

1.6   颤动问题疑难的出路何在

现在我们重新回到讨论 Dirac 粒子颤动问题的主题上来.在前面我们从写出式(1.4.1)以及对它的讨论的全部过程看出,近年来的颤动的量子模拟工作只是 Schrödinger 论证的验证,而非 Dirac 粒子的颤动问题的量子模拟,应该说 Dirac 粒子的颤动效应至今仍未得到哪怕是间接的证实的状况依旧没有改变.于是我们要问的第一个问题是,如果 Dirac 的负能海假设成立,则似乎应得到无颤动效应的结论,为什么 Dirac 在他的原著《量子力学原理》一书中又写出了如式(1.1.9)或式(1.1.10)那样的颤动存在的形式证明呢?在这里我们必然会问:是式(1.1.9)或式(1.1.10)成立还是式(1.4.2)成立?第二个问题的目的是把第一个问题问得更细致一点:当

Dirac 提出 Dirac 方程的理论,随即又得出平面波解时,最自然和最直接地用能量本征态集来展开初始态,然后得出随时间变化的态矢 $|t\rangle$,并算出粒子随时间变化的 $v(t)$ 的式(1.4.2)的应该是 Dirac 本人,而不是后来做颤动模拟工作的那些研究者,为什么他不这样做而选取式(1.1.9)或式(1.1.10)的形式证明呢?

Dirac 当时对于上述这两个问题是如何考虑的,我们已经无从知晓.但如果我们从如何去解决式(1.1.9)、式(1.1.10)与式(1.4.2)之间的冲突这一思路去思考,则可能会得到一个解决方案,就是平面波解并不是 Dirac 粒子的全部能量本征态解.其实,仔细看一下 Dirac 的原著就可以从字里行间看出,他丝毫没有表示他写出的平面波解就是全部的能量的本征态解.因此我们便会想到解决颤动疑难的出路是寻求平面波解以外的别的能量本征态.

1. Dirac 方程的能量本征态

为了解决 Dirac 粒子的颤动存在与否的疑难引出了如上所述的一个更为广泛的问题,即平面波解是否已经覆盖了 Dirac 粒子的全部能态解和有没有不同于平面波的其他新解的存在.在这一节里我们将讨论这一问题并且仍停留在一维的 Dirac 理论中讨论.

为了计算方便,把粒子的一维运动的位置-动量算符变换为用一对玻色算符 $(a, a^{\dagger})$ 来表示.其变换如下:

$$x = \Delta(a + a^{\dagger}), \quad p = \frac{i\hbar}{2\Delta}(a^{\dagger} - a) \tag{1.6.1}$$

这种变换的正确性由将上式右方 x, p 的表示代入它们的对易式

$$[x, p] = i\hbar \tag{1.6.2}$$

后得出的结果来证实.

于是原来的粒子的 Hamiltonian

$$H = c\sigma_x p + mc^2 \sigma_z = c \begin{bmatrix} 0 & 1 \\ 1 & 0 \end{bmatrix} p + \begin{bmatrix} 1 & 0 \\ 0 & -1 \end{bmatrix} mc^2 \tag{1.6.3}$$

改表示为

$$H = \begin{bmatrix} 0 & 1 \\ 1 & 0 \end{bmatrix} \frac{ic\hbar}{2\Delta}(a^{\dagger} - a) + \begin{bmatrix} 1 & 0 \\ 0 & -1 \end{bmatrix} mc^2 \tag{1.6.4}$$

从式(1.6.1)中的 p 及 H 的表示式(1.6.4)可知有

$$[p, H] = 0 \tag{1.6.5}$$

并得出系统具有动量和能量的共同本征态的结论.下面证明这种本征态取如下形式:

$$| \rangle = \begin{bmatrix} 1 \\ f \end{bmatrix} e^{a^{\dagger} a^{\dagger}/2 - \zeta a^{\dagger}} | 0 \rangle \tag{1.6.6}$$

式(1.6.6)表示的态矢是动量 p 的本征态的证明如下:

$$\begin{aligned}
p | \rangle &= \frac{i \hbar}{2\Delta} (a^{\dagger} - a) | \rangle \\
&= \frac{i \hbar}{2\Delta} (a^{\dagger} - a) \begin{bmatrix} 1 \\ f \end{bmatrix} e^{a^{\dagger} a^{\dagger}/2 - \zeta a^{\dagger}} | 0 \rangle \\
&= \frac{i \hbar}{2\Delta} (a^{\dagger} - a^{\dagger} + \zeta) \begin{bmatrix} 1 \\ f \end{bmatrix} e^{a^{\dagger} a^{\dagger}/2 - \zeta a^{\dagger}} | 0 \rangle \\
&= \frac{i \hbar}{2\Delta} \zeta \begin{bmatrix} 1 \\ f \end{bmatrix} e^{a^{\dagger} a^{\dagger}/2 - \zeta a^{\dagger}} | 0 \rangle \\
&= \frac{i \hbar}{2\Delta} \zeta | \rangle
\end{aligned} \tag{1.6.7}$$

可见式(1.6.6)的态矢$| \rangle$是 p 的本征值为$\dfrac{i \hbar}{2\Delta}\zeta$ 的本征态矢.

如令

$$\zeta = -\frac{2i\Delta p}{\hbar} \tag{1.6.8}$$

则$| \rangle = \begin{bmatrix} 1 \\ f \end{bmatrix} e^{a^{\dagger} a^{\dagger}/2 - (2i\Delta p/\hbar) a^{\dagger}} | 0 \rangle$就是动量算符的本征值为 p 的本征态矢.

关于这个态矢也是能量算符的本征态矢,证明如下:首先写出能量本征方程:

$$\begin{aligned}
H | \rangle &= \left[\begin{bmatrix} 0 & 1 \\ 1 & 0 \end{bmatrix} \frac{ic \hbar}{2\Delta} (a^{\dagger} - a) + \begin{bmatrix} 1 & 0 \\ 0 & -1 \end{bmatrix} mc^2 \right] \begin{bmatrix} 1 \\ f \end{bmatrix} e^{a^{\dagger} a^{\dagger}/2 + (2i\Delta p/\hbar) a^{\dagger}} | 0 \rangle \\
&= E \begin{bmatrix} 1 \\ f \end{bmatrix} e^{a^{\dagger} a^{\dagger}/2 + (2i\Delta p/\hbar) a^{\dagger}} | 0 \rangle
\end{aligned} \tag{1.6.9}$$

将上式按上、下分量写出为

$$(fcp + mc^2)e^{a^\dagger a^\dagger /2 + (2i\Delta p/\hbar)a^\dagger} \mid 0\rangle = Ee^{a^\dagger a^\dagger /2 + (2i\Delta p/\hbar)a^\dagger} \mid 0\rangle \tag{1.6.10}$$

$$(cp - fmc^2)e^{a^\dagger a^\dagger /2 + (2i\Delta p/\hbar)a^\dagger} \mid 0\rangle = Ee^{a^\dagger a^\dagger /2 + (2i\Delta p/\hbar)a^\dagger} \mid 0\rangle \tag{1.6.11}$$

由上两式联立,解得

$$f = \frac{cp}{mc^2 + E} \tag{1.6.12}$$

$$E = \pm\sqrt{m^2 c^4 + c^2 p^2} \tag{1.6.13}$$

从以上的推导看出:当 f 取任意值时态矢式(1.6.6)都是动量的本征态矢;但如果它还是能量的本征态矢,则其中 f 必须取式(1.6.12)给定的值,它才是动量和能量的共同本征态矢.

从式(1.6.12)和式(1.6.13)看出,这里求出的动量和能量的本征态矢就是人们熟知的平面波解.

2. 宇称算符

可以证明粒子系统具有如下表示的宇称算符:

$$\hat{\pi} = \exp\left[i\pi\left(\frac{\sigma_z}{2} - \frac{1}{2}\right) + a^\dagger a\right] \tag{1.6.14}$$

它是守恒的量,即 $\hat{\pi}$ 与 H 对易:

$$[\hat{\pi}, H] = 0 \tag{1.6.15}$$

上述对易式的证明如下.首先写出 $\frac{\sigma_z}{2} - \frac{1}{2}$ 的矩阵表示:

$$\frac{\sigma_z}{2} - \frac{1}{2} = \begin{pmatrix} 0 & 0 \\ 0 & -1 \end{pmatrix} \tag{1.6.16}$$

计算下式

$$\hat{\pi}H\hat{\pi}^{-1} = \hat{\pi}\left[\frac{ic\hbar}{2\Delta}(a^\dagger - a)\sigma_x + mc^2\sigma_z\right]\hat{\pi}^{-1} \tag{1.6.17}$$

因为 σ_z 和 $\hat{\pi}$ 中的算符 $a^\dagger a$ 及 $\frac{\sigma_z}{2} - \frac{1}{2}$ 显然都是对易的,故有

$$\hat{\pi} mc^2 \sigma_z \hat{\pi}^{-1} = mc^2 \sigma_z \qquad (1.6.18)$$

只需计算

$$\hat{\pi} \begin{bmatrix} 0 & 1 \\ 1 & 0 \end{bmatrix} \frac{\mathrm{i}c\,\hbar}{2\Delta} (a^\dagger - a) \hat{\pi}^{-1} = \hat{\pi} \begin{bmatrix} 0 & 1 \\ 1 & 0 \end{bmatrix} \hat{\pi}^{-1} \hat{\pi} \left[\frac{\mathrm{i}c\,\hbar}{2\Delta} (a^\dagger - a) \right] \hat{\pi}^{-1}$$

$$= \mathrm{e}^{\mathrm{i}\pi(\sigma_z/2 - 1/2)} \begin{bmatrix} 0 & 1 \\ 1 & 0 \end{bmatrix} \mathrm{e}^{-\mathrm{i}\pi(\sigma_z/2 - 1/2)} \mathrm{e}^{\mathrm{i}\pi a^\dagger a} \left[\frac{\mathrm{i}c\,\hbar}{2\Delta} (a^\dagger - a) \right] \mathrm{e}^{-\mathrm{i}\pi a^\dagger a}$$

$$(1.6.19)$$

其中

$$\mathrm{e}^{\mathrm{i}\pi(\sigma_z/2 - 1/2)} \begin{bmatrix} 0 & 1 \\ 1 & 0 \end{bmatrix} \mathrm{e}^{-\mathrm{i}\pi(\sigma_z/2 - 1/2)}$$

$$= \mathrm{e}^{\mathrm{i}\pi(\sigma_z/2 - 1/2)} \begin{bmatrix} 0 & 0 \\ 1 & 0 \end{bmatrix} \mathrm{e}^{-\mathrm{i}\pi(\sigma_z/2 - 1/2)} + \mathrm{e}^{\mathrm{i}\pi(\sigma_z/2 - 1/2)} \begin{bmatrix} 0 & 1 \\ 0 & 0 \end{bmatrix} \mathrm{e}^{-\mathrm{i}\pi(\sigma_z/2 - 1/2)}$$

$$= \begin{bmatrix} 0 & 0 \\ 1 & 0 \end{bmatrix} + \mathrm{i}\pi \left[\begin{bmatrix} 0 & 0 \\ 0 & -1 \end{bmatrix}, \begin{bmatrix} 0 & 0 \\ 1 & 0 \end{bmatrix} \right]$$

$$+ \frac{1}{2!} (\mathrm{i}\pi)^2 \left[\begin{bmatrix} 0 & 0 \\ 0 & -1 \end{bmatrix}, \left[\begin{bmatrix} 0 & 0 \\ 0 & -1 \end{bmatrix}, \begin{bmatrix} 0 & 0 \\ 1 & 0 \end{bmatrix} \right] \right] + \cdots$$

$$+ \begin{bmatrix} 0 & 1 \\ 0 & 0 \end{bmatrix} + \mathrm{i}\pi \left[\begin{bmatrix} 0 & 0 \\ 0 & -1 \end{bmatrix}, \begin{bmatrix} 0 & 1 \\ 0 & 0 \end{bmatrix} \right]$$

$$+ \frac{1}{2!} (\mathrm{i}\pi)^2 \left[\begin{bmatrix} 0 & 0 \\ 0 & -1 \end{bmatrix}, \left[\begin{bmatrix} 0 & 0 \\ 0 & -1 \end{bmatrix}, \begin{bmatrix} 0 & 1 \\ 0 & 0 \end{bmatrix} \right] \right] + \cdots$$

$$= \mathrm{e}^{-\mathrm{i}\pi} \begin{bmatrix} 0 & 0 \\ 1 & 0 \end{bmatrix} + \mathrm{e}^{\mathrm{i}\pi} \begin{bmatrix} 0 & 1 \\ 0 & 0 \end{bmatrix}$$

$$= - \begin{bmatrix} 0 & 1 \\ 1 & 0 \end{bmatrix} \qquad (1.6.20)$$

$$\mathrm{e}^{\mathrm{i}\pi a^\dagger a} \left[\frac{\mathrm{i}c\,\hbar}{2\Delta} (a^\dagger - a) \right] \mathrm{e}^{-\mathrm{i}\pi a^\dagger a}$$

$$= \frac{\mathrm{i}c\,\hbar}{2\Delta} \Big\{ a^\dagger + \mathrm{i}\pi [a^\dagger a, a^\dagger] + \frac{(\mathrm{i}\pi)^2}{2!} [a^\dagger a, [a^\dagger a, a^\dagger]]$$

$$+ \cdots - a - \mathrm{i}\pi [a^\dagger a, a^\dagger] - \frac{(\mathrm{i}\pi)^2}{2!} [a^\dagger a, [a^\dagger a, a^\dagger]] + \cdots \Big\}$$

$$= \frac{\mathrm{i}c\,\hbar}{2\Delta}(\mathrm{e}^{\mathrm{i}\pi}a^{\dagger} - \mathrm{e}^{-\mathrm{i}\pi}a) = -\frac{\mathrm{i}c\,\hbar}{2\Delta}(a^{\dagger} - a) \tag{1.6.21}$$

故有

$$\hat{\pi}\begin{bmatrix} 0 & 1 \\ 1 & 0 \end{bmatrix}\frac{\mathrm{i}c\,\hbar}{2\Delta}(a^{\dagger} - a)\hat{\pi}^{-1} = -\begin{bmatrix} 0 & 1 \\ 1 & 0 \end{bmatrix}\left[-\frac{\mathrm{i}c\,\hbar}{2\Delta}(a^{\dagger} - a)\right]$$

$$= \begin{bmatrix} 0 & 1 \\ 1 & 0 \end{bmatrix}\frac{\mathrm{i}c\,\hbar}{2\Delta}(a^{\dagger} - a) \tag{1.6.22}$$

综合上述计算便有 $\hat{\pi}H\hat{\pi}^{-1} = H$,即

$$[\hat{\pi}, H] = 0 \tag{1.6.23}$$

于是式(1.6.15)得到了证明.

3. 宇称和能量的共同本征态

由宇称算符 $\hat{\pi}$ 和 H 对易可知这一物理系统具有宇称和能量(Hamiltonian)的共同本征态,且因 $\hat{\pi}^2 = I$ 和宇称的本征值为 ± 1,故可将它的本征态集分为本征值为 $+1$ 的正宇称态和本征值为 -1 的负宇称态两支.

我们讨论一下这两支的一些性质.首先可以知道正、负宇称态的态矢的一般形式应取如下的表示:

正宇称态:

$$|+\rangle = \begin{bmatrix} \sum_n f_n \mid 2n\rangle \\ \sum_n \varphi_n \mid 2n+1\rangle \end{bmatrix} \tag{1.6.24}$$

负宇称态:

$$|-\rangle = \begin{bmatrix} \sum_n f_n \mid 2n+1\rangle \\ \sum_n \varphi_n \mid 2n\rangle \end{bmatrix} \tag{1.6.25}$$

上式中的 $|2n\rangle$,$|2n+1\rangle$ 分别表示 a, $a^{\dagger}$ 表象中的"数算符" $a^{\dagger}a$ 的偶数粒子数和奇数粒子数的本征态.式(1.6.24)、式(1.6.25)的意义是:对于正宇称态,上分量只含偶数的"粒子数本征态"和下分量只含奇数的"粒子数本征态".对于负宇称态,情况相反.

为了证明式(1.6.24)、式(1.6.25)，以正宇称态为例证明如下：

$$\hat{\pi} \mid + \rangle = e^{i\pi(\sigma_z/2 - 1/2 + a^\dagger a)} \begin{pmatrix} \sum_n f_n \mid 2n \rangle \\ \\ \sum_n \varphi_n \mid 2n + 1 \rangle \end{pmatrix}$$

$$= \begin{pmatrix} e^{i\pi a^\dagger a} \sum_n f_n \mid 2n \rangle \\ \\ e^{i\pi(-1 + a^\dagger a)} \sum_n \varphi_n \mid 2n + 1 \rangle \end{pmatrix}$$

$$= \begin{pmatrix} \sum_n e^{i\pi(2n)} f_n \mid 2n \rangle \\ \\ \sum_n e^{i\pi(-1 + 2n + 1)} \varphi_n \mid 2n + 1 \rangle \end{pmatrix}$$

$$= \begin{pmatrix} \sum_n f_n \mid 2n \rangle \\ \\ \sum_n \varphi_n \mid 2n + 1 \rangle \end{pmatrix}$$

$$= \mid + \rangle \tag{1.6.26}$$

既然宇称和粒子的 Hamiltonian 对易，是守恒量，那么粒子一定具有宇称和能量的共同本征态．虽然式(1.6.24)、式(1.6.25)已经给出了正、负宇称态的一般形式，但要作为能量的本征态一定还需要满足更多的条件而不是只需要具有上、下分量奇偶粒子数的性质就够了．下面以负宇称的情形为例，设它的态矢具有如下形式，其中的 f 和 β 是待定的参量：

$$\mid - \rangle_1 = \begin{pmatrix} e^{a^\dagger a^\dagger/2 + i\beta a^\dagger} \mid 0 \rangle - e^{a^\dagger a^\dagger/2 - i\beta a^\dagger} \mid 0 \rangle \\ f(e^{a^\dagger a^\dagger/2 + i\beta a^\dagger} \mid 0 \rangle + e^{a^\dagger a^\dagger/2 - i\beta a^\dagger} \mid 0 \rangle) \end{pmatrix} \tag{1.6.27}$$

首先，上式中的态矢的确满足如式(1.6.25)所示的负宇称态的要求，为此单独看一下式(1.6.27)的上分量：

$$e^{a^\dagger a^\dagger/2 + i\beta a^\dagger} \mid 0 \rangle - e^{a^\dagger a^\dagger/2 - i\beta a^\dagger} \mid 0 \rangle = e^{a^\dagger a^\dagger/2} (e^{i\beta a^\dagger} - e^{-i\beta a^\dagger}) \mid 0 \rangle \tag{1.6.28}$$

从上式中可以看出，第二个因式作用到真空态上一定产生奇数粒子数态，而第一个因式再作用上去时只会增加偶数的粒子数，因此总的结果还是只含奇数的粒子数态．对于式(1.6.27)中的下分量的类似考虑可知它只含偶数的粒子数态．

现在来讨论如果要求式(1.6.27)的态矢也是能量的本征态,则其中的 f,β 应取什么样的值.为此将式(1.6.27)代入定态方程中,得

$$H\,|-\rangle_1 = \left[\frac{\mathrm{i}c\,\hbar}{2\Delta}(a^\dagger - a)\sigma_x + mc^2\sigma_z\right]$$

$$\cdot\begin{pmatrix} \mathrm{e}^{a^\dagger a^\dagger/2+\mathrm{i}\beta a^\dagger}\,|\,0\rangle - \mathrm{e}^{a^\dagger a^\dagger/2-\mathrm{i}\beta a^\dagger}\,|\,0\rangle \\ f(\mathrm{e}^{a^\dagger a^\dagger/2+\mathrm{i}\beta a^\dagger}\,|\,0\rangle + \mathrm{e}^{a^\dagger a^\dagger/2-\mathrm{i}\beta a^\dagger}\,|\,0\rangle) \end{pmatrix}$$

$$= E\,|-\rangle_1$$

$$= E\begin{pmatrix} \mathrm{e}^{a^\dagger a^\dagger/2+\mathrm{i}\beta a^\dagger}\,|\,0\rangle - \mathrm{e}^{a^\dagger a^\dagger/2-\mathrm{i}\beta a^\dagger}\,|\,0\rangle \\ f(\mathrm{e}^{a^\dagger a^\dagger/2+\mathrm{i}\beta a^\dagger}\,|\,0\rangle + \mathrm{e}^{a^\dagger a^\dagger/2-\mathrm{i}\beta a^\dagger}\,|\,0\rangle) \end{pmatrix} \tag{1.6.29}$$

分别列出式(1.6.29)的上、下分量的等式:

$$\left(\frac{c\hbar\beta}{2\Delta}f + mc^2\right)(\mathrm{e}^{a^\dagger a^\dagger/2+\mathrm{i}\beta a^\dagger} - \mathrm{e}^{a^\dagger a^\dagger/2-\mathrm{i}\beta a^\dagger})\,|\,0\rangle$$

$$= E(\mathrm{e}^{a^\dagger a^\dagger/2+\mathrm{i}\beta a^\dagger} - \mathrm{e}^{a^\dagger a^\dagger/2-\mathrm{i}\beta a^\dagger})\,|\,0\rangle$$

$$\left(\frac{c\hbar\beta}{2\Delta} - fmc^2\right)(\mathrm{e}^{a^\dagger a^\dagger/2+\mathrm{i}\beta a^\dagger} + \mathrm{e}^{a^\dagger a^\dagger/2-\mathrm{i}\beta a^\dagger})\,|\,0\rangle$$

$$= fE(\mathrm{e}^{a^\dagger a^\dagger/2+\mathrm{i}\beta a^\dagger} + \mathrm{e}^{a^\dagger a^\dagger/2-\mathrm{i}\beta a^\dagger})\,|\,0\rangle \tag{1.6.30}$$

在上两式中约掉共同的态矢因子,得

$$\frac{c\hbar\beta}{2\Delta}f + mc^2 = E \tag{1.6.31}$$

$$\frac{c\hbar\beta}{2\Delta} - fmc^2 = Ef \tag{1.6.32}$$

式(1.6.32)给出

$$f = \frac{c\hbar\beta/(2\Delta)}{E + mc^2} \tag{1.6.33}$$

再代入式(1.6.31),得

$$E^2 - m^2c^4 = \left(\frac{c\hbar\beta}{2\Delta}\right)^2; \quad E = \pm\sqrt{m^2c^4 + \left(\frac{c\hbar\beta}{2\Delta}\right)^2} \tag{1.6.34}$$

类似的正宇称与能量的共同本征态为

$$|+\rangle_1 = \begin{pmatrix} (\mathrm{e}^{a^{\dagger}a^{\dagger}/2+\mathrm{i}\beta a^{\dagger}} + \mathrm{e}^{a^{\dagger}a^{\dagger}/2-\mathrm{i}\beta a^{\dagger}})\,|\,0\rangle \\ f(\mathrm{e}^{a^{\dagger}a^{\dagger}/2+\mathrm{i}\beta a^{\dagger}} - \mathrm{e}^{a^{\dagger}a^{\dagger}/2-\mathrm{i}\beta a^{\dagger}})\,|\,0\rangle \end{pmatrix} \tag{1.6.35}$$

按前面的同样计算将得到和式(1.6.33)、式(1.6.34)一样的 f, E 的值.

4. 讨论

从以上的结果我们可以得到如下一些结论:

(1) 正、负宇称和能量之共同本征态的能谱与动量和能量之共同本征态的能谱式(1.6.13)是一样的,而且对两支宇称和能量共同本征态取组合 $|+\rangle \pm |-\rangle$ 会重复得到动量和能量的共同本征态式(1.6.9).

(2) 虽然有动量和能量的共同本征态与宇称和能量的共同本征态的等价性,但现在的讨论的新意是将原来的平面波解分解成了两支不同的宇称态集.

(3) 最重要的一点是,这样的讨论启发我们去看是否能找到 Dirac 粒子的新的一类解.

5. 第二类宇称和能量的共同本征态

得到了第一类宇称和能量的共同本征态式(1.6.27)、式(1.6.35)后,我们自然地会想到粒子会不会有如下的第二类宇称和能量的共同本征态解:

$$|+\rangle_2 = \begin{pmatrix} (\mathrm{e}^{a^{\dagger}a^{\dagger}/2+Ba^{\dagger}} + \mathrm{e}^{a^{\dagger}a^{\dagger}/2-Ba^{\dagger}})\,|\,0\rangle \\ f(\mathrm{e}^{a^{\dagger}a^{\dagger}/2+Ba^{\dagger}} - \mathrm{e}^{a^{\dagger}a^{\dagger}/2-Ba^{\dagger}})\,|\,0\rangle \end{pmatrix} \tag{1.6.36}$$

$$|-\rangle_2 = \begin{pmatrix} (\mathrm{e}^{a^{\dagger}a^{\dagger}/2+Ba^{\dagger}} - \mathrm{e}^{a^{\dagger}a^{\dagger}/2-Ba^{\dagger}})\,|\,0\rangle \\ f(\mathrm{e}^{a^{\dagger}a^{\dagger}/2+Ba^{\dagger}} + \mathrm{e}^{a^{\dagger}a^{\dagger}/2-Ba^{\dagger}})\,|\,0\rangle \end{pmatrix} \tag{1.6.37}$$

首先应该想到的是和前面得到的第一类解 $|+\rangle_1, |-\rangle_1$ 一样, $|+\rangle_2$ 的上分量一定只含偶数的粒子数态,下分量只含奇数的粒子数态,而 $|-\rangle_2$ 的上、下分量分别只含奇、偶的粒子数态.因此 $|+\rangle_2$ 及 $|-\rangle_2$ 同样是宇称的正、负本征态.

对于 $|+\rangle_2, |-\rangle_2$ 也是能量的本征态的结论的证明我们在这里不再重复上面的推导,因为可以注意到它们和 $|+\rangle_1, |-\rangle_1$ 的区别只是将第一类解中的参量 β 代替为 $-\mathrm{i}B$.因此对 $|+\rangle_2, |-\rangle_2$ 而言,原来的式(1.6.33)、式(1.6.34)的 f 及能量 E 的表达式中的 β 只要改为 $-\mathrm{i}B$ 即可,故可直接得出

$$f = - \frac{\mathrm{i}c\hbar B/(2\Delta)}{E + mc^2} \tag{1.6.38}$$

$$E = \pm \sqrt{m^2 c^4 - \left(\frac{c\hbar B}{2\Delta}\right)^2} \tag{1.6.39}$$

B 的取值范围为 $-\frac{2\Delta mc^2}{\hbar} \sim \frac{2\Delta mc^2}{\hbar}$.

6. 第二类宇称和能量共同本征态的重要意义

我们从式(1.6.39)看出,事实上 Dirac 方程的解不只限于原来的能量取值范围是 $(-\infty, mc^2]$ 及 $[mc^2, \infty)$ 的平面波解,现在第二类宇称和能量的共向本征态的能量取值范围是 $[-mc^2, mc]$,填补了过去没有考虑到的取值范围.这一新的能态集的发现有可能把存在的 Dirac 粒子的颤动的疑难解决.回顾在前面的讨论中谈到 Dirac 粒子应该符合负能态不存在的要求,可知如只考虑第一类宇称和能量共同本征态或等价的平面波解,则式(1.4.2)将只剩下与 t 无关的第一项.换句话讲,如果不把第二类解考虑进来,则会导致 Dirac 粒子的颤动不存在的结论.现在我们得到第二类解,便可以重新来讨论这一疑难了.

在重新讨论之前先做几点说明,在式(1.4.2)的推导中用的是平面波解,它等价于讨论过的第一类宇称和能量的本征态集.为了与前面的讨论对应,这里仍用平面波解集来代替第一类宇称和能量共同本征态.

在前面平面波解集的态矢用了坐标表象的表示:

$$|u_+(p)\rangle = \int [u_+(p)]\mathrm{e}^{\mathrm{i}px/\hbar} |x\rangle \mathrm{d}x \tag{1.6.40}$$

$$|u_-(p)\rangle = \int [u_-(p)]\mathrm{e}^{\mathrm{i}px/\hbar} |x\rangle \mathrm{d}x \tag{1.6.41}$$

下面我们仍用上两式左边的态矢表示,因为这样书写更简洁.

由于 Dirac 粒子不具有负能态,故这里一开始就只考虑正能态的集合 $\{|u_+(p)\rangle\}$.

最后一点是现在需要将第二类宇称和能量共同本征态集 $\{|+\rangle_2\}\{|-\rangle_2\}$ 考虑进来,但同样必须只考虑能量为正的部分,即对应于给定的 B,只考虑其能量为

$E = \sqrt{m^2 c^4 - \left(\frac{c\hbar B}{2\Delta}\right)^2}$ 的部分.

做了以上几点说明后,粒子的随时间演化的速度 $v(t)$ 重新讨论如下:

将粒子的初态$|t=0\rangle$在平面波解$\{|u_+(p)\rangle\}$与第二类宇称和能量共同本征态集$\{|+\rangle_2\}\{|-\rangle_2\}$上展开：

$$|t=0\rangle = \int F(p)\,|u_+(p)\rangle\mathrm{d}p + \int \varphi_+(B)\,|+,B\rangle_2\,\mathrm{d}B$$
$$+\int \varphi_-(B)\,|-,B\rangle_2\,\mathrm{d}B \qquad (1.6.42)$$

随时间演化 t 时刻的态矢 $|t\rangle$ 为

$$|t\rangle = \int F(p)\mathrm{e}^{-\mathrm{i}E(p)t/\hbar}\,|u_+(p)\rangle\mathrm{d}p + \int \varphi_+(B)\mathrm{e}^{-\mathrm{i}E(B)t/\hbar}\,|+,B\rangle_2\,\mathrm{d}B$$
$$+\int \varphi_-(B)\mathrm{e}^{-\mathrm{i}E(B)t/\hbar}\,|-,B\rangle_2\,\mathrm{d}B \qquad (1.6.43)$$

粒子的瞬时速度 $v(t)$ 为

$$v(t)=\langle t\mid c\sigma_x\mid t\rangle$$
$$=\Big[\iint\langle u_+(p)\mid F^*(p)\mathrm{e}^{\mathrm{i}E(p)t/\hbar}\mathrm{d}p$$
$$+\int {}_2\langle+,B\mid \varphi_+^*(B)\mathrm{e}^{\mathrm{i}E(B)t/\hbar}\mathrm{d}B + \int {}_2\langle-,B\mid \varphi_-^*(B)\mathrm{e}^{\mathrm{i}E(B)t/\hbar}\mathrm{d}B\Big]c\sigma_x$$
$$\cdot\Big[\iint F(p')\mathrm{e}^{-\mathrm{i}E(p')t/\hbar}\,|u_+(p')\rangle\mathrm{d}p' + \int \varphi_+(B')\mathrm{e}^{-\mathrm{i}E(B')t/\hbar}\,|+,B'\rangle_2\mathrm{d}B'$$
$$+\int \varphi_-(B')\mathrm{e}^{-\mathrm{i}E(B')t/\hbar}\,|-,B'\rangle_2\mathrm{d}B'\Big]$$
$$=\iint F^*(p)F(p')\mathrm{e}^{\mathrm{i}[E(p)-E(p')]t/\hbar}\langle u_+(p)\mid c\sigma_x\mid u_+(p')\rangle\mathrm{d}p\mathrm{d}p'$$
$$+\iint F^*(p)\,\varphi_+(B')\mathrm{e}^{\mathrm{i}[E(p)-E(B')]t/\hbar}\langle u_+(p)\mid c\sigma_x\mid+,B'\rangle_2\mathrm{d}p\mathrm{d}B'$$
$$+\iint F^*(p)\,\varphi_-(B')\mathrm{e}^{\mathrm{i}[E(p)-E(B')]t/\hbar}\langle u_+(p)\mid c\sigma_x\mid-,B'\rangle_2\mathrm{d}p\mathrm{d}B'$$
$$+\iint \varphi_+^*(B)F(p')\mathrm{e}^{\mathrm{i}[E(B)-E(p')]t/\hbar}{}_2\langle+,B\mid c\sigma_x\mid u_+(p')\rangle\mathrm{d}B\mathrm{d}p'$$
$$+\iint \varphi_+^*(B)\,\varphi_+(B')\mathrm{e}^{\mathrm{i}[E(B)-E(B')]t/\hbar}{}_2\langle+,B\mid c\sigma_x\mid+,B'\rangle_2\mathrm{d}B\mathrm{d}B'$$
$$+\iint \varphi_+^*(B)\,\varphi_-(B')\mathrm{e}^{\mathrm{i}[E(B)-E(B')]t/\hbar}{}_2\langle+,B\mid c\sigma_x\mid-,B'\rangle_2\mathrm{d}B\mathrm{d}B'$$
$$+\iint \varphi_-^*(B)F(p')\mathrm{e}^{\mathrm{i}[E(B)-E(p')]t/\hbar}{}_2\langle-,B\mid c\sigma_x\mid u_+(p')\rangle\mathrm{d}B\mathrm{d}p'$$

$$+ \iint \varphi_-^*(B) \, \varphi_+(B') e^{i[E(B)-E(B')]t/\hbar} \, {}_2\langle -,B \mid c\sigma_x \mid +,B'\rangle_2 \mathrm{d}B \mathrm{d}B'$$

$$+ \iint \varphi_-^*(B) \, \varphi_-(B') e^{i[E(B)-E(B')]t/\hbar} \, {}_2\langle -,B \mid c\sigma_x \mid -,B'\rangle_2 \mathrm{d}B \mathrm{d}B' \qquad (1.6.44)$$

现在对上式再作一些深入讨论:

不同于式(1.4.2)中只有第一项的情形,式(1.6.44)除第一项还是式(1.4.2)中的那一项外,多出了后面的8项,这8项都带有随时间振荡的因子.

我们会问:虽然多出来的8项都有时间振荡因子,但它们都含有对 B 和 p 与 B 和 B' 的双重积分,会不会也像第一项那样因为有 $p = p'$ 的条件而将时间振荡因子消除掉呢? 为了解释得更清楚一点,我们先回头看一下为什么式(1.4.2)中的第一项不含时间振荡因子.为此我们需要更仔细地看一下第一类解和第二类解的差别.第一类解有一个特点,即它的态矢可分为两部分,一部分是矩阵 $[u_+(p)]$,另一部分是平面波因子.正是后一部分导致不同 p 的态矢间的正交性,使得它要不为零必须满足条件 $p = p'$,从而使 $e^{i[E(p)-E(p')]t/\hbar} \to e^{i[E(p)-E(p)]t/\hbar} = 1$,而第二类解没有类似的这种 B 必须等于 B' 的条件,同时 p 和 B 之间更不会有任何关系,所以 B 和 B' 及 p 和 B 的积分不会约化为只对一个参量的积分,其时间振荡因子亦就不会消失.

不过第二类解的有关项由于宇称的特性也带来新的特点.具体地,让我们考察一下式(1.6.44)的第五项:

$$\iint \varphi_+^*(B) \, \varphi_+(B') e^{i[E(B)-E(B')]t/\hbar} \, {}_2\langle +,B \mid c\sigma_x \mid +,B'\rangle_2 \mathrm{d}B \mathrm{d}B'$$

其中的 ${}_2\langle +,B \mid c\sigma_x \mid +,B'\rangle_2 = 0$,原因是 $\mid +,B\rangle$ 的上分量只含偶数的"粒子数态"和下分量只含奇数的"粒子数态".而 σ_x 恰巧将 $\mid +,B\rangle_2$ 的上分量和 $\mid +,B'\rangle_2$ 的下分量合在一起做内积.由于 $\mid +,B\rangle_2$ 的上、下分量和 $\mid +,B'\rangle_2$ 的下、上分量做内积应该为零,故式(1.6.44)中的第五项为零.基于同样的理由,式(1.6.44)中的第九项也为零.

结合以上的讨论,式(1.6.44)可重新表示为

$$v(t) = 2\pi\hbar \int F(p)^2 [u_+(p)]^\dagger c\sigma_x [u_+(p)] \mathrm{d}p$$

$$+ \iint F^*(p) \, \varphi_+(B) e^{i[E(p)-E(B)]t/\hbar} \langle u_+(p) \mid c\sigma_x \mid +,B\rangle_2 \mathrm{d}p\mathrm{d}B$$

$$+ \iint F^*(p) \, \varphi_-(B) e^{i[E(p)-E(B)]t/\hbar} \langle u_+(p) \mid c\sigma_x \mid -,B\rangle_2 \mathrm{d}p\mathrm{d}B$$

$$+ \iint \varphi_+^*(B) F(p) e^{i[E(B)-E(p)]t/\hbar} \, {}_2\langle +,B \mid c\sigma_x \mid u_+(p)\rangle \mathrm{d}B\mathrm{d}p$$

$$+ \iint \varphi_+^* (B) \varphi_- (B') e^{i[E(B)-E(B')]t/\hbar} {}_2\langle +, B \mid c\sigma_x \mid -, B'\rangle_2 \mathrm{d}B \mathrm{d}B'$$

$$+ \iint \varphi_-^* (B) F(p) e^{i[E(B)-E(p)]t/\hbar} {}_2\langle -, B \mid c\sigma_x \mid u_+ (p)\rangle \mathrm{d}B \mathrm{d}p$$

$$+ \iint \varphi_-^* (B) \varphi_+ (B') e^{i[E(B)-E(B')]t/\hbar} {}_2\langle -, B \mid c\sigma_x \mid +, B'\rangle_2 \mathrm{d}B \mathrm{d}B' \quad (1.6.45)$$

1.7 具体计算 Dirac 粒子的颤动

当我们不仅考虑 Dirac 粒子的第一类宇称和能量共同本征态集,也考虑到第二类宇称和能量的共同本征态集后,得到了包含产生颤动的时间振荡因子的式 (1.6.45).从原则上讲似乎已确立了 Dirac 粒子颤动的理论基础,不过要具体计算出 $v(t)$ 还需要做到以下两点:第一点是如果初态在两类本征态集上的投影 $F(p)$,$\varphi_+ (B)$,$\varphi_- (B)$ 已知,我们需要计算 $\langle u_+ (p) \mid c\sigma_x \mid u_+ (p')\rangle$,$\langle +, B \mid c\sigma_x \mid -, B'\rangle$ 等的矩阵元;第二点是在给定初始态后如何计算初始态在能量本征态上的各个投影,于是问题归结为这样的计算是否真能完成以及计算会出现什么样的新状况,这是本节里要讨论的问题.

1. 矩阵元计算

为了利于比较,我们将从原来的平面波解的矩阵元形式回到宇称和能量的共同本征态的形式,如前面已讨论过的那样,相同宇称间的矩阵元为零,只需考虑不同宇称间的矩阵元,故要考虑的是如下三类矩阵元:

$$\langle +,\beta \mid c\sigma_x \mid -, \beta'\rangle, \quad \langle +,\beta \mid c\sigma_x \mid -, B\rangle, \quad \langle +, B \mid c\sigma_x \mid -, B'\rangle$$

下面分别予以讨论.

$$\langle +, \beta \mid c\sigma_x \mid -, \beta' \rangle$$

$$= c \left(\langle 0 \mid (e^{aa/2 - i\beta a} + e^{aa/2 + i\beta a}), f(\beta) \langle 0 \mid (e^{aa/2 - i\beta a} - e^{aa/2 + i\beta a}) \right) \begin{pmatrix} 0 & 1 \\ 1 & 0 \end{pmatrix}$$

$$\cdot \left((e^{a^\dagger a^\dagger/2 + i\beta' a^\dagger} - e^{a^\dagger a^\dagger/2 - i\beta' a^\dagger}) \mid 0 \rangle, f(\beta')(e^{a^\dagger a^\dagger/2 + i\beta' a^\dagger} + e^{a^\dagger a^\dagger/2 - i\beta' a^\dagger}) \mid 0 \rangle \right)$$

$$= cf(\beta') \left(\langle 0 \mid e^{aa/2 - i\beta a} e^{a^\dagger a^\dagger/2 + i\beta' a^\dagger} \mid 0 \rangle + \langle 0 \mid e^{aa/2 - i\beta a} e^{a^\dagger a^\dagger/2 - i\beta' a^\dagger} \mid 0 \rangle \right.$$

$$\left. + \langle 0 \mid e^{aa/2 + i\beta a} e^{a^\dagger a^\dagger/2 + i\beta' a^\dagger} \mid 0 \rangle + \langle 0 \mid e^{aa/2 + i\beta a} e^{a^\dagger a^\dagger/2 - i\beta' a^\dagger} \mid 0 \rangle \right)$$

$$+ cf(\beta) \left(\langle 0 \mid e^{aa/2 - i\beta a} e^{a^\dagger a^\dagger/2 + i\beta' a^\dagger} \mid 0 \rangle - \langle 0 \mid e^{aa/2 - i\beta a} e^{a^\dagger a^\dagger/2 - i\beta' a^\dagger} \mid 0 \rangle \right.$$

$$\left. - \langle 0 \mid e^{aa/2 + i\beta a} e^{a^\dagger a^\dagger/2 + i\beta' a^\dagger} \mid 0 \rangle + \langle 0 \mid e^{aa/2 + i\beta a} e^{a^\dagger a^\dagger/2 - i\beta' a^\dagger} \mid 0 \rangle \right) \tag{1.7.1}$$

先计算其中的第一个：

$$\langle 0 \mid e^{aa/2 - i\beta a} e^{a^\dagger a^\dagger/2 + i\beta' a^\dagger} \mid 0 \rangle$$

$$= \int \langle 0 \mid e^{aa/2 - i\beta a} e^{-\xi^2 - \eta^2} \mid \xi + i\eta \rangle \langle \xi + i\eta \mid \frac{d\xi d\eta}{\pi} e^{a^\dagger a^\dagger/2 + i\beta' a^\dagger} \mid 0 \rangle$$

$$= \int e^{(\xi + i\eta)^2/2 - i\beta(\xi + i\eta)} e^{-\xi^2 - \eta^2} e^{(\xi - i\eta)^2/2 + i\beta'(\xi - i\eta)} \langle 0 \mid \xi + i\eta \rangle \langle \xi + i\eta \mid 0 \rangle \frac{d\xi d\eta}{\pi}$$

$$= \int e^{-\xi^2 - \eta^2 + \xi^2 - \eta^2 + i(\beta' - \beta)\xi + (\beta + \beta')\eta} \frac{d\xi d\eta}{\pi}$$

$$= \int e^{-2\eta^2 + (\beta + \beta')\eta} \left[\cos(\beta' - \beta)\xi + i\sin(\beta' - \beta)\xi \right] \frac{d\xi d\eta}{\pi}$$

$$= \int e^{-2\eta^2 + (\beta + \beta')^2/8} \left[\cos(\beta' - \beta)\xi + i\sin(\beta' - \beta)\xi \right] \frac{d\xi d\eta}{\pi}$$

$$= \sqrt{\frac{1}{2\pi}} e^{(\beta + \beta')^2/8} \int \left[\cos(\beta' - \beta)\xi + i\sin(\beta' - \beta)\xi \right] d\xi \tag{1.7.2}$$

以上的计算中在第一个等式后插入了相干态的完备性关系

$$\int e^{-\xi^2 - \eta^2} \mid \xi + i\eta \rangle \langle \xi + i\eta \mid \frac{d\xi d\eta}{\pi} = 1$$

由于式(1.7.1)中的其他项和第一项之间的差别仅在于替换 $\beta \to -\beta$ 或 $\beta' \to -\beta'$,因此可将式(1.7.1)的各项结果都写出,为

$$\langle +, \beta \mid c\sigma_x \mid -, \beta' \rangle$$

$$= cf(\beta') \left\{ \sqrt{\frac{1}{2\pi}} e^{(\beta + \beta')^2/8} \int \left[\cos(\beta' - \beta)\xi + i\sin(\beta' - \beta)\xi \right] d\xi \right.$$

$$+ \sqrt{\frac{1}{2\pi}} e^{(\beta-\beta')^2/8} \int [\cos(\beta' + \beta)\xi - i\sin(\beta' + \beta)\xi] d\xi$$

$$+ \sqrt{\frac{1}{2\pi}} e^{(\beta'-\beta)^2/8} \int [\cos(\beta' + \beta)\xi + i\sin(\beta' + \beta)\xi] d\xi$$

$$+ \sqrt{\frac{1}{2\pi}} e^{(\beta+\beta')^2/8} \int [\cos(\beta - \beta')\xi + i\sin(\beta - \beta')\xi] d\xi \Big\}$$

$$+ cf(\beta) \Big\{ \sqrt{\frac{1}{2\pi}} e^{(\beta+\beta')^2/8} \int [\cos(\beta' - \beta)\xi + i\sin(\beta' - \beta)\xi] d\xi$$

$$- \sqrt{\frac{1}{2\pi}} e^{(\beta-\beta')^2/8} \int [\cos(\beta' + \beta)\xi - i\sin(\beta' + \beta)\xi] d\xi$$

$$- \sqrt{\frac{1}{2\pi}} e^{(\beta'-\beta)^2/8} \int [\cos(\beta' + \beta)\xi + i\sin(\beta' + \beta)\xi] d\xi$$

$$+ \sqrt{\frac{1}{2\pi}} e^{(\beta+\beta')^2/8} \int [\cos(\beta - \beta')\xi + i\sin(\beta - \beta')\xi] d\xi \Big\}$$

$$= \sqrt{\frac{1}{2\pi}} c \Big\{ \big[f(\beta') + f(\beta)\big] \Big(e^{(\beta+\beta')^2/8} \int [\cos(\beta' - \beta)\xi + i\sin(\beta' - \beta)\xi] d\xi$$

$$+ e^{(\beta+\beta')^2/8} \int [\cos(\beta - \beta')\xi + i\sin(\beta - \beta')\xi] d\xi \Big)$$

$$+ \big[f(\beta') - f(\beta)\big] \Big(e^{(\beta'-\beta)^2/8} \int [\cos(\beta' + \beta)\xi + i\sin(\beta' + \beta)\xi] d\xi$$

$$+ e^{(\beta-\beta')^2/8} \int [\cos(\beta' + \beta)\xi - i\sin(\beta' + \beta)\xi] d\xi \Big) \Big\} \tag{1.7.3}$$

计算第二类矩阵元：

$$\langle +, \beta \mid c\sigma_x \mid -, B \rangle$$

$$= c \big(\langle 0 \mid (e^{aa/2 - i\beta a} + e^{aa/2 + i\beta a}), f(\beta)\langle 0 \mid (e^{aa/2 - i\beta a} - e^{aa/2 + i\beta a}) \big) \begin{pmatrix} 0 & 1 \\ 1 & 0 \end{pmatrix}$$

$$\cdot \big((e^{a^\dagger a^\dagger/2 + Ba^\dagger} - e^{a^\dagger a^\dagger/2 - Ba^\dagger}) \mid 0 \rangle, f(B)(e^{a^\dagger a^\dagger/2 + Ba^\dagger} + e^{a^\dagger a^\dagger/2 - Ba^\dagger}) \mid 0 \rangle \big)$$

$$= cf(B)(\langle 0 \mid e^{aa/2 - i\beta a} e^{a^\dagger a^\dagger/2 + Ba^\dagger} \mid 0 \rangle + \langle 0 \mid e^{aa/2 - i\beta a} e^{a^\dagger a^\dagger/2 - Ba^\dagger} \mid 0 \rangle$$

$$+ \langle 0 \mid e^{aa/2 + i\beta a} e^{a^\dagger a^\dagger/2 + Ba^\dagger} \mid 0 \rangle + \langle 0 \mid e^{aa/2 + i\beta a} e^{a^\dagger a^\dagger/2 - Ba^\dagger} \mid 0 \rangle)$$

$$+ cf(\beta)(\langle 0 \mid e^{aa/2 - i\beta a} e^{a^\dagger a^\dagger/2 + Ba^\dagger} \mid 0 \rangle - \langle 0 \mid e^{aa/2 - i\beta a} e^{a^\dagger a^\dagger/2 - Ba^\dagger} \mid 0 \rangle$$

$$- \langle 0 \mid e^{aa/2 + i\beta a} e^{a^\dagger a^\dagger/2 + Ba^\dagger} \mid 0 \rangle + \langle 0 \mid e^{aa/2 + i\beta a} e^{a^\dagger a^\dagger/2 - Ba^\dagger} \mid 0 \rangle) \tag{1.7.4}$$

和前面做法相同，先算第一项：

$$\langle 0 \mid e^{aa/2-i\beta a} e^{a^{\dagger}a^{\dagger}/2+Ba^{\dagger}} \mid 0\rangle$$

$$= \int \langle 0 \mid e^{aa/2-i\beta a} e^{-\xi^2-\eta^2} \mid \xi+i\eta\rangle\langle \xi+i\eta \mid \frac{\mathrm{d}\xi\mathrm{d}\eta}{\pi} e^{a^{\dagger}a^{\dagger}/2+Ba^{\dagger}} \mid 0\rangle$$

$$= \int e^{(\xi+i\eta)^2/2-i\beta(\xi+i\eta)} e^{-\xi^2-\eta^2} e^{(\xi-i\eta)^2/2+B(\xi-i\eta)} \frac{\mathrm{d}\xi\mathrm{d}\eta}{\pi}$$

$$= \int e^{-2\eta^2+(\beta\eta+B\xi)-i(B\eta+\beta\xi)} \frac{\mathrm{d}\xi\mathrm{d}\eta}{\pi}$$

$$= \int e^{-2(\eta-\beta/4)^2+\beta^2/8} e^{B\xi-i\beta\xi} e^{-iB\eta} \frac{\mathrm{d}\xi\mathrm{d}\eta}{\pi}$$

$$= \sqrt{\frac{1}{2\pi}} e^{\beta^2/8} e^{-B^2/8}\left(\cos\frac{\beta B}{4}-i\sin\frac{\beta B}{4}\right)\int e^{B\xi}(\cos\beta\xi-i\sin\beta\xi)\mathrm{d}\xi \qquad (1.7.5)$$

同前面一样，式(1.7.4)中的其他项和第一项的差别 $\beta\rightarrow-\beta$ 或 $\beta'\rightarrow-\beta'$，故将结果代入式(1.7.4)，得

$$\langle +,\beta \mid c\sigma_x \mid -,B\rangle$$

$$= \sqrt{\frac{1}{2\pi}}c\left\{\left[f(B)+f(\beta)\right]\left[e^{\beta^2/8-(-B^2/8)}\int\left(\cos\frac{\beta B}{4}-i\sin\frac{\beta B}{4}\right)e^{B\xi}(\cos\beta\xi-i\sin\beta\xi)\mathrm{d}\xi\right.\right.$$

$$\left.+e^{\beta^2/8-(-B^2/8)}\int\left(\cos\frac{\beta B}{4}-i\sin\frac{\beta B}{4}\right)e^{-B\xi}(\cos\beta\xi+i\sin\beta\xi)\mathrm{d}\xi\right]$$

$$+\left[f(B)-f(\beta)\right]\left[e^{\beta^2/8-(-B^2/8)}\int\left(\cos\frac{\beta B}{4}+i\sin\frac{\beta B}{4}\right)e^{-B\xi}(\cos\beta\xi-i\sin\beta\xi)\mathrm{d}\xi\right.$$

$$\left.\left.+e^{\beta^2/8-(-B^2/8)}\int\left(\cos\frac{\beta B}{4}+i\sin\frac{\beta B}{4}\right)e^{B\xi}(\cos\beta\xi+i\sin\beta\xi)\mathrm{d}\xi\right]\right\} \qquad (1.7.6)$$

$\langle +,\beta \mid c\sigma_x \mid +,B\rangle$ 的表示和式(1.7.6)类似，不再推导.

计算第三类矩阵元：

$$\langle +,B \mid c\sigma_x \mid -,B'\rangle$$

$$= c\left(\langle 0 \mid (e^{aa/2+Ba}+e^{aa/2-Ba}),f^*(B)\langle 0 \mid (e^{aa/2+Ba}-e^{aa/2-Ba})\right)\begin{bmatrix}0 & 1\\ 1 & 0\end{bmatrix}$$

$$\cdot\left((e^{a^{\dagger}a^{\dagger}/2+B'a^{\dagger}}-e^{a^{\dagger}a^{\dagger}/2-B'a^{\dagger}}) \mid 0\rangle,f(B')(e^{a^{\dagger}a^{\dagger}/2+B'a^{\dagger}}+e^{a^{\dagger}a^{\dagger}/2-B'a^{\dagger}}) \mid 0\rangle\right)$$

$$= cf(B')(\langle 0 \mid e^{aa/2+Ba} e^{a^{\dagger}a^{\dagger}/2+B'a^{\dagger}} \mid 0\rangle + \langle 0 \mid e^{aa/2+Ba} e^{a^{\dagger}a^{\dagger}/2-B'a^{\dagger}} \mid 0\rangle$$

$$+ \langle 0 \mid e^{aa/2-Ba} e^{a^{\dagger}a^{\dagger}/2+B'a^{\dagger}} \mid 0 \rangle + \langle 0 \mid e^{aa/2-Ba} e^{a^{\dagger}a^{\dagger}/2-B'a^{\dagger}} \mid 0 \rangle)$$

$$+ cf^{*}(B)(\langle 0 \mid e^{aa/2+Ba} e^{a^{\dagger}a^{\dagger}/2+B'a^{\dagger}} \mid 0 \rangle - \langle 0 \mid e^{aa/2+Ba} e^{a^{\dagger}a^{\dagger}/2-B'a^{\dagger}} \mid 0 \rangle$$

$$- \langle 0 \mid e^{aa/2-Ba} e^{a^{\dagger}a^{\dagger}/2+B'a^{\dagger}} \mid 0 \rangle + \langle 0 \mid e^{aa/2-Ba} e^{a^{\dagger}a^{\dagger}/2-B'a^{\dagger}} \mid 0 \rangle) \tag{1.7.7}$$

如前,先计算第一项:

$$\langle 0 \mid e^{aa/2+Ba} e^{a^{\dagger}a^{\dagger}/2+B'a^{\dagger}} \mid 0 \rangle$$

$$= \int \langle 0 \mid e^{aa/2+Ba} e^{-\xi^2-\eta^2} \mid \xi+i\eta \rangle \langle \xi+i\eta \mid \frac{d\xi d\eta}{\pi} e^{a^{\dagger}a^{\dagger}/2+B'a^{\dagger}} \mid 0 \rangle$$

$$= \int e^{(\xi+i\eta)^2/2+B(\xi+i\eta)} e^{-\xi^2-\eta^2} e^{(\xi-i\eta)^2/2+B'(\xi-i\eta)} \frac{d\xi d\eta}{\pi}$$

$$= \int e^{-2\eta^2+(B+B')\xi+i(B-B')\eta} \frac{d\xi d\eta}{\pi}$$

$$= \int e^{-2\eta^2} \big[\cos(B-B')\eta + i\sin(B-B')\eta\big] e^{(B+B')\xi} \frac{d\xi d\eta}{\pi}$$

$$= \sqrt{\frac{1}{2\pi}} e^{-(B-B')^2/8} \int e^{(B+B')\xi} d\xi \tag{1.7.8}$$

上式中的最后一个等式以及前面的推导中都用到如下积分公式:

$$\int_{-\infty}^{\infty} e^{-g^2 z^2} \sin\big[l(z+\lambda)\big] dz = \sqrt{\frac{\pi}{g^2}} e^{-l^2/(4g^2)} \sin l\lambda$$

$$\int_{-\infty}^{\infty} e^{-g^2 z^2} \cos\big[l(z+\lambda)\big] dz = \sqrt{\frac{\pi}{g^2}} e^{-l^2/(4g^2)} \cos l\lambda \tag{1.7.9}$$

如前,式(1.7.7)的其余项只需做 $B' \to -B'$ 或 $B \to -B$ 变换,即可由式(1.7.8)得到,因此最终得

$$\langle +,B \mid c\sigma_x \mid -,B' \rangle$$

$$= \sqrt{\frac{1}{2\pi}} c \Big\{ \big[f(B') + f^{*}(B)\big]\Big[e^{-(B-B')^2/8} \int e^{(B+B')\xi} d\xi + e^{-(B'-B)^2/8} \int e^{-(B+B')\xi} d\xi\Big]$$

$$+ \big[f(B') - f^{*}(B)\big]\Big[e^{-(B+B')^2/8} \int e^{(B-B')\xi} d\xi + e^{-(B'+B)^2/8} \int e^{(B'-B)\xi} d\xi\Big]\Big\}$$

$$\tag{1.7.10}$$

有了矩阵元 $\langle +, \beta \,|\, c\sigma_x \,|\, -, \beta' \rangle$，$\langle +, \beta \,|\, c\sigma_x \,|\, -, B \rangle$，$\langle +, \beta \,|\, c\sigma_x \,|\, +, B \rangle$，$\langle +, B \,|\, c\sigma_x \,|\, -, B' \rangle$ 后，只要取它们的复共轭就能得 $\langle -, \beta \,|\, c\sigma_x \,|\, +, \beta' \rangle$，$\langle -, \beta \,|\, c\sigma_x \,|\, +, B \rangle$，$\langle -, \beta \,|\, c\sigma_x \,|\, -, B \rangle$ 以及 $\langle -, B \,|\, c\sigma_x \,|\, +, B' \rangle$.

2. 投影

讨论了矩阵元的计算后，如前所述，还需要得到初始状态的态矢在宇称和能量的共同本征态上的投影. 不过这依赖于粒子的初始状态的选定，不同的初始态其投影不相同，无法得到一般性的结果，所以只能选择具有典型意义的初始状态来讨论.

如果系统只有一个分量，则一个归一的、实验室容易制备的态矢可选定为以下的初态矢：

$$| t = 0 \rangle = N\mathrm{e}^{aa^\dagger} | 0 \rangle = \mathrm{e}^{-a^2/2}\mathrm{e}^{aa^\dagger} | 0 \rangle \tag{1.7.11}$$

不过 Dirac 粒子有上、下分量，故为简单计，设它的初始态为一个分量为 0，另一个分量取为式(1.7.11)的形式，例如

$$| t = 0 \rangle = \begin{bmatrix} | 0 \rangle \\ \mathrm{e}^{-a^2/2}\mathrm{e}^{aa^\dagger} | 0 \rangle \end{bmatrix} \tag{1.7.12}$$

初始态在第一类宇称和能量共同本征态上的投影为（N 为归一常量）

$$\begin{aligned}
F_+(\beta) &= {}_1\langle +, \beta \,|\, t = 0 \rangle \\
&= N \begin{bmatrix} (\mathrm{e}^{a^\dagger a^\dagger/2 + \mathrm{i}\beta a^\dagger} + \mathrm{e}^{a^\dagger a^\dagger/2 - \mathrm{i}\beta a^\dagger}) | 0 \rangle \\ f(\beta)(\mathrm{e}^{a^\dagger a^\dagger/2 + \mathrm{i}\beta a^\dagger} - \mathrm{e}^{a^\dagger a^\dagger/2 - \mathrm{i}\beta a^\dagger}) | 0 \rangle \end{bmatrix}^\dagger \begin{bmatrix} | 0 \rangle \\ \mathrm{e}^{-a^2/2}\mathrm{e}^{aa^\dagger} | 0 \rangle \end{bmatrix} \\
&= N[2\langle 0 \,|\, 0 \rangle + f^*(\beta)\mathrm{e}^{-a^2/2}(\mathrm{e}^{a^2/2 - \mathrm{i}\beta a} - \mathrm{e}^{a^2/2 + \mathrm{i}\beta a})\langle 0 \,|\, 0 \rangle] \\
&= N[2 + f^*(\beta)(\mathrm{e}^{-\mathrm{i}\beta a} - \mathrm{e}^{\mathrm{i}\beta a})] \\
&= N[2 - 2\mathrm{i}f^*(\beta)\sin\beta a] \tag{1.7.13}
\end{aligned}$$

$$\begin{aligned}
F_-(\beta) &= {}_1\langle -, \beta \,|\, t = 0 \rangle \\
&= N \begin{bmatrix} (\mathrm{e}^{a^\dagger a^\dagger/2 + \mathrm{i}\beta a^\dagger} - \mathrm{e}^{a^\dagger a^\dagger/2 - \mathrm{i}\beta a^\dagger}) | 0 \rangle \\ f(\beta)(\mathrm{e}^{a^\dagger a^\dagger/2 + \mathrm{i}\beta a^\dagger} + \mathrm{e}^{a^\dagger a^\dagger/2 - \mathrm{i}\beta a^\dagger}) | 0 \rangle \end{bmatrix}^\dagger \begin{bmatrix} | 0 \rangle \\ \mathrm{e}^{-a^2/2}\mathrm{e}^{aa^\dagger} | 0 \rangle \end{bmatrix} \\
&= N[2 + f^*(\beta)(\mathrm{e}^{-\mathrm{i}\beta a} + \mathrm{e}^{\mathrm{i}\beta a})] \\
&= N[2 + 2f^*(\beta)\cos\beta a] \tag{1.7.14}
\end{aligned}$$

初始态在第二类宇称和能量本征态上的投影为

$$\varphi_+(B) = {}_2\langle +, B \mid t = 0\rangle$$

$$= N \begin{bmatrix} (e^{a^\dagger a^\dagger/2 + Ba^\dagger} - e^{a^\dagger a^\dagger/2 - Ba^\dagger}) \mid 0\rangle \\ f(B)(e^{a^\dagger a^\dagger/2 + Ba^\dagger} + e^{a^\dagger a^\dagger/2 - Ba^\dagger}) \mid 0\rangle \end{bmatrix}^\dagger \begin{bmatrix} \mid 0\rangle \\ e^{-a^2/2} e^{aa^\dagger} \mid 0\rangle \end{bmatrix}$$

$$= N[2\langle 0 \mid 0\rangle + f^*(B) e^{-a^2/2} (e^{a^2/2 + Ba} - e^{a^2/2 - Ba})\langle 0 \mid 0\rangle]$$

$$= N[2 + f^*(B)(e^{Ba} - e^{-Ba})] \tag{1.7.15}$$

$$\varphi_-(B) = {}_2\langle -, B \mid t = 0\rangle = N[2 + f^*(B)(e^{Ba} - e^{-Ba})] \tag{1.7.16}$$

初始态可归一和好制备的另一类态矢为

$$\mid t = 0\rangle = \begin{bmatrix} \mid 0\rangle \\ e^{-a^2/2} e^{iaa^\dagger} \mid 0\rangle \end{bmatrix} \tag{1.7.17}$$

仿前可得初始态在第一类宇称和能量共同本征态上的投影为

$$F_+(\beta) = {}_1\langle +, \beta \mid t = 0\rangle$$

$$= N \begin{bmatrix} (e^{a^\dagger a^\dagger/2 + i\beta a^\dagger} + e^{a^\dagger a^\dagger/2 - i\beta a^\dagger}) \mid 0\rangle \\ f(\beta)(e^{a^\dagger a^\dagger/2 + i\beta a^\dagger} - e^{a^\dagger a^\dagger/2 - i\beta a^\dagger}) \mid 0\rangle \end{bmatrix}^\dagger \begin{bmatrix} \mid 0\rangle \\ e^{-a^2/2} e^{iaa^\dagger} \mid 0\rangle \end{bmatrix}$$

$$= N[2 + f^*(\beta) e^{-a^2} (e^{\beta a} - e^{-\beta a})] \tag{1.7.18}$$

$$F_-(\beta) = {}_1\langle -, \beta \mid t = 0\rangle = N[2 + f^*(\beta) e^{-a^2} (e^{\beta a} + e^{-\beta a})] \tag{1.7.19}$$

初始态在第二类宇称和能量共同本征态上的投影为

$$\varphi_+(B) = {}_2\langle -, B \mid t = 0\rangle$$

$$= \begin{bmatrix} (e^{a^\dagger a^\dagger/2 + Ba^\dagger} + e^{a^\dagger a^\dagger/2 - Ba^\dagger}) \mid 0\rangle \\ f(B)(e^{a^\dagger a^\dagger/2 + Ba^\dagger} - e^{a^\dagger a^\dagger/2 - Ba^\dagger}) \mid 0\rangle \end{bmatrix}^\dagger \begin{bmatrix} \mid 0\rangle \\ e^{-a^2/2} e^{iaa^\dagger} \mid 0\rangle \end{bmatrix}$$

$$= N[2 + f^*(B) e^{-a^2} (e^{iBa} - e^{-iBa})]$$

$$= N[2 + 2if^*(B) e^{-a^2} \sin Ba] \tag{1.7.20}$$

$$\varphi_-(B) = {}_2\langle -, B \mid t = 0\rangle = N[2 + f^*(B) e^{-a^2} (e^{iBa} + e^{-iBa})]$$

$$= N[2 + 2f^*(B) e^{-a^2} \cos Ba] \tag{1.7.21}$$

尽管在前面由于我们得出了第二类解,使得 Dirac 粒子的颤动问题似乎有了解决的途径,因为计算矩阵元和初态在定态集上投影的形式结果都得到了,其中颤动所需的时间振荡因子亦给出了,但是 Dirac 粒子颤动问题计算中的那些积分是否真的可积,实际上是需要考虑的.下面先从矩阵元来观察.

上面导出了各个矩阵元的表达式(1.7.3),(1.7.6),(1.7.8),(1.7.10)等式,它们的表达式中包含了最后对 ξ 的积分,共有以下几种对 ξ 的积分形式:

$$\int \cos A\xi \mathrm{d}\xi, \quad \int \sin A\xi \mathrm{d}\xi, \quad \int \mathrm{e}^{B\xi}\cos A\xi \mathrm{d}\xi, \quad \int \mathrm{e}^{B\xi}\sin A\xi \mathrm{d}\xi, \quad \int \mathrm{e}^{B\xi}\mathrm{d}\xi \quad (1.7.22)$$

考虑到 ξ 的积分的上、下限分别是 ∞ 和 $-\infty$,加上上、下限后进一步计算,分别得

$$\int_{-\infty}^{\infty} \cos A\xi \mathrm{d}\xi = \frac{1}{A}\int_{-\infty}^{\infty}\cos x \mathrm{d}x = \frac{1}{A}\big[\sin x\big]_{-\infty}^{\infty} \quad (1.7.23)$$

$$\int_{-\infty}^{\infty} \sin A\xi \mathrm{d}\xi = \frac{1}{A}\big[-\cos x\big]_{-\infty}^{\infty} \quad (1.7.24)$$

$$\int_{-\infty}^{\infty} \mathrm{e}^{B\xi}\cos A\xi \mathrm{d}\xi = \frac{1}{B}\int_{-\infty}^{\infty}\cos A\xi \mathrm{d}(\mathrm{e}^{B\xi})$$

$$= \frac{1}{B}\big[\mathrm{e}^{B\xi}\cos A\xi\big]_{-\infty}^{\infty} + \int_{-\infty}^{\infty} \mathrm{e}^{B\xi}A\sin A\xi \mathrm{d}\xi \quad (1.7.25)$$

$$\int_{-\infty}^{\infty} \mathrm{e}^{B\xi}\sin A\xi \mathrm{d}\xi = \frac{1}{B}\int_{-\infty}^{\infty}\sin A\xi \mathrm{d}(\mathrm{e}^{B\xi})$$

$$= \frac{1}{B}\big[\mathrm{e}^{B\xi}\sin A\xi\big]_{-\infty}^{\infty} + \int_{-\infty}^{\infty} \mathrm{e}^{B\xi}A\cos A\xi \mathrm{d}\xi \quad (1.7.26)$$

以及

$$\int_{-\infty}^{\infty} \mathrm{e}^{B\xi}\cos A\xi \mathrm{d}\xi = \left[\mathrm{e}^{B\xi}\frac{B\cos A\xi + A\sin A\xi}{A^2 + B^2}\right]_{-\infty}^{\infty} \quad (1.7.27)$$

$$\int_{-\infty}^{\infty} \mathrm{e}^{B\xi}\sin A\xi \mathrm{d}\xi = \left[\mathrm{e}^{B\xi}\frac{A\sin A\xi - B\cos A\xi}{A^2 + B^2}\right]_{-\infty}^{\infty}$$

$$\int_{-\infty}^{\infty} \mathrm{e}^{B\xi}\mathrm{d}\xi = \left[\frac{1}{B}\mathrm{e}^{B\xi}\right]_{-\infty}^{\infty} \quad (1.7.28)$$

综合式(1.7.25)～(1.7.28)看出,要么如式(1.7.23)、式(1.7.24)右方所示,取值不定;要么如式(1.7.27)、式(1.7.28)右方所示,积分值是发散的.

现在再看加上投影后的可积性会不会有所改善.

从上面的讨论已知,除了式(1.7.23)、式(1.7.24)是不定的外,其余的对 ξ 的积分发散,所以即使加上投影,也只有如式(1.7.23)、式(1.7.24)那样含 ξ 的积分才有可能成为确定有限的.因此这一可能只会在式(1.6.45)的第一项上出现,在那里矩阵元中包含的都是第一类解,即讨论的是如下的积分:

$$\iint F_+^*(\beta) \iint F_-(\beta') \langle +, \beta | c\sigma_x | -, \beta' \rangle \mathrm{d}\beta \mathrm{d}\beta'$$

$$= \iint F_+^*(\beta) \iint F_-(\beta') \sqrt{\frac{1}{2\pi}} c \Big(\big[f(\beta') + f(\beta) \big] \Big\{ \mathrm{e}^{(\beta'+\beta)^2/8} \big[\cos(\beta' - \beta)\xi$$

$$+ \mathrm{i}\sin(\beta' - \beta)\xi \big] \mathrm{d}\xi + \mathrm{e}^{(\beta+\beta')^2/8} \int \big[\cos(\beta - \beta')\xi + \mathrm{i}\sin(\beta - \beta')\xi \big] \mathrm{d}\xi \Big\}$$

$$+ \big[f(\beta') - f(\beta) \big] \Big\{ \mathrm{e}^{(\beta'-\beta)^2/8} \int \big[\cos(\beta' + \beta)\xi + \mathrm{i}\sin(\beta' + \beta)\xi \big] \mathrm{d}\xi$$

$$+ \mathrm{e}^{(\beta-\beta')^2/8} \int \big[\cos(\beta' + \beta)\xi - \mathrm{i}\sin(\beta' + \beta)\xi \big] \mathrm{d}\xi \Big\} \Big) \mathrm{d}\beta \mathrm{d}\beta' \tag{1.7.29}$$

由于上面讨论了两种初始态,故应把两种初始态的投影式(1.7.3)、式(1.7.4)、式(1.7.18)、式(1.7.19)分别代入上式,得到如下两个积分:

$$\iint \frac{1}{2} \big[1 - 2\mathrm{i}f^*(\beta)\sin\beta a \big] \big[1 + 2\mathrm{i}f(\beta')\cos\beta' a \big] \sqrt{\frac{1}{2\pi}} c$$

$$\cdot \Big(\big[f(\beta') + f(\beta) \big] \Big\{ \mathrm{e}^{(\beta+\beta')^2/8} \int \big[\cos(\beta' - \beta)\xi + \mathrm{i}\sin(\beta' - \beta)\xi \big] \mathrm{d}\xi$$

$$+ \mathrm{e}^{(\beta+\beta')^2/8} \int \big[\cos(\beta - \beta')\xi + \mathrm{i}\sin(\beta - \beta')\xi \big] \mathrm{d}\xi \Big\}$$

$$+ \big[f(\beta') - f(\beta) \big] \Big\{ \mathrm{e}^{(\beta'-\beta)^2/8} \int \big[\cos(\beta' + \beta)\xi + \mathrm{i}\sin(\beta' + \beta)\xi \big] \mathrm{d}\xi$$

$$+ \mathrm{e}^{(\beta-\beta')^2/8} \int \big[\cos(\beta' + \beta)\xi - \mathrm{i}\sin(\beta' + \beta)\xi \big] \mathrm{d}\xi \Big\} \Big) \mathrm{d}\beta \mathrm{d}\beta' \tag{1.7.30}$$

$$\iint \frac{1}{2}\left[1 + f^*(\beta)\mathrm{e}^{-a^2}(\mathrm{e}^{\beta a} - \mathrm{e}^{-\beta a})\right]\left[1 + f(\beta')\mathrm{e}^{-a^2}(\mathrm{e}^{\beta' a} + \mathrm{e}^{-\beta' a})\right]\sqrt{\frac{1}{2\pi}}c$$

$$\cdot \left([f(\beta') + f(\beta)]\left\{\mathrm{e}^{(\beta+\beta')^2/8}\int[\cos(\beta' - \beta)\xi + \mathrm{i}\sin(\beta' - \beta)\xi]\mathrm{d}\xi\right.\right.$$

$$+ \mathrm{e}^{(\beta+\beta')^2/8}\int[\cos(\beta - \beta')\xi + \mathrm{i}\sin(\beta - \beta')\xi]\mathrm{d}\xi\bigg\}$$

$$+ [f(\beta') - f(\beta)]\left\{\mathrm{e}^{(\beta'-\beta)^2/8}\int[\cos(\beta' + \beta)\xi + \mathrm{i}\sin(\beta' + \beta)\xi]\mathrm{d}\xi\right.$$

$$+ \mathrm{e}^{(\beta-\beta')^2/8}\int[\cos(\beta' + \beta)\xi - \mathrm{i}\sin(\beta' + \beta)\xi]\mathrm{d}\xi\bigg\}\bigg)\mathrm{d}\beta\mathrm{d}\beta' \tag{1.7.31}$$

为了说明问题,不必对式(1.7.30)、式(1.7.31)中的所有积分都计算,只具体计算式(1.7.29)中如下的一项:

$$\iint \frac{1}{2}\sqrt{\frac{1}{2\pi}}c[f(\beta') + f(\beta)]\mathrm{e}^{(\beta+\beta')^2/8}\int\cos(\beta' - \beta)\xi\mathrm{d}\xi\mathrm{d}\beta\mathrm{d}\beta' \tag{1.7.32}$$

以及

$$\iint \frac{1}{2}f(\beta)\mathrm{e}^{-a^2}f(\beta')\mathrm{e}^{-a^2}\mathrm{e}^{-\beta a - \beta' a}\sqrt{\frac{1}{2\pi}}c[f(\beta') + f(\beta)]$$

$$\cdot \mathrm{e}^{(\beta+\beta')^2/8}\int\cos(\beta' - \beta)\xi\mathrm{d}\xi\mathrm{d}\beta\mathrm{d}\beta' \tag{1.7.33}$$

$f(\beta)$ 随 β 的变化总是在有限的范围内取值,不会对可积性产生实质的影响,所以可把它们看作常量,只考虑等效的这样形式的积分:

$$\iiint \mathrm{e}^{(\beta+\beta')^2/8}\int\cos(\beta' - \beta)\xi\mathrm{d}\xi\mathrm{d}\beta\mathrm{d}\beta' \tag{1.7.34}$$

及

$$\iiint \mathrm{e}^{-\beta a - \beta' a}\mathrm{e}^{(\beta+\beta')^2/8}\int\cos(\beta' - \beta)\xi\mathrm{d}\xi\mathrm{d}\beta\mathrm{d}\beta' \tag{1.7.35}$$

为了完整地讨论,我们在这里还需要补充一点,那就是已有的研究早已表明将第一类解作为展开的基态矢集时除了原有的本征态形式

$$\begin{bmatrix} (\mathrm{e}^{a^\dagger a^\dagger/2 + \mathrm{i}\beta a^\dagger} \pm \mathrm{e}^{a^\dagger a^\dagger/2 - \mathrm{i}\beta a^\dagger})\mid 0\rangle \\ f((\mathrm{e}^{a^\dagger a^\dagger/2 + \mathrm{i}\beta a^\dagger} \pm \mathrm{e}^{a^\dagger a^\dagger/2 - \mathrm{i}\beta a^\dagger})\mid 0\rangle) \end{bmatrix} \tag{1.7.36}$$

外还应加上一个 $\mathrm{e}^{-A\beta^2}$ 因子,即

$$\mathrm{e}^{-A\beta^2}\left[\begin{array}{l}(\mathrm{e}^{a^{\dagger}a^{\dagger}/2+\mathrm{i}\beta a^{\dagger}}\ \pm\ \mathrm{e}^{a^{\dagger}a^{\dagger}/2-\mathrm{i}\beta a^{\dagger}})\mid 0\rangle\\ f((\mathrm{e}^{a^{\dagger}a^{\dagger}/2+\mathrm{i}\beta a^{\dagger}}\ \pm\ \mathrm{e}^{a^{\dagger}a^{\dagger}/2-\mathrm{i}\beta a^{\dagger}})\mid 0\rangle)\end{array}\right] \tag{1.7.37}$$

原因是式(1.7.36)的态矢集不能组成一个完备的正交基集,必须加上 $\mathrm{e}^{-A\beta^2}$ 因子后由式(1.7.37)表示的基集才是完备的.上述因子 $\mathrm{e}^{-A\beta^2}$ 中的 A 是如下的值:

$$A = \frac{1}{2}\left(\frac{\hbar}{2\Delta}\right)^2 \tag{1.7.38}$$

因此我们要算的两个积分应改写成

$$\iiint \mathrm{e}^{-A(\beta^2+\beta'^2)}\mathrm{e}^{(\beta+\beta')^2/8}\int\cos(\beta'-\beta)\xi\mathrm{d}\xi\mathrm{d}\beta\mathrm{d}\beta' \tag{1.7.39}$$

及

$$\iiint \mathrm{e}^{-A(\beta^2+\beta'^2)}\mathrm{e}^{-\beta a-\beta'a}\mathrm{e}^{(\beta+\beta')^2/8}\int\cos(\beta'-\beta)\xi\mathrm{d}\xi\mathrm{d}\beta\mathrm{d}\beta' \tag{1.7.40}$$

现在再来重新计算式(1.7.39)和式(1.7.40)这两个积分:

$$\iiint \mathrm{e}^{-A(\beta^2+\beta'^2)+(\beta+\beta')^2/8}\cos(\beta'-\beta)\xi\mathrm{d}\xi\mathrm{d}\beta\mathrm{d}\beta'$$

$$= \iiint \mathrm{e}^{-(A-1/8)\beta^2-(A-1/8)\beta'^2+\beta\beta'/4}\cos(\beta'-\beta)\xi\mathrm{d}\xi\mathrm{d}\beta\mathrm{d}\beta'$$

$$= \iiint \mathrm{e}^{-(A-1/8)[\beta'-(\beta/8)/(A-1/8)]^2}\mathrm{e}^{(\beta/8)^2/(A-1/8)}\cos(\beta'-\beta)\xi\mathrm{e}^{-(A-1/8)\beta^2}\mathrm{d}\xi\mathrm{d}\beta\mathrm{d}\beta'$$

$$= \iiint \mathrm{e}^{-(A-1/8)\beta_1'^2}\cos\left(\beta_1'+\frac{\beta}{8A-1}-\beta\right)\xi\cdot\mathrm{e}^{\beta^2/(64A-8)}\cdot\mathrm{e}^{-(A-1/8)\beta^2}\mathrm{d}\xi\mathrm{d}\beta\mathrm{d}\beta_1'$$

$$= \sqrt{\frac{\pi}{A-1/8}}\iint \mathrm{e}^{-\xi^2/(4A-1/2)}\cos\frac{(8A-2)\beta}{8A-1}\xi\cdot\mathrm{e}^{[-(A-1/8)+1/(64A-8)]\beta^2}\mathrm{d}\xi\mathrm{d}\beta$$

$$= \sqrt{\frac{8\pi}{8A-1}}\sqrt{\frac{\pi}{2}}\ \sqrt{8A-1}\int \mathrm{e}^{-(\beta-A\beta)^2/(16A-2)}\mathrm{e}^{-[A-1/8+1/(64A-8)]\beta^2}\mathrm{d}\beta$$

$$= 2\pi\int \mathrm{e}^{-(1-4A)^2\beta^2/(16A-2)}\mathrm{e}^{-(64A^2-16A+2)\beta^2/(64A-B)}\mathrm{d}\beta$$

$$= \frac{4\pi\sqrt{\pi}}{-2+8A+\dfrac{1}{-1+8A}} \tag{1.7.41}$$

$$\iiint e^{-A\beta^2 - A\beta'^2} e^{-\beta a - \beta' a} e^{(\beta+\beta')^2/8} \int \cos(\beta' - \beta)\xi \, \mathrm{d}\xi \mathrm{d}\beta \mathrm{d}\beta'$$

$$= \iiint e^{-(A-1/8)\beta^2 - \beta a} e^{-(A-1/8)\beta'^2 - \beta' a + \beta\beta'/4} \cos(\beta' - \beta)\xi \, \mathrm{d}\xi \mathrm{d}\beta \mathrm{d}\beta'$$

$$= \iiint e^{-(A-1/8)\beta^2 - \beta a} e^{-(A-1/8)[\beta' + (a/2-\beta/8)/(A-1/8)]^2} \cos(\beta' - \beta)\xi \, e^{(a/2-\beta/8)/(A-1/8)} \mathrm{d}\xi \mathrm{d}\beta \mathrm{d}\beta'$$

$$= \iiint e^{-(A-1/8)\beta^2 - \beta a} e^{8(a/2-\beta/8)^2/(8A-1)} \mathrm{d}\xi \mathrm{d}\beta e^{-(A-1/8)\beta_1'^2} \cos\left(\beta_1' - \beta - \dfrac{\dfrac{a}{2} - \dfrac{\beta}{8}}{A - \dfrac{1}{8}}\right) \xi \mathrm{d}\beta_1'$$

$$= \sqrt{\dfrac{\pi}{A - 1/8}} \iint e^{-(A-1/8)\beta^2 - \beta a} \cdot e^{8(a/2-\beta/8)^2/(8A-1)} \mathrm{d}\xi \mathrm{d}\beta e^{-\xi^2/(4A-1/2)} \cos\left(\beta + \dfrac{\dfrac{a}{2} - \dfrac{\beta}{8}}{A - \dfrac{1}{8}}\right) \xi$$

$$= \sqrt{\dfrac{8\pi}{8A - 1}} \iint e^{-(8A^2-2A)\beta^2/(8A-1) - 8Aa\beta/(8A-1) + 2a^2/(8A-1)} \mathrm{d}\beta$$

$$\cdot e^{-2\xi^2/(8A-1)} \cos\left(\dfrac{4a}{8A-1} + \dfrac{8A-2}{8A-1}\beta\right)\xi \mathrm{d}\xi$$

$$= \sqrt{\dfrac{8\pi}{8A - 1}} \sqrt{\dfrac{\pi}{2}} \sqrt{8A-1} \int e^{-(8A^2-2A)\beta^2/(8A-1) - 8Aa\beta/(8A-1) + 2a^2/(8A-1)} \mathrm{d}\beta$$

$$\cdot e^{-[(8A-1)/8][4a/(8A-1) + (8A-2)\beta/(8A-1)]^2}$$

$$= 2\pi e^{2a^2/(8A-1)} \int e^{-(8A^2-2A)\beta^2/(8A-1) - 8Aa\beta/(8A-1)} e^{-[16a^2 + 2(8A-2)\cdot 4a\beta + (8A-2)^2\beta^2]/[8(8A-1)]} \mathrm{d}\beta$$

$$= 2\pi e^{2a^2/(8A-1) - 2a^2/(8A-1)} \int e^{-(8A^2-2A)\beta^2/(8A-1) - 8Aa\beta/(8A-1) - (8A-2)a\beta/(8A-1) - (8A-2)^2\beta^2/[8(8A-1)]} \mathrm{d}\beta$$

$$= 2\pi \int e^{-(16A^2-6A+1/2)\beta^2/(8A-1) + (2-16A)a\beta/(8A-1)} \mathrm{d}\beta$$

$$= 2\pi \sqrt{\dfrac{2\pi}{4A - 1}} e^{2a^2/(4A-1)} \tag{1.7.42}$$

　　计算到这里时,我们发现对 Dirac 粒子颤动的探讨走到了一个得不出确切答案的困境. 当我们在得到 Dirac 方程的第二类宇称和能量共同本征态的新解时,得到粒子速度式(1.6.45),从它的形式上看已清楚地给出了含时间振荡因子的后面 7 项,这样一来似乎已能证实颤动的存在,但是在作具体的仔细计算时,却遇到了发散的困难,这不得不让我们对现有的理论框架还要作进一步的思考,关于这一点将在下一节中作细致的说明.

1.8 本章内容回顾

在本章中我们讨论的内容大体可以归纳为如下一些要点：

(1) Dirac 在确定了 Dirac 方程之后,根据给定的 Hamiltonian 得出 Dirac 粒子的瞬时速度是光速的量级的结论,然而真实观测到的电子速度却常远小于光速,为此 Dirac 提出的解释是电子的瞬时速度虽是 c 的量级,但观测的不是瞬时速度,而是一个小的时间间隔内的平均速度.他用这两种速度含义的不同来解释这个矛盾.

(2) 为了证实其观点,Dirac 导出一个 Dirac 粒子的速度算符的表示式,其中包含两项:一项是与经典类似的正比于动量算符的随时间变化的线性项,该项对应于观测速度;另一项是一个随时间迅速振荡的部分,它对在一个短的时间间隔内观测的平均速度的贡献为零,称为粒子的颤动.

(3) 不过,应该指出 Dirac 的证明只是一个形式证明,因为它只是在形式上给出了一个随 t 振荡的速度算符.由于一个和观测对应的物理量单靠算符是不够的,还需要将物理量对应的算符代入态矢中才能得到物理量的期待值,故 Dirac 只写出了算符的表达式,并没有明确地求出粒子的速度期待值,所以不能说是真正从理论上证明了颤动的存在.

(4) 随后的近一个世纪的时间里既不曾在实验中直接观测到颤动,也没有什么实验能提供间接的颤动存在的证据,因此甚至有人认为颤动根本不存在.近年来才出现了所谓的颤动的量子模拟,这些工作的理论根据是找到一种物理系统,它的动力学规律和 Dirac 粒子一样满足 Dirac 方程的数学形式,但其物理参量和 Dirac 方程中的不同,使得它的颤动的频率较低,振幅较大,达到现今的实验技术能观测到的程度,相关人员声称在这样的系统中得到了颤动的理论和实验相符合的结果,因此他们的工作间接证明了 Dirac 粒子的颤动的存在.

(5) 这些量子模拟颤动问题的工作并没有实现模拟 Dirac 粒子的颤动,而只是显示了满足 Dirac 方程的物理系统的确都有颤动式的物理效应.这些工作之所以并不等同于 Dirac 粒子的颤动是由于其中的物理系统不是基本粒子,不像 Dirac 粒子那样不能居于负能本征态.在这些工作中得到的颤动效应恰巧是这些物理系统可以居于负能本征态,而且正是其中的正、负能本征态的跃迁构成了人们得到颤动的结果.

（6）这些量子模拟的工作只是肯定了 Schrödinger 的关于具有内、外自由度且两者有能量交换的物理系统都会有颤动的论断,而不是 Dirac 粒子颤动存在的证明.为此,在本章中我们在已知的 Dirac 粒子的第一类宇称和能量共同本征态外给出 Dirac 粒子的第二类宇称和能量共同本征态.从上面的讨论中可以看到,原则上讲 Dirac 粒子在第一类和第二类本征态间的物理量期待值之矩阵元才是 Dirac 粒子颤动的根源.

（7）计算一个物理系统的演化一般有两种方法:第一种方法是当系统的本征态已知时,直接地将初始态在这一本征态集上展开,然后加上相应的时间因子,便得到任意时刻的系统的态矢.第二种方法是用 Schrödinger 方程求解随 t 变化的态矢并把给定的初始态作为解的初始条件.第二种方法常在无法求得能量的本征态矢集时才采用.那么,为什么大家在讨论颤动量子模拟的工作中采用第二种计算演化的办法而不采用简便的第一种方法呢? 这是否意味着研究者已意识到原来已知的平面波集不是一个完备的态矢集?

（8）然而,当我们认真地用第一类本征态解和第二类本征态解去计算粒子的速度期待值时发现:一方面形式上它的确给出了在两类态跃迁时的时间振荡因子;另一方面却显示出在具体计算粒子的瞬时速度的期待值时积分具有不可积的性质.这种不可积的性质的根源是自由 Dirac 粒子的能量本征态的不可归一性.严格来讲这些态矢都不是物理的状态.从物理的角度来思考,我们客体的任何可观测的物理量都应该是确定的有限值.如果粒子的一个状态是不可归一的,它在全空间中都有可能出现,则它在有限的空间中出现的概率就一定为零,必然就没有确定的有限的物理效应显现出来.

（9）其实从量子理论建立以来,大家都知道平面波解不是一个真实的物理状态.有的书中虽然明确指出它们不是 Hilbert 空间中真实的态矢,但它们可以作为一种理论的计算工具,通过计算过程来起作用,熟知的就是用它们来组合成波包形式的物理的状态.这样的做法长期以来在量子理论计算过程中的确起过作用,但是这一做法在颤动问题中导出的 Dirac 系统的第二类宇称和能量本征态集上不可行.从这一点出发,我们将提出这样的考虑:一种设想是认为量子系统目前的理论框架还存在缺陷,也许可能得到一种新的理论形式,不需要借助这样的自由状态的态矢来描述.另一种设想是从物理实质的角度看,这样的"自由的"状态的描述是否理论上就存在欠缺.由于现有的量子理论在几乎所有的问题上都是成功的,只在个别的如颤动问题上遇到了困难,所以自然和合理的设想是这一问题应该只是一个局部上的欠缺.现有的量子理论的"自由状态"的表述和与这一问题相关的更多的物理含义是下一章的主题.

(10) 最后我们来回答一下 Dirac 在他的书中已写出式(1.1.9)或式(1.1.10)的算符表达式,式中含恒定的平均速度项及随 t 振荡的颤动部分时为什么不把态矢再考虑进来算出速度的最终表示.从本章讨论中可以清楚地看出,当我们得到式(1.6.45)时,这一结果比起式(1.1.9)更清楚地表明颤动存在.但是继续算下去,会发现发散的存在.或许可以猜想,Dirac 也许实际上做过加上态矢的计算并发现存在发散的困难.

第 2 章

约束势下 Dirac 粒子的颤动

2.1　粒子自由状态的讨论

在第 1 章里比较仔细地讨论了 Dirac 粒子的颤动问题. Dirac 粒子存在颤动的思想是 Dirac 看到理论上粒子的瞬时速度和实际中粒子的观测速度存在很大差异后提出来的. 但是此后相当长的时间里没有任何实际工作证实颤动的存在. 近年来出现了不少研究工作, 用动力学规律和 Dirac 粒子相同但物理参量不同的物理系统试图间接证实颤动的存在. 这些物理系统预期产生的颤动频率不是很高, 振幅亦不是很小, 处于目前实际技术可以观测的范围, 可用来论证 Dirac 颤动问题. 不过, 我们看到, 所有这些工作中颤动的机制都是建立在考虑了系统的正负能态间的矩阵元的基础上的. 而 Dirac 早已提出过, 作为基本粒子的 Dirac 粒子不应具有负能态, 所以这种间接证实 Dirac 粒子颤动存在的论证是不成立的.

由于 Dirac 粒子的颤动是否存在成为一个无法回避的疑难问题, 这推动我们找寻并成功得到 Dirac 粒子的第二种宇称和能量的共同本征态集, 并且从形式计算来看, 物理量 (包括速度) 在第一类宇称和能量的共同本征态与第二类本征态间的矩阵元以及不同的第二类本征态间的矩阵元给出了颤动存在所需的时间振荡因子. 但当我们具体去计算粒子的速度期待值时, 却遇到了积分不可积的问题. 这样的问题是量子系统的自由状态下的态矢实质上不是真实物理状态这样的普遍问题的一个具体事例. 反过来讲, 颤动这样一个重要又基本的问题亦启示我们, 需要仔细审视迄今为止我们对量子系统自由状态的理解.

在讨论这一问题之前, 我们先描述一下一个关键的重要的实验事实, 借以表明对自由状态讨论的必要性.

1. 颤动存在的一个直接证据

近年来, 质子半径的研究是一个大家关注的课题. 所谓的质子半径针对的是质子稳定的最低状态是只在有限的空间里分布的状态. 因为空间具有各向同性, 合理的假设是这种分布为球状分布. 为了方便讨论, 不妨设为高斯型分布, 即假定在这样的状态下基波函数为

$$\psi(\boldsymbol{r}) = N\exp(-\sigma r^2) \tag{2.1.1}$$

当然稳定态的精确波函数会和高斯型波包有所不同, 但讨论的基本内容不会有本质的差异.

式 (2.1.1) 中的归一常数 N 由下式决定:

$$\int \psi^2(\boldsymbol{r})\mathrm{d}\boldsymbol{r} = N^2 \int \exp[-\sigma(x^2 + y^2 + z^2)]\mathrm{d}x\mathrm{d}y\mathrm{d}z$$
$$= N^2 \left(\sqrt{\frac{\pi}{2\sigma}}\right)^3 = 1 \tag{2.1.2}$$

即

$$N = \left(\frac{2\sigma}{\pi}\right)^{3/4} \tag{2.1.3}$$

利用上述波函数,质子的半径计算如下:

$$R = \left[N^2 \int r^2 \psi^2(r) \mathrm{d}r \right]^{1/2}$$

$$= N \left\{ \int (x^2 + y^2 + z^2) \exp[-2\sigma(x^2 + y^2 + z^2)] \mathrm{d}x \mathrm{d}y \mathrm{d}z \right\}^{1/2}$$

$$= N \left\{ 3 \int x^2 \exp[-2\sigma(x^2 + y^2 + z^2)] \mathrm{d}x \mathrm{d}y \mathrm{d}z \right\}^{1/2}$$

$$= N \left\{ 3 \frac{1}{2\sigma} \sqrt{\frac{\pi}{2\sigma}} \sqrt{\frac{\pi}{2\sigma}} \sqrt{\frac{\pi}{2\sigma}} \right\}^{1/2}$$

$$= \left(\frac{2\sigma}{\pi} \right)^{3/4} \cdot \sqrt{\frac{3}{2\sigma}} \left(\frac{2\sigma}{\pi} \right)^{-3/4} = \sqrt{\frac{3}{2\sigma}} \tag{2.1.4}$$

下面讨论位置和动量的涨落时,因为波函数是球对称的,所以只需考虑粒子的某一方向上的位置期待值及涨落. 以 x 方向为例,下面计算其位置期待值及涨落:

$$\bar{x} = \langle \hat{x} \rangle = N^2 \int x \exp[-2\sigma(x^2 + y^2 + z^2)] \mathrm{d}x \mathrm{d}y \mathrm{d}z = 0 \tag{2.1.5}$$

$$\overline{(\Delta x)^2} = \langle (x^2 - \bar{x}^2) \rangle = \langle x^2 \rangle$$

$$= N^2 \int x^2 \exp[-2\sigma(x^2 + y^2 + z^2)] \mathrm{d}x \mathrm{d}y \mathrm{d}z$$

$$= N^2 \left(\frac{1}{2\sigma} \sqrt{\frac{\pi}{2\sigma}} \sqrt{\frac{\pi}{2\sigma}} \sqrt{\frac{\pi}{2\sigma}} \right) = \frac{1}{2\sigma} \tag{2.1.6}$$

然后我们利用 Heisenberg 不确定性关系

$$\left[\overline{(\Delta x)^2} \cdot \overline{(\Delta p_x)^2} \right]^{1/2} \geqslant \frac{\hbar}{2}$$

来得出质子在能量最低的稳定态下动量涨落为

$$\left[\overline{(\Delta p_x)^2} \right]^{1/2} \approx \frac{\hbar}{2} \cdot \left(\frac{1}{2\sigma} \right)^{-1/2} = \hbar \sqrt{\frac{\sigma}{2}} \tag{2.1.7}$$

上面这段讨论的含义是:如果粒子的状态是在空间中具有有限的分布,则它在动量空间中亦会是有限分布.

现在把上面的讨论用于质子的情形进行定量的计算.

质子的半径约为10^{-16},利用式(2.1.4)得

$$R_0 \approx 10^{-16} = \sqrt{\frac{3}{2\sigma_0}} \qquad (2.1.8)$$

质子在最低的稳定态中动量一定是球对称的,故

$$\langle \hat{\boldsymbol{p}} \rangle = \boldsymbol{0}$$

即

$$\langle \hat{p}_x \rangle = \langle \hat{p}_y \rangle = \langle \hat{p}_z \rangle = 0$$

以及

$$[\overline{(\Delta p_x)^2}]^{1/2} = [\langle (\hat{p}_x)^2 \rangle]^{1/2} \qquad (2.1.9)$$

结合式(2.1.7)~(2.1.9),有

$$[\langle \hat{p}_x \rangle^2]^{1/2} = \hbar\sqrt{\frac{\sigma_0}{2}} = \hbar\sqrt{\frac{3}{4}}R_0^{-1} \qquad (2.1.10)$$

2. 质子的最低稳定态

如果质子具有有限的半径,则如前所述,它一定有一个有限的动量分布,虽然由于对称性它的总动量为零,但如果有限的 Δp,它的状态中一定要有正、反两个方向的动量分布.这就是粒子在原地的来回振荡.对这种现象仔细思考一下,不难发现它就是质子在最低稳定状态下的颤动,因此可以得出结论:质子具有有限半径这个事实便可看作是 Dirac 粒子具有颤动的一个确切证据.下面进一步来看,这种往复振荡的速度是否是 Dirac 根据他的理论所预期的 c 的量级.式(2.1.10)告诉我们

$$\Delta p_x = \sqrt{\frac{3}{4}}\hbar R_0^{-1} = \frac{mv}{\sqrt{1 - \dfrac{v^2}{c^2}}} \qquad (2.1.11)$$

在后一等式里用到相对论的动量与速度关系公式,于是有

$$\frac{v}{\sqrt{1 - \dfrac{v^2}{c^2}}} = \sqrt{\frac{3}{4}}\frac{\hbar R_0^{-1}}{m} \qquad (2.1.12)$$

分别将 $\hbar = 1.1 \times 10^{-34}, R_0 = 8 \times 10^{-16}, m = 1.67 \times 10^{-27}$ 代入上式得

$$\frac{v}{\sqrt{1 - \dfrac{v^2}{c^2}}} \approx \frac{1}{14} \times 10^9 \tag{2.1.13}$$

从而得出颤动的速度 $v \approx 0.23c$,和 Dirac 的理论预期相符.

最后要着重指出的是:质子半径的存在不仅证实了 Dirac 粒子颤动的存在,并且还清楚地告诉我们,粒子的最稳定状态不是所谓的自由状态,否则它不会有有限的半径.有了颤动存在的确切证据以后,结合第 1 章中谈到的有关颤动理论上的困惑,我们不得不认真地对粒子的"自由状态"作深入一些的探讨.

3."自由状态"的进一步思考

过去我们一直认为粒子自由状态的定态解是平面波,但我们亦同样知道,严格地讲它不是物理状态,不属于物理态矢的 Hilbert 空间.不过我们还是一直在使用这一观念,因为由它们可以组成可归一化的波包,并可用以处理和计算一些具体的问题.尽管如此,这一情况仍然规避不了这样的疑问:任何一个实际的物理系统,例如熟知的氢原子、谐振子,它们都有一组完备的定态集——能量本征态矢集,对比之下,自由状态粒子的能量本征态集是什么? 如果认为就是平面波态矢,它们又不是物理态;如果说不是平面波态矢,按现有的量子理论又不能导出平面波以外的其他物理状态.因此如果不改变现有的量子理论框架,则会陷入不可能找到"自由状态"下物理的定态这样的困境.不过,大量的实验事实已证实了现有量子理论的正确性.因此,比较合理的思考是不去触动量子理论的框架,而只对"自由状态"的概念加以审视.为了让这一想法更有说服力,下面再谈一个与这一问题紧密相关的波包的演化问题.

设任一时刻 t,粒子的波函数是可归一的波包形式,为了便于讨论,我们就取高斯波包的形式.取其他形式的波包来讨论对实质不会有影响.即在以下的讨论中取波函数为

$$\varphi(x, t) = N \exp(-\sigma x^2) \tag{2.1.14}$$

它的演化由 Schrödinger 方程决定(取 $\hbar = 1$):

$$i \partial_t \varphi(x, t) = H \varphi(x, t) = -\frac{1}{2m} \frac{\partial^2}{\partial x^2} \varphi(x, t) \tag{2.1.15}$$

由上式知 $\Delta t \to 0$ 时

$$\varphi(x, t + \Delta t) = \varphi(x, t) + \Delta t \cdot \frac{\mathrm{i}}{2m} \frac{\partial^2}{\partial x^2} \varphi(x, t) \tag{2.1.16}$$

将式(2.1.14)代入式(2.1.16),得

$$\varphi(x, t + \Delta t) = N\left[\exp(-\sigma x^2) + \frac{\mathrm{i}\Delta t}{2m}(4\sigma^2 x^2 - 2\sigma)\exp(-\sigma x^2)\right] \tag{2.1.17}$$

现在来比较波包在 t 时刻的展宽和 $t + \Delta t$ 时刻的展宽:

$$\Delta r(t) = \int x^2 |\varphi(x, t)|^2 \mathrm{d}x = N^2 \int x^2 \exp(-2\sigma x^2)\mathrm{d}x = \frac{N^2}{4\sigma}\sqrt{\frac{\pi}{2\sigma}}$$

$$\Delta r(t + \Delta t) = \int x^2 |\varphi(x, t + \Delta t)|^2 \mathrm{d}x$$

$$= N^2 \int x^2 \exp(-2\sigma x^2)\left[1 + \frac{(\Delta t)^2}{4m^2}(4\sigma^2 x^2 - 2\sigma)^2\right]\mathrm{d}x$$

$$= N^2 \int \exp(-2\sigma x^2)\left[x^2 + \frac{(\Delta t)^2}{4m^2}(16\sigma^4 x^6 - 16\sigma^3 x^4 + 4\sigma^2 x^2)\right]\mathrm{d}x$$

$$= \frac{N^2}{4\sigma}\sqrt{\frac{\pi}{2\sigma}}\left\{1 + \frac{(\Delta t)^2}{4m^2}\left[16\left(\frac{1}{2\sigma}\right)^3 - 16\left(\frac{1}{2\sigma}\right)^2 + 4\sigma^2\right]\right\} \tag{2.1.18}$$

由上两式得到展宽的差为

$$\Delta r(t + \Delta t) - \Delta r(t) = \frac{N^2}{4\sigma}\sqrt{\frac{\pi}{2\sigma}}\frac{(\Delta t)^2}{4m^2}\left(\frac{2}{\sigma^3} - \frac{4}{\sigma^2} + 4\sigma^2\right) > 0 \tag{2.1.19}$$

以下证明上式的最后一个不等式.令

$$A = \frac{1}{\sigma^3}(4\sigma^5 - 4\sigma + 2)$$

由 A 取极值的条件知,需有

$$\frac{\mathrm{d}}{\mathrm{d}\sigma}(\sigma^5 - \sigma) = 5\sigma^4 - 1 = 0$$

得到当 $\sigma = \left(\dfrac{1}{5}\right)^{1/4}$ 时，A 取极小值，为

$$A_{\min} = \left(\frac{1}{5}\right)^{1/2} 4 - 4\left(\frac{1}{5}\right)^{-1/2} + 2\left(\frac{1}{5}\right)^{-3/4} > 0 \qquad (2.1.20)$$

其实不用式(2.1.18)以后的这一段讨论，我们从式(2.1.18)右方的第二个表达式已经可以看出 $\Delta r(t+\Delta t) > \Delta r(t)$，这一结果告诉我们，只要粒子在任一时刻 t 居于物理的波包状态，它都会随着时间不断展宽、弥散.这就启发我们提出这样一个疑问：尽管可以认为粒子一开始以可归一的波包形式存在，但经过漫长的时间演化，它早已弥散开来，使其在一个有限的空间里无法保持一个有限的概率存在.换句话说，如果不存在一定的约束，则在当前宇宙的任何有限空间中将不会有有限的物质存在.这是目前的理论框架下的自由状态概念存在不自洽性的另一个重要论据.

结合第 1 章及本节的讨论大概可以归结为以下几点：

理论上，粒子颤动的存在由 Dirac 提出并对其物理机理进行了论证；另一方面，质子的半径的存在证明了 Dirac 粒子颤动的真实性.

如果认为 Dirac 粒子在"自由状态"下运动时具有颤动，并据此计算，则会遇到发散的困难，事实上它亦是自由状态物理态矢不可积这一普遍问题中的一个特例.

从波矢在演化中总是弥散的规律来看，现有的对自由状态的理解问题不仅在于找不到这种状态的定态解，而且亦和宇宙中存在有限物质的现实相矛盾.

综合以上各点可以看出，问题得到解决的一种可能性是修正目前我们对自由状态的理解，在不触动现有量子理论任何其他原则的基础上，放弃不符合物理要求的"自由状态"的概念，代之以粒子虽然不受现有的已知力的作用，但却处于受到可能不同于已知作用以外的一种微弱的约束势作用的状态.一方面，在有限空间里这种约束势对粒子几乎不起任何作用，它只是约束粒子使之不致弥散到无穷空间去；另一方面，它会使得粒子在这种状态下具有有物理意义的定态集，从而使得 Dirac 粒子颤动的理论计算成为可能.

2.2 颤动的具体计算

我们在讨论 Dirac 粒子的颤动时,需要把 Dirac Hamiltonian 改写为如下的形式:

$$H = c\hat{p}\sigma_x + mc^2\sigma_z + kx^2 \tag{2.2.1}$$

上式右方的最后一项就是上面谈到的未知的微弱约束势,为简单计,假定取二次型的形式.

为了计算方便,作 $(\hat{x}, \hat{p})$ 到 $(a, a^\dagger)$ 的变换,这一变换在前一章里已叙述过:

$$\hat{x} = \frac{1}{\sqrt{2}}(a + a^\dagger), \quad \hat{p} = \frac{\mathrm{i}}{\sqrt{2}}(a^\dagger - a) \tag{2.2.2}$$

Hamiltonian 改表示为

$$H = \mathrm{i}A(a^\dagger - a)\sigma_x + B\sigma_z + \frac{k}{2}(a^2 + a^{\dagger 2} + 2a^\dagger a + 1) \tag{2.2.3}$$

其中

$$A = \frac{c}{\sqrt{2}}, \quad B = mc^2$$

现在讨论在约束势下 Dirac 粒子的颤动.

设 t 时刻系统的态矢为 $|t\rangle$,Schrödinger 方程(令 $\hbar = 1$)

$$\mathrm{i}\partial_t |t\rangle = H |t\rangle \tag{2.2.4}$$

有如下的形式解:

$$|t\rangle = \sum_n \frac{1}{n!}(-\mathrm{i}tH)^n | t = 0\rangle \tag{2.2.5}$$

式(2.2.5)只是形式解,为了具体计算,首先引入一组态矢 $\{|B_n\rangle\}$:

$$|B_n\rangle = H^n |t = 0\rangle \tag{2.2.6}$$

则式(2.2.5)可改写为

$$|t\rangle = \sum_n \frac{(-\mathrm{i}t)^n}{n!} |B_n\rangle \tag{2.2.7}$$

态矢集$\{|B_n\rangle\}$有以下的递推关系：

$$|B_{n+1}\rangle = H |B_n\rangle \tag{2.2.8}$$

设

$$|B_n\rangle = \begin{pmatrix} \sum_m f_m^{(n)} |m\rangle \\ \sum_m g_m^{(n)} |m\rangle \end{pmatrix} \tag{2.2.9}$$

$|m\rangle$是$(a,a^\dagger)$空间中的 Fock 态，即

$$\hat{n} |m\rangle = a^\dagger a |m\rangle = m |m\rangle \tag{2.2.10}$$

下面利用式(2.2.8)求出系数集合$\{f_m^{(n+1)}, g_m^{(n+1)}\}$和$\{f_m^{(n)}, g_m^{(n)}\}$间的递推关系：

$$|B_{n+1}\rangle = \begin{pmatrix} \sum_m f_m^{(n+1)} |m\rangle \\ \sum_m g_m^{(n+1)} |m\rangle \end{pmatrix} = H |B_n\rangle$$

$$= \left[\mathrm{i}A(a^\dagger - a)\sigma_x + B\sigma_z + \frac{k}{2}(a^2 + a^{\dagger 2} + 2a^\dagger a + 1) \right] \begin{pmatrix} \sum_m f_m^{(n)} |m\rangle \\ \sum_m g_m^{(n)} |m\rangle \end{pmatrix}$$

$$\tag{2.2.11}$$

将上式按上、下分量分别表示，得

$$\sum_m f_m^{(n+1)} |m\rangle$$

$$= \mathrm{i}\sum_m A\sqrt{m+1}\, g_m^{(n)} |m+1\rangle - \mathrm{i}\sum_m \sqrt{m}\, A g_m^{(n)} |m-1\rangle$$

$$+ B\sum_m f_m^{(n)} \mid m\rangle$$

$$+ \frac{k}{2}\Big[\sum_m \sqrt{m(m-1)} f_m^{(n)} \mid m-2\rangle$$

$$+ \sum_m \sqrt{(m+1)(m+2)} f_m^{(n)} \mid m+2\rangle$$

$$+ \sum_m 2m f_m^{(n)} \mid m\rangle + \sum_m f_m^{(n)} \mid m\rangle\Big] \tag{2.2.12}$$

$$\sum_m g_m^{(n+1)} \mid m\rangle$$

$$= \mathrm{i}\sum_m A\sqrt{m+1} f_m^{(n)} \mid m+1\rangle - \mathrm{i}\sum_m \sqrt{m}A f_m^{(n)} \mid m-1\rangle$$

$$- B\sum_m g_m^{(n)} \mid m\rangle$$

$$+ \frac{k}{2}\Big[\sum_m \sqrt{m(m-1)} g_m^{(n)} \mid m-2\rangle$$

$$+ \sum_m \sqrt{(m+1)(m+2)} g_m^{(n)} \mid m+2\rangle$$

$$+ \sum_m 2m g_m^{(n)} \mid m\rangle + \sum_m g_m^{(n)} \mid m\rangle\Big] \tag{2.2.13}$$

比较式(2.2.12)、式(2.2.13)两端的$\mid m\rangle$,得

$$f_m^{(n+1)} = \mathrm{i}A\sqrt{m}g_{m-1}^{(n)} - \mathrm{i}A\sqrt{m+1}g_{m+1}^{(n)} + Bf_m^{(n)}$$

$$+ \frac{k}{2}\Big[\sqrt{(m+2)(m+1)} f_{m+2}^{(n)} + \sqrt{m(m-1)} f_{m-2}^{(n)} + (2m+1) f_m^{(n)}\Big]$$

$$\tag{2.2.14}$$

$$g_m^{(n+1)} = \mathrm{i}A\sqrt{m}f_{m-1}^{(n)} - \mathrm{i}A\sqrt{m+1}f_{m+1}^{(n)} - Bg_m^{(n)}$$

$$+ \frac{k}{2}\Big[\sqrt{(m+2)(m+1)} g_{m+2}^{(n)} + \sqrt{m(m-1)} g_{m-2}^{(n)} + (2m+1) g_m^{(n)}\Big]$$

$$\tag{2.2.15}$$

将式(2.2.14)和式(2.2.15)中的系数的递推关系合并起来,用矩阵的形式表示为

$$\begin{bmatrix} \big[f_m^{(n+1)}\big] \\ \big[g_m^{(n+1)}\big] \end{bmatrix} = \begin{bmatrix} \big[M_{(11)}\big] & \big[M_{(12)}\big] \\ \big[M_{(21)}\big] & \big[M_{(22)}\big] \end{bmatrix} \begin{bmatrix} \big[f_m^{(n)}\big] \\ \big[g_m^{(n)}\big] \end{bmatrix} = \big[M\big] \begin{bmatrix} \big[f_m^{(n)}\big] \\ \big[g_m^{(n)}\big] \end{bmatrix} \tag{2.2.16}$$

其中

$$\left[M_{(11)}\right]_{m'}^{m} = \left[\left(m + \frac{1}{2}\right)k + B\right]\delta_{mm'} + iA\sqrt{m}\delta_{m'm-1} - iA\sqrt{m+1}\delta_{m'm+1}$$

$$(2.2.17)$$

$$\left[M_{(12)}\right]_{m'}^{m} = \left[M_{(21)}\right]_{m'}^{m} = iA\sqrt{m}\delta_{m'm-1} - iA\sqrt{m+1}\delta_{m'm+1} \qquad (2.2.18)$$

$$\left[M_{(22)}\right]_{m'}^{m} = \left[\left(m + \frac{1}{2}\right)k - B\right]\delta_{m'm} + iA\sqrt{m}\delta_{m'm-1} - iA\sqrt{m+1}\delta_{m'm+1}$$

$$(2.2.19)$$

上面的四个小矩阵组成了一个大的矩阵$[M]$,如式(2.2.16)所示.

在式(2.2.16)中取 $n=0$ 得

$$\begin{bmatrix}\left[f_{m'}^{(1)}\right]\\\left[g_{m'}^{(1)}\right]\end{bmatrix} = \begin{bmatrix}\left[M_{(11)}\right] & \left[M_{(12)}\right]\\\left[M_{(21)}\right] & \left[M_{(22)}\right]\end{bmatrix}\begin{bmatrix}\left[f_{m}^{(0)}\right]\\\left[g_{m}^{(0)}\right]\end{bmatrix} = \left([M]\right)\begin{bmatrix}\left[f_{m}^{(0)}\right]\\\left[g_{m}^{(0)}\right]\end{bmatrix} \qquad (2.2.20)$$

再利用式(2.2.16),得

$$\begin{bmatrix}\left[f_{m'}^{(n)}\right]\\\left[g_{m'}^{(n)}\right]\end{bmatrix} = \left([M]\right)^{n}\begin{bmatrix}\left[f_{m}^{(0)}\right]\\\left[g_{m}^{(0)}\right]\end{bmatrix} \qquad (2.2.21)$$

代回式(2.2.7),得到粒子在时刻 t_1 的态矢 $|t_1\rangle$ 为

$$|t_1\rangle = \sum_n \frac{(-it_1)^n}{n!}\begin{pmatrix}\sum_{m'} f_{m'}^{(n)}|m'\rangle\\\sum_{m'} g_{m'}^{(n)}|m'\rangle\end{pmatrix}$$

严格地讲,在式(2.2.7)的右方对 n 的求和应当是从 0 到 ∞,但是在实际计算中,我们做不到这点,只能取有限大的 N,所以代替式(2.2.7)的是

$$|t_1\rangle \approx \sum_n{'} \frac{(-it_1)^n}{n!}\begin{pmatrix}\sum_m{'} f_m^{(n)}|m\rangle\\\sum_m{'} g_m^{(n)}|m\rangle\end{pmatrix} \qquad (2.2.22)$$

在上式中,$\sum\limits_n{'}$ 和 $\sum\limits_m{'}$ 表示对 n 和对 m 的求和都是实际计算到 N 和 M 截断.由于实际的计算是带截断的计算,所以得到的态矢 $|t_1\rangle$ 的有效性会受到限制,即式(2.2.22)

中的 t_1 在 $t_1 \leqslant t_0$ 时才是有效的,这一点可以理解如下:

如果式(2.2.22)中的求和是无限求和,则 t_1 取任何值,它的收敛性原则上都不成问题.但当求和是有截断的情形时,因子 t_1 增长到 t_0 时,就会让这样的有限展开不再收敛而失效.

根据以上的分析,如果我们要算的时刻 t 比 t_0 大或大很多,我们就必须采取将 t 分成 N_1 段,即 $t = N_1 \Delta t, \Delta t < t_0$ 的办法,然后把每一小段算得的末态作为下一小段的初态来作计算,这样的做法保证了每一段计算结果的有效性.因此总的计算亦会有效,于是有

$$|t\rangle = \begin{bmatrix} \sum_m f_m(t) \mid m\rangle \\ \sum_m g_m(t) \mid m\rangle \end{bmatrix} \tag{2.2.23}$$

$$\begin{bmatrix} [f_m(t)] \\ [g_m(t)] \end{bmatrix} = \begin{bmatrix} \sum_n{}' \frac{(-\mathrm{i}\Delta t)^n}{n!} ([M])^n \end{bmatrix}^{N_1} \begin{bmatrix} [f_m^{(0)}] \\ [g_m^{(0)}] \end{bmatrix} \tag{2.2.24}$$

1. 初始态及颤动的计算

在上面的演化问题讨论清楚以后,我们便可以利用上面的结果来计算随 t 演化的态矢 $|t\rangle$,并计算 $\bar{x}(t)$ 和颤动.不过,除了上面的演化计算,在实际计算时还需要给定系统的初始状态.在这里我们选定一个具有适当的物理性质的简单初态:

$$|t = 0\rangle = \begin{bmatrix} \mathrm{e}^{-\alpha^2/2 + \mathrm{i}\alpha a^\dagger} \mid 0\rangle \\ \mid 0\rangle \end{bmatrix} \tag{2.2.25}$$

先讨论这个初态的性质:

(1) 位置期待值.

$$\begin{aligned}
\bar{x} &= \langle t = 0 \mid \frac{1}{\sqrt{2}}(a + a^\dagger) \mid t = 0\rangle \\
&= \langle 0 \mid \mathrm{e}^{-\alpha^2/2 - \mathrm{i}\alpha a} \left[\frac{1}{\sqrt{2}}(a + a^\dagger) \right] \mathrm{e}^{-\alpha^2/2 + \mathrm{i}\alpha a^\dagger} \mid 0\rangle \\
&= \mathrm{e}^{-\alpha^2} \frac{1}{\sqrt{2}} (\mathrm{i}\alpha - \mathrm{i}\alpha) \langle 0 \mid \mathrm{e}^{-\mathrm{i}\alpha a} \mathrm{e}^{\mathrm{i}\alpha a^\dagger} \mid 0\rangle \\
&= 0
\end{aligned} \tag{2.2.26}$$

(2) 位置涨落.

$$
\begin{aligned}
\Delta x &= \left[\langle x^2 \rangle - (\bar{x})^2\right]^{1/2} = (\langle t = 0 \mid x^2 \mid t = 0 \rangle)^{1/2} \\
&= \left\{ \langle 0 \mid e^{-\alpha^2/2 - i\alpha a} \left[\frac{1}{2}(a^2 + a^{\dagger 2} + 2a^\dagger a + 1)\right] e^{-\alpha^2/2 + i\alpha a^\dagger} \mid 0 \rangle \right\}^{1/2} \\
&= \left\{ e^{-\alpha^2} \frac{1}{2}\left[(i\alpha)^2 + (-i\alpha)^2 + 2(-i\alpha)(i\alpha) + 1\right] \langle 0 \mid e^{-i\alpha a} e^{i\alpha a^\dagger} \mid 0 \rangle \right\}^{1/2} \\
&= \frac{1}{\sqrt{2}}
\end{aligned}
\tag{2.2.27}
$$

(3) 动量期待值.

$$
\begin{aligned}
\bar{p} &= \langle t = 0 \mid \frac{i}{\sqrt{2}}(a^\dagger - a) \mid t = 0 \rangle \\
&= \frac{i}{\sqrt{2}} \langle 0 \mid e^{-\alpha^2/2 - i\alpha a}(a^\dagger - a) e^{-\alpha^2/2 + i\alpha a^\dagger} \mid 0 \rangle \\
&= \frac{i}{\sqrt{2}}(-i\alpha - i\alpha) = \sqrt{2}\alpha
\end{aligned}
\tag{2.2.28}
$$

(4) 动量涨落.

$$
\begin{aligned}
\Delta p &= \left\{ \langle t = 0 \mid \left[\frac{i}{\sqrt{2}}(a^\dagger - a)\right]^2 \mid t = 0 \rangle - (\bar{p})^2 \right\}^{1/2} \\
&= \left\{ \langle 0 \mid e^{-\alpha^2/2 - i\alpha a} \left[\frac{-1}{2}(a^2 + a^{\dagger 2} - 2a^\dagger a - 1)\right] e^{-\alpha^2/2 + i\alpha a^\dagger} \mid 0 \rangle - 2\alpha^2 \right\}^{1/2} \\
&= \left(2\alpha^2 + \frac{1}{2} - 2\alpha^2\right)^{1/2} = \frac{1}{\sqrt{2}}
\end{aligned}
\tag{2.2.29}
$$

从以上结果看出,初态是位置期待值为零,动量期待值为 $\sqrt{2}\alpha$ 及位置涨落、动量涨落均为 $\dfrac{1}{\sqrt{2}}$ 的一个波包状态. 这一初始态的上、下分量在 Fock 态集上展开,上分量为

$$
\begin{aligned}
e^{-\alpha^2/2} e^{i\alpha a^\dagger} \mid 0 \rangle &= e^{-\alpha^2/2} \sum_m \frac{(i\alpha)^m}{m!}(a^\dagger)^m \mid 0 \rangle \\
&= e^{-\alpha^2/2} \sum_m \frac{(i\alpha)^m}{\sqrt{m!}} \mid m \rangle
\end{aligned}
\tag{2.2.30}
$$

可见

$$f_m^{(0)} = e^{-\alpha^2/2} \frac{(i\alpha)^m}{\sqrt{m!}} \tag{2.2.31}$$

由下分量,直接可知

$$g_m^{(0)} = 0 \tag{2.2.32}$$

代入式(2.3.24),得

$$\begin{bmatrix} [f_m(t)] \\ [g_m(t)] \end{bmatrix} = \left[\sum_n' \frac{(-i\Delta t)^n}{n!} ([M])^n \right]^{N_1} \begin{bmatrix} \left[e^{-\alpha^2/2} \frac{(i\alpha)^m}{\sqrt{m}} \right] \\ [0] \end{bmatrix} \tag{2.2.33}$$

求出任一时刻的 $\{f_m(t), g_m(t)\}$ 后,计算粒子在 t 时刻的位置期待值 $\bar{x}(t)$,得

$$\begin{aligned}
\bar{x}(t) &= \langle t \mid \frac{1}{\sqrt{2}} (a + a^\dagger) \mid t \rangle \\
&= \left[\sum_m \langle m \mid f_m^*(t) \right] \frac{1}{\sqrt{2}} (a + a^\dagger) \left[\sum_{m_1} f_{m_1}(t) \mid m_1 \rangle \right] \\
&\quad + \left[\sum_m \langle m \mid g_m^*(t) \right] \frac{1}{\sqrt{2}} (a + a^\dagger) \left[\sum_{m_1} g_{m_1}(t) \mid m_1 \rangle \right] \\
&= \frac{1}{\sqrt{2}} \left[\sum_{mm_1} f_m^*(t) f_{m_1}(t) \sqrt{m} \langle m - 1 \mid m_1 \rangle \right. \\
&\quad + \sum_{mm_1} f_m^*(t) f_{m_1}(t) \sqrt{m_1} \langle m \mid m_1 - 1 \rangle \\
&\quad + \sum_{mm_1} g_m^*(t) g_{m_1}(t) \sqrt{m} \langle m - 1 \mid m_1 \rangle \\
&\quad + \left. \sum_{mm_1} g_m^*(t) g_{m_1}(t) \sqrt{m_1} \langle m \mid m_1 - 1 \rangle \right] \\
&= \frac{1}{2} \left[\sqrt{m} f_m^*(t) f_{m-1}(t) + \sqrt{m+1} f_m^*(t) f_{m+1}(t) \right. \\
&\quad + \left. \sqrt{m} g_m^*(t) g_{m-1}(t) + \sqrt{m+1} g_m^*(t) g_{m+1}(t) \right]
\end{aligned} \tag{2.2.34}$$

还可算出波包随时间的扩散情形,即计算位置的涨落,得

量子物理若干基本问题
Some Fundamental Problems in Quantum Physics

$$\Delta x(t) = \left[\langle t \mid \frac{1}{2}(a + a^\dagger)^2 \mid t \rangle - \bar{x}^2(t) \right]^{1/2}$$

$$= \left(\frac{1}{2} \left\{ \left[\sum_m f_m^*(t) \langle m \mid \right] (a^2 + a^{\dagger 2} + 2a^\dagger a + 1) \left[\sum_{m_1} f_{m_1}(t) \mid m_1 \rangle \right] \right.\right.$$

$$\left.+ \left[\sum_m g_m^*(t) \langle m \mid \right] (a^2 + a^{\dagger 2} + 2a^\dagger a + 1) \left[\sum_{m_1} g_{m_1}(t) \mid m_1 \rangle \right] \right\}$$

$$\left.- \bar{x}^2(t) \right)^{1/2}$$

$$= \left\{ \frac{1}{2} \left[\sum_m \sqrt{m(m-1)} f_m^*(t) f_{m-2}(t) \right.\right.$$

$$+ \sum_m \sqrt{(m+1)(m+2)} f_m^*(t) f_{m+2}(t)$$

$$+ \sum_m (2m+1) \mid f_m(t) \mid^2 + \sum_m \sqrt{m(m-1)} g_m^*(t) g_{m-2}(t)$$

$$+ \sum_m (2m+1) \mid g_m(t) \mid^2$$

$$+ \left.\sum_m \sqrt{(m+1)(m+2)} g_m^*(t) g_{m+2}(t) \right] - \bar{x}^2(t) \right\}^{1/2} \qquad (2.2.35)$$

由此可见:

(1) 从计算出的 $\bar{x}(t)$ 中分出随时间振荡的部分,即能算出粒子的颤动.

(2) 由计算出的 $\Delta x(t)$ 随时间增长看出波包随时间越来越扩散,从而导致粒子的向前速度及颤动的振幅减小.

2. 如何由演化结果计算约束势作用下 Dirac 粒子的定态

在前面已讨论过,如果给定初始态

$$\mid t = 0 \rangle \sim \begin{bmatrix} [f_m^{(0)}] \\ [g_m^{(0)}] \end{bmatrix}$$

现在我们根据式(2.2.24)对初始态,即初始的系数集,给出如下要求:

$$\begin{bmatrix} [f_m(t)] \\ [g_m(t)] \end{bmatrix} = \left[\sum_n{}' \frac{(-\mathrm{i}\Delta t)^n}{n!} ([M])^n \right] \begin{bmatrix} [f_m^{(0)}] \\ [g_m^{(0)}] \end{bmatrix} = C \begin{bmatrix} [f_m^{(0)}] \\ [g_m^{(0)}] \end{bmatrix} \qquad (2.2.36)$$

C 是一个复数,从数学角度看即是求矩阵

$$[M_1] = \left[\sum_n{}' \frac{(-\mathrm{i}\Delta t)^n}{n!} ([M])^n \right]$$

的本征矢.

(1) 如果 $\begin{bmatrix} f_m^{(0)} \\ g_m^{(0)} \end{bmatrix}$ 是系统的一个定态相应的系数矩阵,则它一定是式(2.2.36)的一个解,且 $C = e^{-iE_l t}$,其中 E_l 是这一定态解的能量本征值,换句话说,系统的定态解一定是式(2.2.36)的解.

(2) 定态解是式(2.2.36)的解只是充分条件,但不是必要条件,即在式(2.2.36)的解集中既有系统的定态,亦有可能不是定态的解(后者甚至是解集中的多数).

(3) 如何从这些解中挑选出系统的定态来,这里给出两个判据:

判据 1 由于如果解是系统的一个定态,则 $C = e^{-iE_l t}$,因此当 $t = \dfrac{2\pi}{E_l}$ 时,$C = 1$,即本征值为实数 1,而其他的非系统定态的解一般不会是实数本征值,故在解集中挑出本征值为实数的解,定态解一定包含在其中.

判据 2 但还不能排除掉有非定态解的本征值亦是实数的情形,为此再寻找 $2t$ 的解集,当该解集中再一次出现 $C = 1$ 这个解时,这样的解就一定是定态了.

按上述方法求出定态集后,考察在 $k \ll 1$ 的条件下的能谱.如有 E 在 $-mc^2 \sim mc^2$ 之间的定态,则可为 Dirac 粒子的确存在第二类解提供更为有力的支持.

量子物理若干基本问题
Some Fundamental Problems in Quantum Physics

第 3 章

第五种力

3.1 第五种力的设想

在第 1 章和第 2 章中仔细讨论了长期以来存在的 Dirac 粒子的颤动疑难问题,对近年来所谓的 Dirac 粒子颤动的量子模拟研究工作进行了剖析,指出如果按照 Dirac 提出的 Dirac 粒子不应具有负能级的状态的原则来考虑,则所有这些工作都不是 Dirac 粒子颤动的量子模拟或颤动的间接论证. 为此,我们寻找并得到了 Dirac 粒子平面波解外的第二类宇称和能量共同本征态解. 原则上,在符合负能级假定的前提下,第一类解和第二类解之间的速度矩阵元以及第二类解的不同解间的速度矩阵元提供了颤动所需的时间振荡因子.

不过,具体计算时遇到了不可积的问题,其实这就是粒子在自由状态下态矢是不可积的普遍问题中的一个具体事例.只有在假定粒子处于目前尚不清楚的一种微弱的约束势下,Dirac粒子的定态解才是可积的物理态矢,并由此给出了Dirac预期的粒子速度的两部分,一部分是与时间无关的恒速部分,一部分是随时间振荡的颤动部分.

引入了微弱的约束势后,Dirac粒子颤动存在的最后一个理论环节终于得到了一种可能的解决途径.但这种约束势从何而来?它是一种什么样的相互作用?现在还不能立即回答.不过在前面的讨论中,我们对这种约束势的存在的必然性不仅从Dirac粒子颤动的疑难来论证,同时还给出了更为实质和更具普遍意义的另一论据,即物质能在有限空间中存在至今必须要求有一个约束势存在.如果没有这种约束势,现实宇宙中不可能见到这些已有的物质.如果再将从一些宇宙问题中提出的第五种力的设想和我们这里的论证结合起来,便可以将这些论证归结为如下的一个猜想:存在已知的四种力之外的第五种力,这种力就是物质的微弱约束势的根源.于是我们可以这样认为,第五种力的存在是从完全独立的物理存在和微观的量子理论共同得到的推论.

3.2 约束势论

虽然在前面的一系列分析中我们引入了约束势并讨论了它存在的必然性,不过在现阶段我们还无法确切地知道这种约束势的性质,具体地讲,就是还无法知道这种势的确切的物理来源及它的数学表达形式.在第2章里,我们用了常见的谐振子势来表示这种约束势,理由是它的形式简单、便于计算,同时它亦从实质上体现了约束的作用.不过其中所含的参量 k 仍然是一个待定参量,为此我们将在这里再一次利用质子半径的实验结果和根据这种设想进行的理论计算的结果作比较,并从中得出一些有帮助的信息和对这一设想的支持.

质子的半径是指质子居于最稳定的基态时它在空间的概率分布的尺度的大小.因此为了与实验的结果作比较,我们自然应该从解出的定态集中挑选出基态来计算粒子的半径,并和实验数据相比较来确定参数 k,然后看得到的 k 值是否在合理的范围内,以此来判断约束势设想是否合理.

1. 定态解

约束势下一维 Dirac 粒子系统的 Hamiltonian 已在上一章中的式(2.2.3)给出过,这里再表述一次:

$$H = iA(a^\dagger - a)\sigma_x + B\sigma_z + \frac{k}{2}(a^2 + a^{\dagger 2} + 2a^\dagger a + 1) \tag{3.2.1}$$

其中

$$A = \frac{c}{\sqrt{2}}, \quad B = mc^2 \tag{3.2.2}$$

得到式(3.2.1)的算符变换为

$$\hat{x} = \frac{1}{\sqrt{2}}(a + a^\dagger), \quad \hat{p} = \frac{i}{\sqrt{2}}(a^\dagger - a) \tag{3.2.3}$$

如果令定态解取

$$| \rangle = \begin{bmatrix} \sum_m f_m \,|\, m \rangle \\ \sum_m \varphi_m \,|\, m \rangle \end{bmatrix} \tag{3.2.4}$$

将式(3.2.1)及式(3.2.4)代入定态方程

$$H | \rangle = E | \rangle \tag{3.2.5}$$

后,将上、下分量表示出为

$$iA(a^\dagger - a)\sum_m \varphi_m \,|\, m \rangle + B\sum_m f_m \,|\, m \rangle$$
$$+ \frac{k}{2}(a^2 + a^{\dagger 2} + 2a^\dagger a + 1)\sum_m f_m \,|\, m \rangle$$
$$= E\sum_m f_m \,|\, m \rangle \tag{3.2.6}$$

$$iA(a^\dagger - a)\sum_m f_m \,|\, m \rangle - B\sum_m \varphi_m \,|\, m \rangle$$

$$+ \frac{k}{2}(a^2 + a^{\dagger 2} + 2a^\dagger a + 1)\sum_m \varphi_m \mid m\rangle$$

$$= E\sum_m \varphi_m \mid m\rangle \tag{3.2.7}$$

算符作用后，即得

$$iA\left(\sum_m \sqrt{m+1}\varphi_m \mid m+1\rangle - \sum_m \sqrt{m}\varphi_m \mid m-1\rangle\right) + B\sum_m f_m \mid m\rangle$$

$$+ \frac{k}{2}\Big[\sum_m \sqrt{(m+1)(m+2)}f_m \mid m+2\rangle$$

$$+ \sum_m \sqrt{m(m-1)}f_m \mid m-2\rangle + \sum_m 2mf_m \mid m\rangle + \sum_m f_m \mid m\rangle\Big]$$

$$= E\sum_m f_m \mid m\rangle \tag{3.2.8}$$

$$iA\left(\sum_m \sqrt{m+1}f_m \mid m+1\rangle - \sum_m \sqrt{m}f_m \mid m-1\rangle\right) - B\sum_m \varphi_m \mid m\rangle$$

$$+ \frac{k}{2}\Big[\sum_m \sqrt{(m+1)(m+2)}\varphi_m \mid m+2\rangle$$

$$+ \sum_m \sqrt{m(m-1)}\varphi_m \mid m-2\rangle + \sum_m 2m\varphi_m \mid m\rangle + \sum_m \varphi_m \mid m\rangle\Big]$$

$$= E\sum_m \varphi_m \mid m\rangle \tag{3.2.9}$$

比较(3.2.8)、(3.2.9)两式的$\mid m\rangle$，得

$$iA\left(\sqrt{m}f_{m-1} - \sqrt{m+1}f_{m+1}\right) - B\varphi_m + \frac{k}{2}\Big[\sqrt{m(m-1)}\varphi_{m-2}$$

$$- \sqrt{(m+2)(m+1)}\varphi_{m+2} + 2m\varphi_m + \varphi_m\Big] = E\varphi_m \tag{3.2.10}$$

$$iA\left(\sqrt{m}\varphi_{m-1} - \sqrt{m+1}\varphi_{m+1}\right) + Bf_m + \frac{k}{2}\Big[\sqrt{m(m-1)}f_{m-2}$$

$$- \sqrt{(m+2)(m+1)}f_{m+2} + 2mf_m + f_m\Big] = Ef_m \tag{3.2.11}$$

从得到的(3.2.10)、(3.2.11)两式可知，如果我们将上、下分量的展开系数组成一个列的矩阵：

$$\begin{bmatrix} [f_m] \\ [\varphi_m] \end{bmatrix} \tag{3.2.12}$$

量子物理若干基本问题
Some Fundamental Problems in Quantum Physics

则(3.2.10)、(3.2.11)两式可合并成为一个矩阵式：

$$[M]\begin{bmatrix}[f_m]\\ [\varphi_m]\end{bmatrix} = E\begin{bmatrix}[f_m]\\ [\varphi_m]\end{bmatrix} \tag{3.2.13}$$

其中矩阵$[M]$表示如下：

$$[M] = \begin{bmatrix}[M_{11}] & [M_{12}]\\ [M_{21}] & [M_{22}]\end{bmatrix} \tag{3.2.14}$$

四个小矩阵的矩阵元分别是

$$[M_{11}]_{mm'} = B\delta_{mm'} - E\delta_{mm'} + \frac{k}{2}\sqrt{m(m-1)}\delta_{mm'+2}$$

$$- \frac{k}{2}\sqrt{(m+2)(m+1)}\delta_{mm'-2} + \frac{k}{2}(2m+1)\delta_{mm'} \tag{3.2.15}$$

$$[M_{12}]_{mm'} = iA\sqrt{m}\delta_{mm'+1} - iA\sqrt{m+1}\delta_{mm'-1} \tag{3.2.16}$$

$$[M_{21}]_{mm'} = iA\sqrt{m}\delta_{mm'+1} - iA\sqrt{m+1}\delta_{mm'-1} \tag{3.2.17}$$

$$[M_{22}]_{mm'} = \left[E + \frac{k}{2}(2m+1) - B\right]\delta_{mm'} + \frac{k}{2}\sqrt{m(m-1)}\delta_{mm'+2}$$

$$- \frac{k}{2}\sqrt{(m+2)(m+1)}\delta_{mm'-2} \tag{3.2.18}$$

以上的基本计算方法是用 Fock 态作基来展开的,不过作具体的计算时,对 m 的求和不可能取无穷的求和,只能作取到足够大的 M_1 的截断.由于我们的目标是得到最低能态,故略去高激发态带来的误差不会影响结果的准确性,最低能态的精确度在截断 M_1 取得足够大时会得到保证.

2. 粒子半径

从前一小节知,针对给定的参量(粒子质量,约束势的 k),我们可以由式(3.2.13)求出粒子的能谱$\{E_L\}$及相应的态矢的系数集合$\{\{f_m^L\},\{\varphi_m^L\}\}$.由于我们关心的是求出最低能态,现在将它的能量记为 E_0,其态矢$|E_0\rangle$相应的系数记为

$$\{\{F_m\},\{\Phi_m\}\}$$

所谓的粒子半径是指粒子处于最低能态时它在空间分布的平均径向尺度.由于粒子的最低能态在空间中的分布一定是球对称的,故我们可取任一方向上的分布来讨论.

取该方向为 x 方向，在最低态下一定有反射对称性，故有

$$\bar{x} = \langle E_0 \mid \hat{x} \mid E_0 \rangle = 0 \tag{3.2.19}$$

粒子半径应该由下式来表示：

$$
\begin{aligned}
r &= \left[(\Delta x)^2 \right]^{1/2} \\
&= \left[\langle E_0 \mid (\hat{x}^2 - \bar{x}^2) \mid E_0 \rangle \right]^{1/2} \\
&= \left[\langle E_0 \mid \hat{x}^2 \mid E_0 \rangle \right]^{1/2}
\end{aligned} \tag{3.2.20}
$$

将

$$
\mid E_0 \rangle = \begin{pmatrix} \sum_m F_m \mid m \rangle \\ \sum_m \Phi_m \mid m \rangle \end{pmatrix} \tag{3.2.21}
$$

代入式(3.2.20)，便可算出

$$
\begin{aligned}
r^2 &= \left(\sum_m F_m^* \langle m \mid, \sum_m \Phi_m^* \langle m \mid \right) \frac{1}{2} (a + a^\dagger)^2 \begin{pmatrix} \sum_{m'} F_{m'} \mid m' \rangle \\ \sum_{m'} \Phi_{m'} \mid m' \rangle \end{pmatrix} \\
&= \left(\sum_m F_m^* \langle m \mid, \sum_m \Phi_m^* \langle m \mid \right) \frac{1}{2} (a + a^{\dagger 2} + 2a^\dagger a + 1) \\
&\quad \cdot \begin{pmatrix} \sum_{m'} F_{m'} \mid m' \rangle \\ \sum_{m'} \Phi_{m'} \mid m' \rangle \end{pmatrix} \\
&= \frac{1}{2} \Big\{ \sum_{mm'} F_m^* F_{m'}^* \langle m \mid \left[\sqrt{m'(m'-1)} \mid m' - 2 \rangle \right. \\
&\quad + \left. \sqrt{(m'+1)(m'+2)} \mid m' + 2 \rangle + (2m'+1) \mid m' \rangle \right] \\
&\quad + \sum_{mm'} \Phi_m^* \Phi_{m'} \langle m \mid \left[\sqrt{m'(m'-1)} \mid m' - 2 \rangle \right. \\
&\quad + \left. \sqrt{(m'+1)(m'+2)} \mid m' + 2 \rangle + (2m'+1) \mid m' \rangle \right] \Big\} \\
&= \frac{1}{2} \Big\{ \sum_{mm'} F_m^* F_{m'} \left[\sqrt{m'(m'-1)} \delta_{mm'-2} \right. \\
&\quad + \left. \sqrt{(m'+1)(m'+2)} \delta_{mm'+2} + (2m'+1) \delta_{mm'} \right]
\end{aligned}
$$

$$
\begin{aligned}
&+ \sum_{mm'} \Phi_m^* \Phi_{m'} \Big[\sqrt{m'(m'-1)} \, \delta_{mm'-2} \\
&\qquad + \sqrt{(m'+1)(m'+2)} \, \delta_{mm'+2} + (2m'+1) \delta_{mm'} \Big] \Big\} \\
&= \frac{1}{2} \sum_m \Big[\sqrt{(m+1)(m+2)} \, F_m^* F_{m+2} \\
&\qquad + \sqrt{m(m-1)} \, F_m^* F_{m-2} + (2m+1) F_m^* F_m \\
&\qquad + \sqrt{(m+1)(m+2)} \, \Phi_m^* \Phi_{m+2} \\
&\qquad + \sqrt{m(m-1)} \, \Phi_m^* \Phi_{m-2} + (2m+1) \Phi_m^* \Phi_m \Big]
\end{aligned}
\tag{3.2.22}
$$

3. 质子半径

如前所述,由式(3.2.22)可算出粒子的半径,算出的半径的数值自然和所取的粒子质量以及所取的约束势的参量 k 有关.为了和质子的半径联系起来,我们把计算中的粒子质量取为质子的质量,然后看在什么情形下,即 k 取何值时算出的半径和质子的半径相符.要判断得到的 k 值是否是合理的,就看是否符合 $k \ll mc^2$,即其作用是十分微弱的.

至此,我们讨论的内容大体上是沿着这样一个思路来展开的:Dirac 粒子的颤动现象是否存在的疑难引导我们找到 Dirac 方程的第二类解.第二类解不可积强化了我们对量子理论中的自由状态是否是真实物理状态的质疑,如果再结合质子半径,就使得我们有根据设想一种未知的约束势的存在,沿着这一思路继续探讨下去,看这还会给我们哪些有意义的启发.

(1)原来理解的物理系统的自由状态转变为物理系统处于一个微弱的约束势下的状态,这样的状态的态矢是可归一的,是真实的物理态.

(2)只要有微弱的约束势存在,则 Dirac 方程除了有原来已知的平面波解外,还会有第二类的宇称和能量的解.

(3)Dirac 粒子存在颤动现象的理论得以完成.而且颤动现象的存在和质子具有有限半径的事实可相互印证.

(4)解决了物质在宇宙存在的长时期中能一直存在而不致弥散掉的疑难.

(5)不再需要负能海的假定,因为在有约束势下解出的能态不会再向任意的负值延伸.

(6)在有微弱的约束势的设想下,会比较自然地得到正、反物质的对称性被破缺.因为如果想象这种约束势对正物质起约束作用而对反物质起相反的作用,则我们所居的宇宙中大部分物质都是正物质就不难理解了.

（7）根据以往我们对已知物理规律的理解和体会,我们会自然设想,某种对现有的亮物质的约束势的根源是一种未知的物质,或许就是我们一直在寻找的暗物质.

（8）也许会提出这样的疑虑:因为要求的约束势应该是很微弱的,它在有限空间里的影响几乎可以完全忽略.如果把约束势解释为暗物质与亮物质的相互作用,可能会导致暗物质十分稀少的结论,这和天体物理的预期是相违背的.对这一疑虑的回答如下:只要考虑到暗物质在有限空间里是均匀分布的,产生的作用的净效应几乎为零,只是在亮物质粒子的附近,这种分布才产生一点微弱的"极化",这种情形和带电粒子进入固体后引起局域的极化,使粒子形成自陷的现象类似.于是这一疑虑就不存在了.

和天体物理对于暗物质存在的思路对照来看,这里从微观的基本物理出发也导致暗物质可能存在的结论,两种思路归于一个结果.对于我们试图构建一个协调而又统一的对自然的认识体系来说,这样的结果不会是偶然的.

第 4 章

EPR 与量子测量原理

4.1 引言

从 20 世纪量子理论诞生伊始，EPR 问题就始终是一个重要的基本问题. 对量子理论基本原理的两种理解到现在还没有达成一致. 在本书中，我们试图阐述一些我们对这一问题的观点，并就相关问题提出一些设想.

可以从最简单的纠缠态和 Schrödinger 猫态谈起. 考虑一个含自旋为 $\frac{1}{2}$ 的两粒子系统，为简化计，暂时不考虑这一系统的外部自由度而专注于其内部自由度.

设想系统处于如下最简单的纠缠态：

$$\frac{1}{\sqrt{2}}(|\uparrow\rangle_1|\downarrow\rangle_2 \pm |\downarrow\rangle_1|\uparrow\rangle_2)$$

对于这一状态,有一个盛行的 Schrödinger 猫的形象描述:该纠缠态可以看作一个猫是活的(向上)、另一个猫是死的(向下)和一个猫是死的、另一个猫是活的这两种状态的叠加.按说 Schrödinger 态的形象描述本应该到此为止,然而近来不少专业或科普工作把这种说法推进了一步,说成是这种状态就是要么一个猫活着、另一个猫死了,要么是一个猫死了、另一个猫活着的状态.或许会问:后面这样的说法有问题吗? 难道这不就是 Schrödinger 的原意吗? 下面我们就要来讲清楚这两种说法的确是有差别的.把这种状态可以看作另外两种状态的叠加和这种状态就是这两种状态的叠加,在量子理论中其实有完全不同的含义.为了说明这点,我们把这个状态的表述写得更确切一些:

$$|\rangle = \frac{1}{\sqrt{2}}(|\uparrow^{(z)}\rangle_1|\downarrow^{(z)}\rangle_2 \pm |\downarrow^{(z)}\rangle_1|\uparrow^{(z)}\rangle_2) \tag{4.1.1}$$

$|\uparrow^{(z)}\rangle$ 和 $|\downarrow^{(z)}\rangle$ 分别表示粒子的自旋在 z 方向投影为 $+\frac{1}{2}$ 和 $-\frac{1}{2}$ 的状态.需要指出的是,量子理论告诉我们这一状态亦可表示为

$$|\rangle = \frac{1}{\sqrt{2}}(|\uparrow^{(x)}\rangle_1|\downarrow^{(x)}\rangle_2 \pm |\downarrow^{(x)}\rangle_1|\uparrow^{(x)}\rangle_2) \tag{4.1.2}$$

上式中的 $|\uparrow^{(x)}\rangle$ 和 $|\downarrow^{(x)}\rangle$ 指的是粒子在 x 方向的自旋投影分别是 $+\frac{1}{2}$ 和 $-\frac{1}{2}$ 的状态.而量子理论又告诉我们,$|\uparrow^{(z)}\rangle$,$|\downarrow^{(z)}\rangle$ 和 $|\uparrow^{(x)}\rangle$,$|\downarrow^{(x)}\rangle$ 之间有以下关系:

$$|\uparrow^{(x)}\rangle = \frac{1}{\sqrt{2}}(|\uparrow^{(z)}\rangle + |\downarrow^{(z)}\rangle)$$

$$\tag{4.1.3}$$

$$|\downarrow^{(x)}\rangle = \frac{1}{\sqrt{2}}(|\uparrow^{(z)}\rangle - |\downarrow^{(z)}\rangle)$$

如果再用 Schrödinger 猫的语言来讲,从上面的式(4.1.3)的表示来看,$|\uparrow^{(x)}\rangle$ 是一个半死半活的猫的状态,同时 $|\downarrow^{(x)}\rangle$ 亦是一个半死半活的猫的状态.因此,如采用式(4.1.2)的表示,则该状态亦可看作一个猫是半生半死和另一个猫也是半生半死的状态的叠加.于是,从上面的讨论可以得出结论:Schrödinger 说该状态可以表示为一个

猫生另一猫死和一个猫死另一猫生的两状态的叠加,绝不应该说成是该状态就是一个猫生一个猫死的状态和一个猫死一个猫生的状态的组合.因为同一状态既可以用式(4.1.1)的态叠加表示,亦可用式(4.1.2)的态叠加表示.

为了更清楚地阐明这个问题,有必要理解量子理论为什么把表示一个体系的状态的物理元素叫态矢.这是因为这一元素和数学中的矢量有很相似的地方.例如,一个单位长矢量 A,如图 4.1.1 所示,当我们采用 xy 坐标系时,可以把它表示为 $\left(\frac{1}{\sqrt{2}},\frac{1}{\sqrt{2}}\right)$;但如用 $x'y'$ 坐标系,则它将表示为 $(1,0)$.因此,A 既可表示为 $\left(\frac{1}{\sqrt{2}},\frac{1}{\sqrt{2}}\right)$,亦可表示为 $(1,0)$,但同时需附上选取什么坐标系的前提.直接就说 A 是 $(1,0)$ 矢量或是 $\left(\frac{1}{\sqrt{2}},\frac{1}{\sqrt{2}}\right)$ 矢量显然是不行的.

在一些文章中,作者把 Schrödinger 猫的说法更进一步地描述为当你打开一个装猫的盒子时,如果看到这个盒子里的猫是活的,则你不用去打开另一个盒子便可以肯定那个盒子里的猫是死的;反之,如果你看到打开的盒子里这只猫是死的,则那个没有打开的盒子里的猫一定是活的.这种说法的不妥当之处在于,你没有把打开盒子的操作,即在作测量时测量的量是什么说清楚,因为如果你打开盒子的方式是测 x 方向的自旋,则你看到的总是一个半生半死的猫.通过以上的讨论可以看出,这两种不同的阐释值得我们深思.

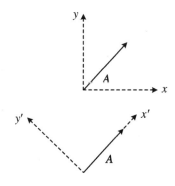

图 4.1.1

同一矢量在 xy 坐标系和 $x'y'$ 坐标系中的表示.

4.2 EPR 问题

1. EPR 问题的提出

1935 年, Einstein, Podolsky 和 Rosen 提出了量子力学的定域性测量问题并对量子理论提出了质疑. 维护量子力学理论的物理学家, 如 Schrödinger, Bohr, Aharonov, Bell 等, 为此提出了纠缠的概念, 并认为 EPR 把在经典物理中确定的定域实在论的观点直接搬到量子理论中来. 对这一争论, 我们在本书中将从另一角度来考虑和分析. 按我们的分析, 细致一点来看, 这一问题可分为两个部分来讨论. 第一部分要讲的是 EPR 问题的前提值得推敲并需加以澄清, 因为在提出命题时, EPR 他们在文章中多少保留了一些经典物理的思维. 我们的观点是, 在量子理论的范畴内, 首先正确理解和适当修正这一问题的前提是必要的. 在第一部分讨论清楚后, 第二部分才是讨论 EPR 对量子力学的质疑. 我们的问题是: EPR 文章中认为应该有的结果是否真的就是按照量子力学原理得出的结论? 分析表明, 实际上他们认为会得到的结果并不是完全按照量子力学原理一定会导致的结果. 原因是他们论证的前提需要作适当的修正. 这就是我们要讨论的第一步.

为了使讨论更加简洁明了, 我们先不去讨论 EPR 原始工作中提出的对连续物理量的定域测量, 而是讨论后来人们惯用的易于理解的不连续物理量的情形——自旋的定域测量问题. 按 EPR 文章的精神, 考虑有两个自旋为 $\frac{1}{2}$ 的粒子系统. 这一系统处于总自旋为零的状态, 即

$$| \rangle = \frac{1}{\sqrt{2}} (| \uparrow \rangle_1 | \downarrow \rangle_2 - | \downarrow \rangle_1 | \uparrow \rangle_2) \tag{4.2.1}$$

其中 $| \uparrow \rangle, | \downarrow \rangle$ 分别指的是在 z 方向的自旋分量的取向为向上、向下的状态. 下标 1、2 是粒子的标示. 由于系统的自旋在自由状态下和粒子的外部自由度没有关联, 故将两粒子沿相反的方向分开到达一个有限远的距离时, 系统的自旋状态并不改变. 那

么,当我们在一个粒子处测量其自旋而且测得的 z 方向的取向为 $|\uparrow\rangle_1$ 时,远处的另一个粒子 2 一定处于 $|\downarrow\rangle_2$.反之,如测得的是 $|\downarrow\rangle_1$,则远处的粒子一定处于 $|\uparrow\rangle_2$.这就意味着测量粒子 1(粒子 2 未受任何外来影响)会立即决定粒子 2 的自旋状态,并且这种一个粒子的测量对另一个粒子的自旋状态的影响是瞬时发生的.如果真的如 EPR 认为的那样,则这种一个粒子的自旋状态在测量中确定下来而另一个未受任何影响的粒子的状态随之而定的现象是令人无法理解的,因为我们自然要问:

① 这种第二个粒子未受扰动的缘由是什么?

② 即便有未知的作用,为什么它是"瞬时的和超距的"?

这样的疑问构成了 EPR 对量子理论的一个重大质疑.

在继续讨论之前,我们先来谈谈经典物理中定域测量的含义,为了便于讨论量子系统时作比较.经典物理中,在一个物理系统的某一部分对某一物理量的定域测量,其含义很清楚.它有两个前提:

① 被测的物理系统的那一部分的尺寸比整个系统的尺寸小很多.

② 在该部分被测的物理量应该至少近似地是均匀的.

于是我们就可以说,通过这样的定域测量测到了该物理量在该处的值.

现在回到量子物理的讨论.如前面说过的那样,要把 EPR 问题讨论清楚,首先需要从量子理论的基本原理来审视 EPR 提出的命题的准确含义.这就是前面提到的第一步是首先需要讨论 EPR 命题的前提.

2. EPR 的前提和论点

EPR 对量子理论质疑的前提可罗列如下:

① 两个自旋为 $\frac{1}{2}$ 的粒子放在一起组成一个总自旋为 0 的单态,然后将它们分开.在分开的过程中,系统的自旋状态保持不变.

② 分开到足够远距离时,粒子 1 在 A 处,粒子 2 在 B 处.这时,对 A 处的粒子 1 进行自旋取向的测量.测量的结果要么是 $|\uparrow\rangle_1$,要么是 $|\downarrow\rangle_1$.

③ 当在 A 处测得的是 $|\uparrow\rangle_1$ 时,在 B 处的粒子 2 一定居于 $|\downarrow\rangle_2$;当在 A 处测得的是 $|\downarrow\rangle_1$ 时,在 B 处的粒子 2 一定居于 $|\uparrow\rangle_2$.

3. 从量子理论来审视 EPR 的前提

我们在这里说明,EPR 在他们提出的命题中包含了若干不符合量子理论的原则,因而存在不确切之处.

现在我们逐条分析 EPR 问题的前提.

关于前提 1. 两个自旋为 $\frac{1}{2}$ 的粒子组成一个总自旋为 0 的状态,这从量子理论来看没有问题. 然后两粒子分开到相距较远的两处并保持其自旋状态不变,用量子理论的原理来判断,因为系统的外部自由度的运动不影响内部自由度,所以这样的论述也是合理的.

但另一方面,EPR 描述的二粒子系统的分开过程从量子理论来看值得推敲.理由之一是,由于在量子理论中有全同性原理,因此不会发生一个粒子确定移至 A 处,另一粒子确定移至 B 处的结果.正确的表述应该是:如果二粒子系统的初始状态是整个系统集中于一个小的有限空间内,以后系统分处两个相距较远的 A 与 B 处的定域小空间内,则在 A 与 B 处两个粒子将以相同的概率出现,而不是两个粒子分别居于 A 和 B 处.这两种对粒子分开时的状态的表述显然是不同的,必然会影响这一问题的实质内容.这在后面的讨论中将会看到.

理由之二是,系统的这种分离从量子理论来看不可能处在自由状态下,即系统如果不受到任何外来的影响就不能实现这样的分离.原因是按照量子理论,一个系统在无外界作用的自由状态下,它的稳定分布应是均匀地弥漫于整个空间的状态.因此,自然就谈不上初始居于一个局域的地方和以后分成两个相距很远的定域分体系的情形.

通过上述讨论,我们知道 EPR 的前提 1 不是完全合理的,应作出修正,见下文.

关于前提 2. 我们已经知道,按量子理论的全同性原理,当系统分成两个定域于 A 处和 B 处的子系统时,两个粒子在 A 和 B 处都有出现的概率,而且概率相同.因此,粒子 1 在 A 处、粒子 2 在 B 处的表述就失掉了意义.结果自然谈不上在 A 处对粒子 1 的定域测量了.那么在 A 处的定域测量还有无意义? A 处的定域测量的含义是什么? 我们亦将在下面予以解答.

关于前提 3. 根据前面的讨论,EPR 的前提 3 必然需要重新考虑.理由之一是,既然不存在粒子 1 在 A 处、粒子 2 在 B 处,则 EPR 的前提 3 的表述"在 A 处对粒子 1 的测量导致在 B 处的粒子 2 的状态随之确定"亦就不再是合理的表述.修正后的合理的新表述亦将在后面给出.

理由之二是,前提 3 认为在 A 处作定域测量自旋(注意这里不是那一个粒子),

如果测得的是 $|\uparrow\rangle$，则 B 处的自旋状态一定是 $|\downarrow\rangle$，这样的论断真的是量子理论的必然结论吗？还是 EPR 加在量子理论上的主观想法？关于这点，我们在后面将要结合量子理论的测量原理来判断.

讨论了 EPR 的前提后，现在转而讨论 EPR 对量子理论的质疑.他们的质疑如下：按照量子理论，如果在 A 处对粒子 1 测量它的自旋状态，便瞬时地改变在 B 处的粒子 2 的自旋状态，这是毫无缘由和违反因果性规律的，可见量子理论是不完备的.

从前面对 EPR 的三个前提的分析知道，EPR 的原始命题的所有前提从量子理论来看都存在不合理之处.这是否可认为他们对量子理论的上述质疑已不再成立？应该说，EPR 问题的前提虽然有缺陷，但从下面的讨论中可以看到，通过适当的修正，仍然可以提出一个合理的具有同样精神的对量子系统进行定域测量的理想实验.同时亦一样会提出未被测量的另一部分的状态是否跟随着第一部分的定域测量被确定下来的问题，亦即仍然存在针对系统一部分的定域测量使系统的另一部分无任何缘由瞬时改变状态的现象的疑问，以及这样一来是否违背因果律这个问题.这些就是下面要讨论的主要内容.

4.3 实现 EPR 的"理想实验"

本节讨论如何将 EPR 命题的前提修改得更合理些.

1. 如何实现量子系统的分离

前面已经谈到，在我们这里讨论的量子系统是自旋为 $\frac{1}{2}$ 的二粒子系统.如果系统不受任何外力作用而处于自由的状态下，则该系统的稳定状态一定是弥漫在整个空间中的概率均匀分布的状态.在这样的状态下，系统既谈不上在初始时分布在一个小的有限空间中，也不会随时间分离成两个局域的小的空间中的子系统，并且还会越离越远.它不像经典物理中的两个小球，在自由状态下，起始靠在一起，只要两个小球有不同方向的初始速度，以后就会分离得越来越远.

那么我们讨论的二粒子系统在初始时刻能定域在空间的一个局域范围内又是如何实现的呢？

显然，如图 4.3.1 所示，需要有一个外加的约束势阱的作用，才能使系统的波函数呈现出一个波包的形式．只有这样才能将系统在初始时刻定域于一个小的空间之中．实验上观测粒子时采用的都是这样的原理．这时，粒子在横向的二维空间中受约束．各种阱利用约束势将粒子囚禁在阱的中心部分．

(a) 两粒子系统囚禁在势阱中的图像　(b) 两粒子系统囚禁在势阱中的波函数的分布

图 4.3.1

我们再看随着时间的延伸，二粒子系统又如何分离成两个定域的部分．这可以用如下的设计来实现：从 $t=0$ 开始，实验设备中设置的两个阱随 t 向相反方向移动．它们使系统分裂成两个子系统并分别集中在运动的两个阱的中心部分，形成两个相同的波包，如图 4.3.2 所示．

为了能实现 EPR 理想实验，我们在这里提出一个这样的实验构想．事实上，和这一构想的装置相同的实验装置已经有了．2009 年，Jost 等人（Jost，et al，2009）就制成了这样的装置，并成功地用它完成了另一个物理问题的实验．他们的目标是：开始把两对粒子用阱囚禁在一起，然后随时间移动两个阱，将这一系统分成定域的两个部分．在分离的过程中，两对粒子间原有的自旋纠缠逐步转变成两对粒子的力学运动的纠缠．实验结果证实了这两种纠缠的转换．虽然 Jost 等人探讨的物理问题和这里讨论的 EPR 的目标不同，但他们的实验的成功证实了这种将一个量子系统分离成两个相距一定距离的两个定域部分的可行性．这亦表明了我们将 EPR 的第一个前提修正为符合量子理论要求的设想是合理和可行的．

量子物理若干基本问题
Some Fundamental Problems in Quantum Physics

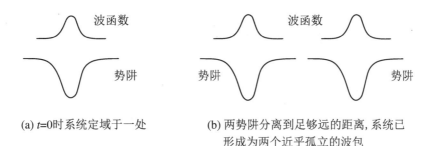

(a) $t=0$ 时系统定域于一处

(b) 两势阱分离到足够远的距离,系统已
形成为两个近乎孤立的波包

图 4.3.2 二粒子系统的定域性质的变化

2. 合理的定域测量的含义

我们在前面已说清楚,当二粒子系统通过恰当的实验装置分离成相距有限距离的两个定域部分时,由于量子理论的全同性原理,不会像图 4.3.2 所示的那样一个粒子居于一个阱中,另一粒子居于另一阱中.因为全同性原理告诉我们,两个粒子居于两个阱中心的可能性是相同的.因此,当两阱远离时,两个粒子居于两阱中的布局情形应如图 4.3.3 所示.可以想到图中的三种布局的比例很可能是

$$(b) > (a), (c), \quad (a) = (c)$$

但可以肯定的一点是,如果我们现在只在 A 处作定域的测量,测得的对象将不再是原来 EPR 假定的一个粒子的情形,而是下面的三种情形:(a)没有粒子的情形,(b)一个粒子的情形,(c)两个粒子的情形.

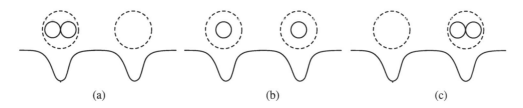

(a)   (b)   (c)

图 4.3.3 二粒子系统在两个定域子系中的粒子分布的情形

3. 定域测量会是怎样的情形

在回答这个问题之前,首先回顾一下量子理论的测量原理.迄今为止,测量原理只告诉我们对一个量子系统的整体的测量的规律,而没有告诉过我们对一个量子系

统的一部分的定域测量的结果是什么.正如前面讨论的那样,如果系统处于自由状态,它将均匀地在空间中分布.如何作定域测量都是无法界定的.只有像图4.3.3中所示的那样,量子系统被两阱分成了几乎独立的两个波包时,在 A 处的那一部分可以近似地看作一个独立的完整的量子系统,才能依照量子理论的测量原理去预言测量的结果会是什么.

如前所述,如图4.3.3所示那样,当我们可以近似地将 A 处的子系统看作一个独立的量子系统时,会发现这一"系统"的状态是 $n=0, n=1$ 和 $n=2$ 的不同的三种粒子数的组合.如果我们对它去作自旋分量的测量,可能的结果将是 $j_z=0(n=0)$, $j_z=\pm\frac{1}{2}(n=1)$ 和 $j_z=\pm 1, 0(n=2)$.因此,原来 EPR 认为的在 A 处作定域测量只有 $j_z=\pm\frac{1}{2}$ 的预想结果亦需要修正.

4. EPR 问题中最关键的对量子理论的质疑部分

这种质疑是基于 EPR 所作的如下的假定:

① 如 A 处的定域测量结果是 $j_z=\frac{\hbar}{2}$,则 B 处的 j_z 一定是 $-\frac{\hbar}{2}$.

② 如 A 处的定域测量结果是 $j_z=-\frac{\hbar}{2}$,则 B 处的 j_z 一定是 $\frac{\hbar}{2}$.

然后他们就以这样的预想结果来质疑量子理论的完备性.因为这样的预想结果既违背科学的决定论,B 处的状态没有任何原因而改变,又违背因果律的规律性(超距现象).

为了分析这一质疑,我们首先要问:这一预想结果的依据是什么? 因为量子理论对一个系统的部分测量(定域测量)迄今没有给出过任何论断.

我们认为 EPR 给出这样的预想结果的一种依据可能是,原来的状态如式(4.1.1)所示,它由 $\left(\frac{1}{2}, -\frac{1}{2}\right)$ 的态和 $\left(-\frac{1}{2}, \frac{1}{2}\right)$ 的态组成.既然测得 A 处是 $+\frac{\hbar}{2}$,则 B 处是 $-\frac{\hbar}{2}$;如 A 处是 $-\frac{\hbar}{2}$,B 处就应当是 $+\frac{\hbar}{2}$.但我们在前面的讨论中已讲过,这一系统的状态只能看作这样的两种状态的叠加,不能认为它就由这两种状态组成.原因是系统亦可看作 x 方向的类似两态的叠加.因此,对这一依据,我们反过来要问的是:

① 为什么在 A 处测 z 方向的自旋取向时,B 处就能知道是测 z 方向而不是测 x

方向？这里没有任何物理信息（作用）传递到 B 处.

② 如前面分析的那样，对 A 处的定域测量的结果是 $+\frac{\hbar}{2}$ 或 $-\frac{\hbar}{2}$ 时，B 处的自旋状态又会是怎样的呢？这类问题量子理论没有回答过.所以说，这样的假定谈不上是现有的量子理论的内容.

EPR 提出的预想结果的另一种依据可能是角动量守恒的想法.原来整个系统的 z 方向角动量分量为零，因此，当 A 处测得的 j_z 为 $+\frac{\hbar}{2}$ 时，B 处的 j_z 就应当是 $-\frac{\hbar}{2}$；反之，A 处为 $-\frac{\hbar}{2}$，B 处就应当是 $+\frac{\hbar}{2}$.不过按照量子理论的测量原理，在测量时并不存在守恒的规律.因为，例如一个系统的总自旋为 1，它在一个方向上的分量有 $\hbar$，0，$-\hbar$ 三种状态，如果该系统的状态表示为这三种状态的一种组合，则对该系统进行该方向的投影的测量，给出的结果将是 $\hbar$，0，$-\hbar$ 三种.可见测得的三种结果和系统原来的状态的角动量的期待值不同，彼此亦各异.所以守恒的依据也是不成立的.因此为了深入一点讨论，我们将结合量子理论的测量原理来讨论定域测量后的结果将会是怎样的一些可能的情形.

其实对 EPR 提出的定域测量的设想结果，除了分析它的两种依据的成立是有问题的之外，我们还要指出这种设想本身还存在另外的逻辑上的矛盾.设想一下，如果实验设备不只是分离为两个阱，而是分离为 $N(\geqslant 3)$ 个阱，使系统后来形成 N 个定域的波包，如图 4.3.4 所示，这时，如我们对其中一个作定域测量，则我们会一样问，对应于测量出现的不同结果，系统在其余 $N-1$ 个阱中的状态会是怎样？显然，这时的答案不再像 $N=2$ 时那样能假定是唯一确定的.所以这种定域测量后就确定了另一部分的状态如何随之改变的逻辑本身亦是不自洽的.

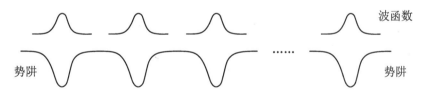

图 4.3.4　一个系统被多个势阱分离成多个定域的子系统

4.4 EPR 定域测量与测量原理

1. EPR 实验的重要意义

前面的讨论较为详尽地表述了这样的一些内容：在叙述了 EPR 原来提出的内容后，经过分析我们看到，原始命题的前提有一些与量子理论不自洽.经过一定的修正后，这个命题的中心思想，即对量子系统的一个局域子系统作定域测量后，整个系统的状态会如何这一命题仍是一个量子理论需要回答的重要问题.理由是：如果这种定域测量真像 EPR 和后来一些物理学家亦同意的预设结果，则一个定域子系统对另一定域子系统的"超距的驾驭"会对物理学的因果律产生重大冲击.如果预设的结果不是 EPR 想象的那样，量子理论在现有框架下能按照它的原理提出一个预设结果吗？这就是我们下面试图回答的问题.

我们对这个问题的结果设想如下：

① 如果一个量子系统的状态是它具有两个明显分离的定域子系统，当我们对其中一个定域子系统进行自旋的测量时，这样的测量会让系统的另一部分如 EPR 论证的那样，按照现有的量子理论的原理塌缩到把该子系统看作一个独立的量子系统的自旋本征态上.

② 另一种可能的情形是未测的子系统由于未受到任何作用（扰动），它的状态应当保持不变，即仍停留在测量进行前量子系统的这一部分的原来的状态中.

③ 为了验证实际结果是上述两种情形中的哪一种，我们需要：

（ⅰ）实验过程的构思：第一个阶段是如前所述，在初始时刻用两个合在一起的势阱将粒子系统囚禁成一个波包，第二个阶段是把这一个波包用阱分为两个相距一定距离的波包，第三个阶段是对一个波包进行定域测量，对另一波包不作任何作用，最后一个阶段是将两阱重新聚合在一起，使系统恢复为一个波包，然后再对其作测量.

（ⅱ）理论准备：把量子系统被测的那部分塌缩的"本征态"状态而未测的那部分保持原有状态作为量子系统的整体状态，然后以此为系统初始态，在以后两个势阱开始相向移动并最终合拢在一起的整个演化过程按照 Schrödinger 方程进行. 我们要作的理论计算就是算出系统演化的最后状态.

如果检验结果符合上述构思(ⅱ)的理论计算结果,则 EPR 的构思以及他们的质疑不复存在. 如果结果与理论计算不符,而是和 EPR 的构想一致,则如上所述,将不仅是量子理论面临挑战,作为物理学的一个主要支柱,因果性亦需重新被审视. 当然,亦不排除有不同于前两者的第三种结果出现的可能性. 这时量子理论和因果律一样会被重新审视.

为了做好理论计算,需要:

(a) 计算的一些准备知识和讨论.

(b) 约束势下的二粒子系统初始状态.

(c) 约束势随 t 渐渐分开为两个势阱,它们使得在一定时间后系统分裂成在两阱中心处的两个定域波包.

(d) 对一个子系的波包作测量,使其塌缩到某一"本征"状态.

(e) 将被测子系统的"本征状态"加上未测部分的状态,作为初始态来计算整个系统在第二阶段的演化,这时两阱渐渐随 t 靠近,足够长的时间后合成一个阱.

(f) 最后再对整个系统作测量,由理论结果和实测结果间的比较来得出最终状态会是什么样的答案.

2. 二粒子系统的状态表示

为了确定起见,我们考虑两个自旋为 $\frac{1}{2}$ 的 Dirac 粒子,在没有约束势的情形下,其一般情形的 Hamiltonian H_0 为

$$H_0 = c\alpha_3^{(1)}\hat{p}_1 + c\alpha_3^{(2)}\hat{p}_2 + mc^2\beta^{(1)} + mc^2\beta^{(2)} \tag{4.4.1}$$

α_3 和 β 的上指标(1)、(2)分别表示粒子 1 和粒子 2. 每个粒子有四个分量,故二粒子系统的态矢共有 16 个分量,它们分别对应

$$|11\rangle,\ |12\rangle,\ |13\rangle,\ |14\rangle,\ |21\rangle,\ |22\rangle,\ |23\rangle,\ |24\rangle$$
$$|31\rangle,\ |32\rangle,\ |33\rangle,\ |34\rangle,\ |41\rangle,\ |42\rangle,\ |43\rangle,\ |44\rangle$$

前一指标是第一粒子的分量序号,后一指标是第二粒子的分量序号.

由于每个粒子的自旋算符为

$$2\hat{S}_3 = \frac{-\mathrm{i}}{2}\alpha_2\alpha_3 = \begin{pmatrix} 1 & 0 & 0 & 0 \\ 0 & -1 & 0 & 0 \\ 0 & 0 & 1 & 0 \\ 0 & 0 & 0 & -1 \end{pmatrix} \tag{4.4.2}$$

显然,$\hat{S}_3$ 和 β 都是对角矩阵,一定对易.即有

$$\begin{aligned}
[\hat{S}_3, \alpha_3] &= \begin{pmatrix} 1 & 0 & 0 & 0 \\ 0 & -1 & 0 & 0 \\ 0 & 0 & 1 & 0 \\ 0 & 0 & 0 & -1 \end{pmatrix}\begin{pmatrix} 0 & 0 & 1 & 0 \\ 0 & 0 & 0 & -1 \\ 1 & 0 & 0 & 0 \\ 0 & -1 & 0 & 0 \end{pmatrix} \\
&\quad - \begin{pmatrix} 0 & 0 & 1 & 0 \\ 0 & 0 & 0 & -1 \\ 1 & 0 & 0 & 0 \\ 0 & -1 & 0 & 0 \end{pmatrix}\begin{pmatrix} 1 & 0 & 0 & 0 \\ 0 & -1 & 0 & 0 \\ 0 & 0 & 1 & 0 \\ 0 & 0 & 0 & -1 \end{pmatrix} \\
&= \begin{pmatrix} 0 & 0 & 1 & 0 \\ 0 & 0 & 0 & 1 \\ 1 & 0 & 0 & 0 \\ 0 & 1 & 0 & 0 \end{pmatrix} - \begin{pmatrix} 0 & 0 & 1 & 0 \\ 0 & 0 & 0 & 1 \\ 1 & 0 & 0 & 0 \\ 0 & 1 & 0 & 0 \end{pmatrix} = 0
\end{aligned}$$

故 $[\hat{S}_3, H_0] = 0$,即系统有自旋及能量的共同本征态.

正如在前面的引言中谈到的,如果系统没有约束势,只是处于自由状态下,则系统的状态在稳定时是空间弥漫的,无法形成可供定域测量的波包的状态,故必须对系统加上约束势.这里加的是简单常用的谐振势,故现在讨论的 Hamiltonian 是

$$H = c\alpha_3^{(1)}\hat{p}_1 + c\alpha_3^{(2)}\hat{p}_2 + mc^2\beta^{(1)} + mc^2\beta^{(2)} + k(\hat{x}_1)^2 + k(\hat{x}_2)^2 \tag{4.4.3}$$

由于现在加的约束势是一个 4×4 的单位矩阵,一定和 $\hat{S}_3$ 对易,故上面讲的系统的自旋能量共同本征态同样存在.因为讨论的是二粒子系统,故讨论的两粒子总自旋为

$$\hat{S}_3 = \hat{S}_3^{(1)} + \hat{S}_3^{(2)} \tag{4.4.4}$$

属于 $S_3 = 1$ 的分量是

$$|11\rangle,\ |13\rangle,\ |31\rangle,\ |33\rangle$$

属于 $S_3 = -1$ 的分量是

$$|22\rangle,\ |24\rangle,\ |42\rangle,\ |44\rangle$$

属于 $S_3 = 0$ 的分量是

$$|12\rangle,\ |14\rangle,\ |21\rangle,\ |23\rangle$$

$$|32\rangle,\ |34\rangle,\ |41\rangle,\ |43\rangle$$

再考虑全同性原理,属于 $S_3 = 1$ 的(对称分量)是

$$|11\rangle,\frac{1}{\sqrt{2}}(|13\rangle+|31\rangle),|33\rangle$$

属于 $S_3 = -1$ 的(对称分量)是

$$|22\rangle,\frac{1}{\sqrt{2}}(|24\rangle+|42\rangle),|44\rangle$$

属于 $S_3 = 0$ 的对称分量和反称分量是

$$\frac{1}{\sqrt{2}}(|12\rangle+|21\rangle),\frac{1}{\sqrt{2}}(|14\rangle+|41\rangle)$$

$$\frac{1}{\sqrt{2}}(|23\rangle+|32\rangle),\frac{1}{\sqrt{2}}(|34\rangle+|43\rangle)$$

根据上面的讨论知,虽然二粒子系统有 16 个分量,但我们求自旋和能量的共同本征态时,可以分为四类自旋状态情形来分别求解.这四类态矢分别是:

(ⅰ) $|\uparrow\uparrow\rangle = f_1|11\rangle + f_2|13\rangle + f_3|31\rangle + f_4|33\rangle$;

(ⅱ) $|\downarrow\downarrow\rangle = f_1|22\rangle + f_2|24\rangle + f_3|42\rangle + f_4|44\rangle$;

(ⅲ) $\frac{1}{\sqrt{2}}(|\uparrow\downarrow\rangle + |\downarrow\uparrow\rangle) = f_1|12\rangle + f_2|14\rangle + f_3|21\rangle + f_4|23\rangle + f_5|32\rangle + f_6|34\rangle + f_7|41\rangle + f_8|43\rangle$;

(ⅳ) $\frac{1}{\sqrt{2}}(|\uparrow\downarrow\rangle + |\downarrow\uparrow\rangle) = g_1|12\rangle + g_2|14\rangle + g_3|21\rangle + g_4|23\rangle + g_5|32\rangle + g_6|34\rangle + g_7|41\rangle + g_8|43\rangle$.

为了说明上述四种自旋状态是四种自旋和能量的共同本征态,即它们在定态方程中都是封闭的,以 $|\uparrow\uparrow\rangle$ 为例.在求自旋和能量的本征态时,除了给出的 $|\uparrow\uparrow\rangle$ 态的各分量有的应取为零和有的应取不为零的分布以保证它是 $S_3 = +1$ 的自旋外,还应求出 $|\uparrow\uparrow\rangle$ 亦是 Hamiltonian H 的本征态,即它满足定态方程

$$H \mid \uparrow\uparrow \rangle = E \mid \uparrow\uparrow \rangle \tag{4.4.5}$$

$|\uparrow\uparrow\rangle$ 中只含不为零的 $|11\rangle, |13\rangle, |31\rangle, |33\rangle$ 四个分量.从式(4.4.5)右方看是与一个数 E 相乘,保证不为零的只有上述四种分量态.

从式(4.4.5)左方看,H 中第三到第六项都对应于一个常数矩阵,保证了始终保持四个不为零的分量态.只有第一项含矩阵 $\alpha_3^{(1)}$,第二项含矩阵 $\alpha_3^{(2)}$,但它们的作用结果仍只在这四分量中变化.

$$\alpha_3^{(1)} \mid 11\rangle = \mid 33\rangle, \quad \alpha_3^{(1)} \mid 31\rangle = \mid 11\rangle$$
$$\alpha_3^{(2)} \mid 11\rangle = \mid 13\rangle, \quad \alpha_3^{(2)} \mid 31\rangle = \mid 33\rangle$$
$$\alpha_3^{(1)} \mid 33\rangle = \mid 13\rangle, \quad \alpha_3^{(1)} \mid 13\rangle = \mid 33\rangle \tag{4.4.6}$$
$$\alpha_3^{(2)} \mid 13\rangle = \mid 11\rangle, \quad \alpha_3^{(2)} \mid 33\rangle = \mid 31\rangle$$

$|\uparrow\uparrow\rangle$ 中不为零的四个分量在 Hamiltonian H 的运算下是封闭的.

为了下面的讨论需要,先变换到 $(a, a^\dagger)$ 的玻色空间中去.这是因为在 $(a, a^\dagger)$ 空间里,有一套方便的求解系统方法,故从 $(\hat{x}, \hat{p})$ 空间变换到 $(a, a^\dagger)$ 空间去.现在有两个粒子,所需的变换如下:

$$\hat{x}_1 = \frac{1}{\sqrt{2}}(a_1 + a_1^\dagger), \quad \hat{p}_1 = \frac{\mathrm{i}}{\sqrt{2}}(a_1^\dagger - a_1)$$
$$\tag{4.4.7}$$
$$\hat{x}_2 = \frac{1}{\sqrt{2}}(a_2 + a_2^\dagger), \quad \hat{p}_2 = \frac{\mathrm{i}}{\sqrt{2}}(a_2^\dagger - a_2)$$

作变换后,式(4.4.3)的 Hamiltonian 改表示为

$$H = \frac{\mathrm{i}c}{\sqrt{2}}\alpha_3^{(1)}(a_1^\dagger - a_1) + \frac{\mathrm{i}c}{\sqrt{2}}\alpha_3^{(2)}(a_2^\dagger - a_2) + mc^2\beta^{(1)} + mc^2\beta^{(2)}$$
$$+ \frac{k}{2}(a_1 + a_1^\dagger)^2 + \frac{k}{2}(a_2 + a_2^\dagger)^2 \tag{4.4.8}$$

4.5 定态求解

1. 一些考虑

我们讨论的是 Dirac 粒子,它们是费米子,一对费米子的态矢在它们作粒子置换时应该是反称的.由于态矢分为内部及外部两部分,所以如内部态矢取为反称的,则外部就是对称的.在讨论 EPR 问题时,当然以选择内部纠缠态矢为 $\frac{1}{\sqrt{2}}(|\uparrow\downarrow\rangle - |\downarrow\uparrow\rangle)$ 更方便,这样外部的态矢就是对称的.故对应的外部的物理量算符是玻色算符,即引入的 $(a_1, a_1^\dagger)$ 及 $(a_2, a_2^\dagger)$ 是玻色算符.

为了同实验比较,理论上我们需要先明确要计算一些什么样的过程及预期什么样的结果.实验步骤如下:

① 在约束势下粒子对系统的内部态矢和外部态矢的选定.

② 约束势实际上是由两个势阱在 $t=0$ 时合在一起形成的.以后两阱逐渐分开,到足够长的时间 T 后,形成两个中心位于两个阱中的稳定分布子系统.

③ 对一个分系统进行测量.

④ 然后两阱再相向移动,最后合成一个定域系统.

⑤ 对最后的态矢进行测量.

针对这样的实验安排,理论应做的工作如下:

① 计算两个阱合在一起时粒子对系统的稳定最低能态.计算目标是算出系统的定态集并从中选出最低的稳定能态态矢.

② 两个阱开始分离,理论需计算系统的初始态是上面算出的最低能态的情况下,阱从分离到达到一定距离(即一个时段 T 后)后系统的态矢.这时系统实际上已分成了两个子系统,态矢由居于两个阱中心的两个波包组成.

③ 对其中一个子系统作测量.这一子系统按测量原理立即塌缩到某一个本征态.这一结果不需再做理论计算,由测量的结果定下来.

④ 两势阱反向运动,最后合在一起,又重新形成一个完整系统.这时它的态矢如

果是 EPR 设想的,则在作定域测量时总的内部自旋保持不变.换句话说,不论分开还是合拢的过程中其总自旋都保持为零,作了定域测量亦不改变,不用计算.

⑤ 如果不是 EPR 设想的结果,而是我们设想的另一子系统并不受到影响的构想,则需要仔细计算当两势阱开始合拢时,系统的初始态是经过局域测量的子系统的态矢和未测量的子系统的未改变的状态合成的总态矢,这个总态矢是合拢过程的初始状态;然后再计算出两个阱完全合拢时全系统的末态.

⑥ 进行实验,最后测系统的总自旋,和两种设想的结果作比较.

根据以上的分析,下面分别列出所需计算的三个目标的细节.

2. 两势阱合在一起时的定态

① 首先应该明确的是,我们讨论的二粒子系统的内部状态是 $\frac{1}{\sqrt{2}}(|\uparrow\downarrow\rangle - |\downarrow\uparrow\rangle)$,因此可知两粒子的内部分量态矢有

$$|12\rangle, |14\rangle, |21\rangle, |23\rangle, |32\rangle, |34\rangle, |41\rangle, |43\rangle \tag{4.5.1}$$

② 系统的态矢还有外部的态矢.故合起来的系统的总态矢的分量态矢有

$$
\begin{aligned}
&|12\rangle |\psi_{12}\rangle, |14\rangle |\psi_{14}\rangle, |21\rangle |\psi_{21}\rangle, |23\rangle |\psi_{23}\rangle \\
&|32\rangle |\psi_{32}\rangle, |34\rangle |\psi_{34}\rangle, |41\rangle |\psi_{41}\rangle, |43\rangle |\psi_{43}\rangle
\end{aligned}
\tag{4.5.2}
$$

其中 $|\psi_{ij}\rangle$ 是系统的外部自由度的态矢.

③ 上面已用 $|\uparrow\uparrow\rangle$ 作为例子分析了在式 (4.4.3) 的 Hamiltonian 作用下它们是封闭的,不会超出上面所列的分量态矢的范围.

④ 根据前面提到的对称与反称性,有

$$\text{内:} |ij\rangle = -|ji\rangle, \quad \text{外:} |\psi_{ij}\rangle = |\psi_{ji}\rangle \tag{4.5.3}$$

综合以上的分析,知二粒子系统的总自旋为 0 的一般态矢一定是

$$
\begin{aligned}
|\rangle = &|12\rangle |\psi_{12}\rangle + |14\rangle |\psi_{14}\rangle + |21\rangle |\psi_{21}\rangle + |23\rangle |\psi_{23}\rangle \\
&+ |32\rangle |\psi_{32}\rangle + |34\rangle |\psi_{34}\rangle + |41\rangle |\psi_{41}\rangle + |43\rangle |\psi_{43}\rangle
\end{aligned}
\tag{4.5.4}
$$

如果它亦是系统的能量本征态,则它应满足定态方程

$$H|\rangle = E|\rangle \tag{4.5.5}$$

将式(4.4.8)和式(4.5.4)代入式(4.5.5)来计算.对内部态矢的作用比较简单,其中 $\alpha_3^{(i)}$ 对内部态矢的作用按式(4.4.6)进行.因 β 是对角矩阵, β 对它们的作用只需进行不变号及变号的操作.但对外部态矢的作用是在 $(a_1, a_1^\dagger)$, $(a_2, a_2^\dagger)$ 对应的态矢空间中操作,需要仔细一点讨论.首先我们将外部态矢设定为如下的形式:

$$| \psi_{ij} \rangle = \int \psi_{ij}(\rho_1, \eta_1; \rho_2, \eta_2) | \rho_1 + i\eta_1 \rangle | \rho_2 + i\eta_2 \rangle d\rho_1 d\eta_1 d\rho_2 d\eta_2 \quad (4.5.6)$$

其中 $|\rho_1 + i\eta_1\rangle$, $|\rho_2 + i\eta_2\rangle$ 是 $(a_1, a_1^\dagger)$, $(a_2, a_2^\dagger)$ 态矢空间中的相干态,即

$$| \rho + i\eta \rangle = \exp[(\rho + i\eta)a^\dagger] | 0\rangle \quad (4.5.7)$$

为了下面的运算,我们先把 $a, a^\dagger$ 对相干态的作用的一些基本运算列于后:

$$a | \rho + i\eta \rangle = | \rho + i\eta \rangle | \rho + i\eta \rangle \quad (4.5.8)$$

$$a^\dagger | \rho + i\eta \rangle = \sum_n a^\dagger | n \rangle \langle n | \rho + i\eta \rangle$$

$$= \sum_n \sqrt{n+1} | n+1 \rangle \cdot \sum_m \frac{(\rho + i\eta)^m}{\sqrt{m!}} \delta_{nm}$$

$$= \sum_n \frac{\sqrt{n+1}}{\sqrt{n!}} (\rho + i\eta)^n | n+1 \rangle$$

$$= \sum_n \frac{1}{\sqrt{n!}} (\rho + i\eta)^n$$

$$\cdot \left[\iint e^{-\rho_1^2 - \eta_1^2} (\rho_1 - i\eta_1)^{n+1} | \rho_1 + i\eta_1 \rangle \frac{d\rho_1 d\eta_1}{\pi} \right] \quad (4.5.9)$$

$$a^\dagger a | \rho + i\eta \rangle = (\rho + i\eta) a^\dagger | \rho + i\eta \rangle$$

$$= \sum_n \frac{\sqrt{n+1}}{\sqrt{n!}} (\rho + i\eta)^{n+1} | n+1 \rangle$$

$$= \sum_n \frac{1}{\sqrt{n!}} (\rho + i\eta)^{n+1}$$

$$\cdot \left[\iint e^{-\rho_1^2 - \eta_1^2} (\rho_1 - i\eta_1)^{n+1} | \rho_1 + i\eta_1 \rangle \frac{d\rho_1 d\eta_1}{\pi} \right] \quad (4.5.10)$$

$$a^2 \mid \rho + i\eta\rangle = (\rho + i\eta)^2 \mid \rho + i\eta\rangle \tag{4.5.11}$$

$$a^{\dagger 2} \mid \rho + i\eta\rangle = \sum_n a^{\dagger 2} \mid n\rangle\langle n \mid \rho + i\eta\rangle$$

$$= \sum_n \frac{\sqrt{(n+1)(n+2)}}{\sqrt{n!}} (\rho + i\eta)^n \mid n+2\rangle$$

$$= \sum_n \frac{1}{\sqrt{n!}} (\rho + i\eta)^n$$

$$\cdot \left[\int e^{-\rho_1^2 - \eta_1^2} (\rho_1 - i\eta_1)^{n+2} \mid \rho_1 + i\eta_1\rangle \frac{\mathrm{d}\rho_1 \mathrm{d}\eta_1}{\pi} \right] \tag{4.5.12}$$

在上面几个式子中,最后都用到将 Fock 态转换为相干态的关系:

$$\mid n\rangle = \int e^{-\rho_1^2 - \eta_1^2} \mid \rho_1 + i\eta_1\rangle\langle \rho_1 + i\eta_1 \mid n\rangle \frac{\mathrm{d}\rho_1 \mathrm{d}\eta_1}{\pi}$$

$$= \int e^{-\rho_1^2 - \eta_1^2} \mid \rho_1 + i\eta_1\rangle \sum_m \frac{(\rho_1 - i\eta_1)^m}{\sqrt{m!}} \langle m \mid n\rangle \frac{\mathrm{d}\rho_1 \mathrm{d}\eta_1}{\pi}$$

$$= \int e^{-\rho_1^2 - \eta_1^2} \frac{(\rho_1 - i\eta_1)^n}{\sqrt{n!}} \mid \rho_1 + i\eta_1\rangle \frac{\mathrm{d}\rho_1 \mathrm{d}\eta_1}{\pi}$$

3. FCC 相干态展开方法

我们现在用 FCC 相干态展开方法来求定态以及后面要讨论的系统的演化问题. 作为这个方法的准备,和第 3 章类似,引入一组态矢 $\{\mid B_n\rangle\}$,其中 $\{\mid B_n\rangle\}$ 间有递推关系

$$\mid B_{n+1}\rangle = H \mid B_n\rangle$$

这里和第 3 章中的物理系统的不同是,那里是一个粒子的系统,这里是两个粒子的系统.虽然如此,方法的原则没有改变,仅态矢的分量有了变化,从二分量改变为八分量.不过后面会看到,在自旋状态取定的情形下,八个分量分为两组,有确定的对应关系,所以实质上只有四个独立的分量.

FCC 方法的要点是:

① 各阶的态矢 $\mid B_n\rangle$ 按分量展开.

② 各分量的态矢用相干态展开.

③ 各阶的分量态矢的展开系数的函数表达式相同.

④ 分量态矢的不同阶之间的递推关系转化为展开系数间的递推关系.

⑤ 递推关系的求解转化为系数的线性特征方程组.

因此先作 $|B_n\rangle \rightarrow |B_{n+1}\rangle = H|B_n\rangle$ 的推导. 在下面的公式中 $\psi_{ij}^{(n)}(\rho_1, \eta_1; \rho_2, \eta_2)$ 就是展开系数, 为了书写简便起见, 在以下的推导中 $\psi_{ij}^{(n)}$ 的上标略去不写.

$$H|B_n\rangle$$

$$= \left[\frac{\mathrm{i}c}{\sqrt{2}}\alpha_3^{(1)}(a_1^\dagger - a_1) + \frac{\mathrm{i}c}{\sqrt{2}}\alpha_3^{(2)}(a_2^\dagger - a_2) + mc^2\beta^{(1)}\right.$$

$$\left. + mc^2\beta^{(2)} + \frac{k}{2}(a_1 + a_1^\dagger)^2 + \frac{k}{2}(a_2 + a_2^\dagger)^2\right]$$

$$\cdot \left[|12\rangle\int\psi_{12}(\rho_1, \eta_1; \rho_2, \eta_2)|\rho_1 + \mathrm{i}\eta_1\rangle|\rho_2 + \mathrm{i}\eta_2\rangle\mathrm{d}\rho_1\mathrm{d}\eta_1\mathrm{d}\rho_2\mathrm{d}\eta_2\right.$$

$$+ |14\rangle\int\psi_{14}(\rho_1, \eta_1; \rho_2, \eta_2)|\rho_1 + \mathrm{i}\eta_1\rangle|\rho_2 + \mathrm{i}\eta_2\rangle\mathrm{d}\rho_1\mathrm{d}\eta_1\mathrm{d}\rho_2\mathrm{d}\eta_2$$

$$+ |21\rangle\int\psi_{21}(\rho_1, \eta_1; \rho_2, \eta_2)|\rho_1 + \mathrm{i}\eta_1\rangle|\rho_2 + \mathrm{i}\eta_2\rangle\mathrm{d}\rho_1\mathrm{d}\eta_1\mathrm{d}\rho_2\mathrm{d}\eta_2$$

$$+ |23\rangle\int\psi_{23}(\rho_1, \eta_1; \rho_2, \eta_2)|\rho_1 + \mathrm{i}\eta_1\rangle|\rho_2 + \mathrm{i}\eta_2\rangle\mathrm{d}\rho_1\mathrm{d}\eta_1\mathrm{d}\rho_2\mathrm{d}\eta_2$$

$$+ |32\rangle\int\psi_{32}(\rho_1, \eta_1; \rho_2, \eta_2)|\rho_1 + \mathrm{i}\eta_1\rangle|\rho_2 + \mathrm{i}\eta_2\rangle\mathrm{d}\rho_1\mathrm{d}\eta_1\mathrm{d}\rho_2\mathrm{d}\eta_2$$

$$+ |34\rangle\int\psi_{34}(\rho_1, \eta_1; \rho_2, \eta_2)|\rho_1 + \mathrm{i}\eta_1\rangle|\rho_2 + \mathrm{i}\eta_2\rangle\mathrm{d}\rho_1\mathrm{d}\eta_1\mathrm{d}\rho_2\mathrm{d}\eta_2$$

$$+ |41\rangle\int\psi_{41}(\rho_1, \eta_1; \rho_2, \eta_2)|\rho_1 + \mathrm{i}\eta_1\rangle|\rho_2 + \mathrm{i}\eta_2\rangle\mathrm{d}\rho_1\mathrm{d}\eta_1\mathrm{d}\rho_2\mathrm{d}\eta_2$$

$$\left. + |43\rangle\int\psi_{43}(\rho_1, \eta_1; \rho_3, \eta_3)|\rho_1 + \mathrm{i}\eta_1\rangle|\rho_2 + \mathrm{i}\eta_2\rangle\mathrm{d}\rho_1\mathrm{d}\eta_1\mathrm{d}\rho_2\mathrm{d}\eta_2\right]$$

$$= \frac{\mathrm{i}c}{\sqrt{2}}\left\{|32\rangle\int\psi_{12}(\rho_1, \eta_1; \rho_2, \eta_2)\sum_p\frac{1}{p!}(\rho_1 + \mathrm{i}\eta_1)^p|\rho_2 + \mathrm{i}\eta_2\rangle\mathrm{d}\rho_2\mathrm{d}\eta_2\right.$$

$$\cdot \left[\int\mathrm{e}^{-\rho_1'^2 - \eta_1'^2}(\rho_1' - \mathrm{i}\eta_1')^{p+1}|\rho_1' + \mathrm{i}\eta_1'\rangle\frac{\mathrm{d}\rho_1'\mathrm{d}\eta_1'}{\pi}\right]\mathrm{d}\rho_1\mathrm{d}\eta_1$$

$$+ |34\rangle\int\psi_{14}(\rho_1, \eta_1; \rho_2, \eta_2)\sum_p\frac{1}{p!}(\rho_1 + \mathrm{i}\eta_1)^p\mathrm{d}\rho_1\mathrm{d}\eta_1$$

$$\cdot \left[\int\mathrm{e}^{-\rho_1'^2 - \eta_1'^2}(\rho_1' - \mathrm{i}\eta_1')^{p+1}|\rho_1' + \mathrm{i}\eta_1'\rangle\frac{\mathrm{d}\rho_1'\mathrm{d}\eta_1'}{\pi}\right]|\rho_2 + \mathrm{i}\eta_2\rangle\mathrm{d}\rho_2\mathrm{d}\eta_2$$

$$\left. - |41\rangle\int\psi_{21}(\rho_1, \eta_1; \rho_2, \eta_2)|\rho_2 + \mathrm{i}\eta_2\rangle\mathrm{d}\rho_2\mathrm{d}\eta_2\right.$$

$$\cdot \sum_p \frac{1}{p!} (\rho_1 + i\eta_1)^p \left[\iint e^{-\rho_1'^2 - \eta_1'^2} (\rho_1' - i\eta_1')^{p+1} \mid \rho_1' + i\eta_1' \rangle \frac{d\rho_1' d\eta_1'}{\pi} \right] d\rho_1 d\eta_1$$

$$- \mid 43 \rangle \int \psi_{23} (\rho_1, \eta_1; \rho_2, \eta_2) \mid \rho_2 + i\eta_2 \rangle d\rho_2 d\eta_2$$

$$\cdot \sum_p \frac{1}{p!} (\rho_1 + i\eta_1)^p \left[\iint e^{-\rho_1'^2 - \eta_1'^2} (\rho_1' - i\eta_1')^{p+1} \mid \rho_1' + i\eta_1' \rangle \frac{d\rho_1' d\eta_1'}{\pi} \right] d\rho_1 d\eta_1$$

$$+ \mid 12 \rangle \int \psi_{32} (\rho_1, \eta_1; \rho_2, \eta_2) \mid \rho_2 + i\eta_2 \rangle d\rho_2 d\eta_2$$

$$\cdot \sum_p \frac{1}{p!} (\rho_1 + i\eta_1)^p \left[\iint e^{-\rho_1'^2 - \eta_1'^2} (\rho_1' - i\eta_1')^{p+1} \mid \rho_1' + i\eta_1' \rangle \frac{d\rho_1' d\eta_1'}{\pi} \right] d\rho_1 d\eta_1$$

$$+ \mid 14 \rangle \int \psi_{34} (\rho_1, \eta_1; \rho_2, \eta_2) \mid \rho_2 + i\eta_2 \rangle d\rho_2 d\eta_2$$

$$\cdot \sum_p \frac{1}{p!} (\rho_1 + i\eta_1)^p \left[\iint e^{-\rho_1'^2 - \eta_1'^2} (\rho_1' - i\eta_1')^{p+1} \mid \rho_1' + i\eta_1' \rangle \frac{d\rho_1' d\eta_1'}{\pi} \right] d\rho_1 d\eta_1$$

$$- \mid 21 \rangle \int \psi_{41} (\rho_1, \eta_1; \rho_2, \eta_2) \mid \rho_2 + i\eta_2 \rangle d\rho_2 d\eta_2$$

$$\cdot \sum_p \frac{1}{p!} (\rho_1 + i\eta_1)^p \left[\iint e^{-\rho_1'^2 - \eta_1'^2} (\rho_1' - i\eta_1')^{p+1} \mid \rho_1' + i\eta_1' \rangle \frac{d\rho_1' d\eta_1'}{\pi} \right] d\rho_1 d\eta_1$$

$$- \mid 23 \rangle \int \psi_{43} (\rho_1, \eta_1; \rho_2, \eta_2) \mid \rho_2 + i\eta_2 \rangle d\rho_2 d\eta_2$$

$$\cdot \sum_p \frac{1}{p!} (\rho_1 + i\eta_1)^p \left[\iint e^{-\rho_1'^2 - \eta_1'^2} (\rho_1' - i\eta_1')^{p+1} \mid \rho_1' + i\eta_1' \rangle \frac{d\rho_1' d\eta_1'}{\pi} \right] d\rho_1 d\eta_1 \Big\}$$

$$+ \frac{ic}{\sqrt{2}} \Big[- \mid 14 \rangle \int \psi_{12} (\rho_1, \eta_1; \rho_2, \eta_2) - \mid 12 \rangle \int \psi_{14} (\rho_1, \eta_1; \rho_2, \eta_2)$$

$$+ \mid 23 \rangle \int \psi_{21} (\rho_1, \eta_1; \rho_2, \eta_2) + \mid 21 \rangle \int \psi_{23} (\rho_1, \eta_1; \rho_2, \eta_2)$$

$$- \mid 34 \rangle \int \psi_{32} (\rho_1, \eta_1; \rho_2, \eta_2) - \mid 32 \rangle \int \psi_{34} (\rho_1, \eta_1; \rho_2, \eta_2)$$

$$+ \mid 43 \rangle \int \psi_{41} (\rho_1, \eta_1; \rho_2, \eta_2) + \mid 41 \rangle \int \psi_{43} (\rho_1, \eta_1; \rho_2, \eta_2) \Big]$$

$$\cdot \mid \rho_1 + i\eta_1 \rangle d\rho_1 d\eta_1$$

$$\cdot \sum_q \frac{1}{q!} (\rho_2 + i\eta_2)^q \left[\iint e^{-\rho_2'^2 - \eta_2'^2} (\rho_2' - i\eta_2')^{q+1} \mid \rho_2' + i\eta_2' \rangle \frac{d\rho_2' d\eta_2'}{\pi} \right] d\rho_2 d\eta_2$$

$$- \frac{ic}{\sqrt{2}} \Big[\mid 32 \rangle \int \psi_{12} (\rho_1, \eta_1; \rho_2, \eta_2) + \mid 34 \rangle \int \psi_{14} (\rho_1, \eta_1; \rho_2, \eta_2)$$

$$-\mid 41\rangle\int\psi_{21}(\rho_1,\eta_1;\rho_2,\eta_2)-\mid 43\rangle\int\psi_{23}(\rho_1,\eta_1;\rho_2,\eta_2)$$

$$+\mid 12\rangle\int\psi_{32}(\rho_1,\eta_1;\rho_2,\eta_2)+\mid 14\rangle\int\psi_{34}(\rho_1,\eta_1;\rho_2,\eta_2)$$

$$-\mid 21\rangle\int\psi_{41}(\rho_1,\eta_1;\rho_2,\eta_2)-\mid 23\rangle\int\psi_{43}(\rho_1,\eta_1;\rho_2,\eta_2)\Big]$$

$$\cdot(\rho_1+\mathrm{i}\eta_1)\mid\rho_1+\mathrm{i}\eta_1\rangle\mid\rho_2+\mathrm{i}\eta_2\rangle\mathrm{d}\rho_1\mathrm{d}\eta_1\mathrm{d}\rho_2\mathrm{d}\eta_2$$

$$-\frac{\mathrm{i}c}{\sqrt{2}}\Big[-\mid 14\rangle\int\psi_{12}(\rho_1,\eta_1;\rho_2,\eta_2)-\mid 12\rangle\int\psi_{14}(\rho_1,\eta_1;\rho_2,\eta_2)$$

$$+\mid 23\rangle\int\psi_{21}(\rho_1,\eta_1;\rho_2,\eta_2)+\mid 21\rangle\int\psi_{23}(\rho_1,\eta_1;\rho_2,\eta_2)$$

$$-\mid 34\rangle\int\psi_{32}(\rho_1,\eta_1;\rho_2,\eta_2)-\mid 32\rangle\int\psi_{34}(\rho_1,\eta_1;\rho_2,\eta_2)$$

$$+\mid 43\rangle\int\psi_{41}(\rho_1,\eta_1;\rho_2,\eta_2)-\mid 41\rangle\int\psi_{43}(\rho_1,\eta_1;\rho_2,\eta_2)\Big]$$

$$\cdot(\rho_2+\mathrm{i}\eta_2)\mid\rho_1+\mathrm{i}\eta_1\rangle\mid\rho_2+\mathrm{i}\eta_2\rangle\mathrm{d}\rho_1\mathrm{d}\eta_1\mathrm{d}\rho_2\mathrm{d}\eta_2$$

$$+mc^2\Big[\mid 12\rangle\int\psi_{12}(\rho_1,\eta_1;\rho_2,\eta_2)+\mid 14\rangle\int\psi_{14}(\rho_1,\eta_1;\rho_2,\eta_2)$$

$$+\mid 21\rangle\int\psi_{21}(\rho_1,\eta_1;\rho_2,\eta_2)+\mid 23\rangle\int\psi_{23}(\rho_1,\eta_1;\rho_2,\eta_2)$$

$$-\mid 32\rangle\int\psi_{32}(\rho_1,\eta_1;\rho_2,\eta_2)-\mid 34\rangle\int\psi_{34}(\rho_1,\eta_1;\rho_2,\eta_2)$$

$$-\mid 41\rangle\int\psi_{41}(\rho_1,\eta_1;\rho_2,\eta_2)-\mid 43\rangle\int\psi_{43}(\rho_1,\eta_1;\rho_2,\eta_2)\Big]$$

$$\cdot\mid\rho_1+\mathrm{i}\eta_1\rangle\mid\rho_2+\mathrm{i}\eta_2\rangle\mathrm{d}\rho_1\mathrm{d}\eta_1\mathrm{d}\rho_2\mathrm{d}\eta_2$$

$$+mc^2\Big[\mid 12\rangle\int\psi_{12}(\rho_1,\eta_1;\rho_2,\eta_2)-\mid 14\rangle\int\psi_{14}(\rho_1,\eta_1;\rho_2,\eta_2)$$

$$+\mid 21\rangle\int\psi_{21}(\rho_1,\eta_1;\rho_2,\eta_2)-\mid 23\rangle\int\psi_{23}(\rho_1,\eta_1;\rho_2,\eta_2)$$

$$+\mid 32\rangle\int\psi_{32}(\rho_1,\eta_1;\rho_2,\eta_2)-\mid 34\rangle\int\psi_{34}(\rho_1,\eta_1;\rho_2,\eta_2)$$

$$+\mid 41\rangle\int\psi_{41}(\rho_1,\eta_1;\rho_2,\eta_2)-\mid 43\rangle\int\psi_{43}(\rho_1,\eta_1;\rho_2,\eta_2)\Big]$$

$$\cdot\mid\rho_1+\mathrm{i}\eta_1\rangle\mid\rho_2+\mathrm{i}\eta_2\rangle\mathrm{d}\rho_1\mathrm{d}\eta_1\mathrm{d}\rho_2\mathrm{d}\eta_2$$

$$+\frac{k}{2}\Big[\mid 12\rangle\int\psi_{12}(\rho_1,\eta_1;\rho_2,\eta_2)+\mid 14\rangle\int\psi_{14}(\rho_1,\eta_1;\rho_2,\eta_2)$$

$$+ \mid 21 \rangle \int \psi_{21}(\rho_1, \eta_1; \rho_2, \eta_2) + \mid 23 \rangle \int \psi_{23}(\rho_1, \eta_1; \rho_2, \eta_2)$$

$$+ \mid 32 \rangle \int \psi_{32}(\rho_1, \eta_1; \rho_2, \eta_2) + \mid 34 \rangle \int \psi_{34}(\rho_1, \eta_1; \rho_2, \eta_2)$$

$$+ \mid 41 \rangle \int \psi_{41}(\rho_1, \eta_1; \rho_2, \eta_2) + \mid 43 \rangle \int \psi_{43}(\rho_1, \eta_1; \rho_2, \eta_2) \Big]$$

$$\cdot (\rho_1 + i\eta_1)^2 \mid \rho_1 + i\eta_1 \rangle \mid \rho_2 + i\eta_2 \rangle d\rho_1 d\eta_1 d\rho_2 d\eta_2$$

$$+ \frac{k}{2} \Big[\mid 12 \rangle \int \psi_{12}(\rho_1, \eta_1; \rho_2, \eta_2) + \cdots + \mid 43 \rangle \int \psi_{43}(\rho_1, \eta_1; \rho_2, \eta_2) \Big] \mid \rho_2 + i\eta_2 \rangle$$

$$\cdot \sum_p \frac{1}{p!} (\rho_1 + i\eta_1)^p \Big[\iint e^{-\rho_1'^2 - \eta_1'^2} (\rho_1' - i\eta_1')^{p+2} \mid \rho_1' + i\eta_1' \rangle \frac{d\rho_1' d\eta_1'}{\pi} \Big]$$

$$\cdot d\rho_1 d\eta_1 d\rho_2 d\eta_2$$

$$+ k \Big[\mid 12 \rangle \int \psi_{12}(\rho_1, \eta_1; \rho_2, \eta_2) + \cdots + \mid 43 \rangle \int \psi_{43}(\rho_1, \eta_1; \rho_2, \eta_2) \Big]$$

$$\cdot \mid \rho_2 + i\eta_2 \rangle d\rho_1 d\eta_1 d\rho_2 d\eta_2$$

$$\cdot \sum_p \frac{1}{p!} (\rho_1 + i\eta_1)^{p+1} \Big[\iint e^{-\rho_1'^2 - \eta_1'^2} (\rho_1' - i\eta_1')^{p+1} \mid \rho_1' + i\eta_1' \rangle \frac{d\rho_1' d\eta_1'}{\pi} \Big]$$

$$+ \frac{k}{2} \Big[\mid 12 \rangle \int \psi_{12}(\rho_1, \eta_1; \rho_2, \eta_2) + \cdots + \mid 43 \rangle \int \psi_{43}(\rho_1, \eta_1; \rho_2, \eta_2) \Big]$$

$$\cdot (\rho_2 + i\eta_2)^2 \mid \rho_1 + i\eta_1 \rangle \mid \rho_2 + i\eta_2 \rangle d\rho_1 d\eta_1 d\rho_2 d\eta_2$$

$$+ \frac{k}{2} \Big[\mid 12 \rangle \int \psi_{12}(\rho_1, \eta_1; \rho_2, \eta_2) + \cdots + \mid 43 \rangle \int \psi_{43}(\rho_1, \eta_1; \rho_2, \eta_2) \Big] \mid \rho_1 + i\eta_1 \rangle$$

$$\cdot \sum_q \frac{1}{q!} (\rho_2 + i\eta_2)^q \Big[\iint e^{-\rho_2'^2 - \eta_2'^2} (\rho_2' - i\eta_2')^{q+2} \mid \rho_2' + i\eta_2' \rangle \frac{d\rho_2' d\eta_2'}{\pi} \Big]$$

$$\cdot d\rho_1 d\eta_1 d\rho_2 d\eta_2$$

$$+ k \Big[\mid 12 \rangle \int \psi_{12}(\rho_1, \eta_1; \rho_2, \eta_2) + \cdots + \mid 43 \rangle \int \psi_{43}(\rho_1, \eta_1; \rho_2, \eta_2) \Big]$$

$$\cdot \sum_q \frac{1}{q!} (\rho_1 + i\eta_1)^{q+1} \mid \rho_2 + i\eta_2 \rangle \Big[\iint e^{-\rho_2'^2 - \eta_2'^2} (\rho_2' - i\eta_2')^{q+1} \mid \rho_2' + i\eta_2' \rangle \frac{d\rho_2' d\eta_2'}{\pi} \Big]$$

$$\cdot d\rho_1 d\eta_1 d\rho_2 d\eta_2$$

$$+ k \Big[\mid 12 \rangle \int \psi_{12}(\rho_1, \eta_1; \rho_2, \eta_2) + \cdots + \mid 43 \rangle \int \psi_{43}(\rho_1, \eta_1; \rho_2, \eta_2) \Big]$$

$$\cdot \mid \rho_1 + i\eta_1 \rangle \mid \rho_2 + i\eta_2 \rangle d\rho_1 d\eta_1 d\rho_2 d\eta_2 \tag{4.5.13}$$

在上面的运算中用到式(4.5.8)~(4.5.12)中的结果.

将上式两侧对应的内部自由度态矢$|ij\rangle$作比较,得

$$\frac{\mathrm{i}c}{\sqrt{2}}\int \psi_{32}(\rho_1,\eta_1;\rho_2,\eta_2)\sum_p \frac{1}{p!}(\rho_1+\mathrm{i}\eta_1)^p\mid \rho_2+\mathrm{i}\eta_2\rangle \mathrm{d}\rho_1\mathrm{d}\eta_1\mathrm{d}\rho_2\mathrm{d}\eta_2$$

$$\cdot\left[\iint \mathrm{e}^{-\rho_1'^2-\eta_1'^2}(\rho_1'-\mathrm{i}\eta_1')^{p+1}\mid \rho_1'+\mathrm{i}\eta_1'\rangle \frac{\mathrm{d}\rho_1'\mathrm{d}\eta_1'}{\pi}\right]$$

$$-\frac{\mathrm{i}c}{\sqrt{2}}\int \psi_{14}(\rho_1,\eta_1;\rho_2,\eta_2)\sum_q \frac{1}{q!}(\rho_2+\mathrm{i}\eta_2)^q\mid \rho_1+\mathrm{i}\eta_1\rangle \mathrm{d}\rho_1\mathrm{d}\eta_1\mathrm{d}\rho_2\mathrm{d}\eta_2$$

$$\cdot\left[\iint \mathrm{e}^{-\rho_2'^2-\eta_2'^2}(\rho_2'-\mathrm{i}\eta_2')^{q+1}\mid \rho_2'+\mathrm{i}\eta_2'\rangle \frac{\mathrm{d}\rho_2'\mathrm{d}\eta_2'}{\pi}\right]$$

$$-\frac{\mathrm{i}c}{\sqrt{2}}\int \psi_{32}(\rho_1,\eta_1;\rho_2,\eta_2)(\rho_1+\mathrm{i}\eta_1)\mid \rho_1+\mathrm{i}\eta_1\rangle\mid \rho_2+\mathrm{i}\eta_2\rangle \mathrm{d}\rho_1\mathrm{d}\eta_1\mathrm{d}\rho_2\mathrm{d}\eta_2$$

$$+\frac{\mathrm{i}c}{\sqrt{2}}\int \psi_{14}(\rho_1,\eta_1;\rho_2,\eta_2)(\rho_2+\mathrm{i}\eta_2)\mid \rho_1+\mathrm{i}\eta_1\rangle\mid \rho_2+\mathrm{i}\eta_2\rangle \mathrm{d}\rho_1\mathrm{d}\eta_1\mathrm{d}\rho_2\mathrm{d}\eta_2$$

$$+2mc^2\int \psi_{12}(\rho_1,\eta_1;\rho_2,\eta_2)\mid \rho_1+\mathrm{i}\eta_1\rangle\mid \rho_2+\mathrm{i}\eta_2\rangle \mathrm{d}\rho_1\mathrm{d}\eta_1\mathrm{d}\rho_2\mathrm{d}\eta_2$$

$$+\frac{k}{2}\int \psi_{12}(\rho_1,\eta_1;\rho_2,\eta_2)(\rho_1+\mathrm{i}\eta_1)^2\mid \rho_1+\mathrm{i}\eta_1\rangle\mid \rho_2+\mathrm{i}\eta_2\rangle \mathrm{d}\rho_1\mathrm{d}\eta_1\mathrm{d}\rho_2\mathrm{d}\eta_2$$

$$+\frac{k}{2}\int \psi_{12}(\rho_1,\eta_1;\rho_2,\eta_2)\sum_p \frac{1}{p!}(\rho_1+\mathrm{i}\eta_1)^p\mid \rho_2+\mathrm{i}\eta_2\rangle \mathrm{d}\rho_1\mathrm{d}\eta_1\mathrm{d}\rho_2\mathrm{d}\eta_2$$

$$\cdot\left[\iint \mathrm{e}^{-\rho_1'^2-\eta_1'^2}(\rho_1'-\mathrm{i}\eta_1')^{p+2}\mid \rho_1'+\mathrm{i}\eta_1'\rangle \frac{\mathrm{d}\rho_1'\mathrm{d}\eta_1'}{\pi}\right]$$

$$+k\int \psi_{12}(\rho_1,\eta_1;\rho_2,\eta_2)\sum_p \frac{1}{p!}(\rho_1+\mathrm{i}\eta_1)^{p+1}\mid \rho_2+\mathrm{i}\eta_2\rangle \mathrm{d}\rho_1\mathrm{d}\eta_1\mathrm{d}\rho_2\mathrm{d}\eta_2$$

$$\cdot\left[\iint \mathrm{e}^{-\rho_1'^2-\eta_1'^2}(\rho_1'-\mathrm{i}\eta_1')^{p+1}\mid \rho_1'+\mathrm{i}\eta_1'\rangle \frac{\mathrm{d}\rho_1'\mathrm{d}\eta_1'}{\pi}\right]$$

$$+\frac{k}{2}\int \psi_{12}(\rho_1,\eta_1;\rho_2,\eta_2)(\rho_2+\mathrm{i}\eta_2)^2\mid \rho_1+\mathrm{i}\eta_1\rangle\mid \rho_2+\mathrm{i}\eta_2\rangle \mathrm{d}\rho_1\mathrm{d}\eta_1\mathrm{d}\rho_2\mathrm{d}\eta_2$$

$$+\frac{k}{2}\int \psi_{12}(\rho_1,\eta_1;\rho_2,\eta_2)\sum_q \frac{1}{q!}(\rho_1+\mathrm{i}\eta_1)^q\mid \rho_1+\mathrm{i}\eta_1\rangle \mathrm{d}\rho_1\mathrm{d}\eta_1\mathrm{d}\rho_2\mathrm{d}\eta_2$$

$$\cdot\left[\iint \mathrm{e}^{-\rho_2'^2-\eta_2'^2}(\rho_2'-\mathrm{i}\eta_2')^{q+2}\mid \rho_2'+\mathrm{i}\eta_2'\rangle \frac{\mathrm{d}\rho_2'\mathrm{d}\eta_2'}{\pi}\right]$$

$$+k\int \psi_{12}(\rho_1,\eta_1;\rho_2,\eta_2)\sum_q \frac{1}{q!}(\rho_2+\mathrm{i}\eta_2)^{q+1}\mid \rho_1+\mathrm{i}\eta_1\rangle \mathrm{d}\rho_1\mathrm{d}\eta_1\mathrm{d}\rho_2\mathrm{d}\eta_2$$

$$\cdot \left[\iint e^{-\rho_2'^2 - \eta_2'^2} (\rho_2' - i\eta_2')^{q+1} \mid \rho_2' + i\eta_2' \rangle \frac{d\rho_2' d\eta_2'}{\pi} \right]$$

$$+ k \int \psi_{12}(\rho_1, \eta_1; \rho_2, \eta_2) \mid \rho_1 + i\eta_1 \rangle \mid \rho_2 + i\eta_2 \rangle d\rho_1 d\eta_1 d\rho_2 d\eta_2$$

$$= \int \psi_{12}^{(n+1)}(\rho_1, \eta_1; \rho_2, \eta_2) \mid \rho_1 + i\eta_1 \rangle \mid \rho_2 + i\eta_2 \rangle d\rho_1 d\eta_1 d\rho_2 d\eta_2$$

$$(4.5.14)$$

记住上式左方的 ψ_{ij} 上都有上标 (n)；

$$\frac{ic}{\sqrt{2}} \int \psi_{34}(\rho_1, \eta_1; \rho_2, \eta_2) \sum_p \frac{1}{p!} (\rho_1 + i\eta_1)^p \mid \rho_2 + i\eta_2 \rangle d\rho_1 d\eta_1 d\rho_2 d\eta_2$$

$$\cdot \left[\iint e^{-\rho_1'^2 - \eta_1'^2} (\rho_1' - i\eta_1')^{p+1} \mid \rho_1' + i\eta_1' \rangle \frac{d\rho_1' d\eta_1'}{\pi} \right]$$

$$- \frac{ic}{\sqrt{2}} \int \psi_{12}(\rho_1, \eta_1; \rho_2, \eta_2) \sum_q \frac{1}{q!} (\rho_2 + i\eta_2)^q \mid \rho_1 + i\eta_1 \rangle d\rho_1 d\eta_1 d\rho_2 d\eta_2$$

$$\cdot \left[\iint e^{-\rho_2'^2 - \eta_2'^2} (\rho_2' - i\eta_2')^{p+1} \mid \rho_2' + i\eta_2' \rangle \frac{d\rho_2' d\eta_2'}{\pi} \right]$$

$$- \frac{ic}{\sqrt{2}} \int \psi_{34}(\rho_1, \eta_1; \rho_2, \eta_2)(\rho_1 + i\eta_1) \mid \rho_1 + i\eta_1 \rangle \mid \rho_2 + i\eta_2 \rangle d\rho_1 d\eta_1 d\rho_2 d\eta_2$$

$$+ \frac{ic}{\sqrt{2}} \int \psi_{12}(\rho_1, \eta_1; \rho_2, \eta_2)(\rho_2 + i\eta_2) \mid \rho_1 + i\eta_1 \rangle \mid \rho_2 + i\eta_2 \rangle d\rho_1 d\eta_1 d\rho_2 d\eta_2$$

$$+ \frac{k}{2} \int \psi_{14}(\rho_1, \eta_1; \rho_2, \eta_2)(\rho_1 + i\eta_1)^2 \mid \rho_1 + i\eta_1 \rangle \mid \rho_2 + i\eta_2 \rangle d\rho_1 d\eta_1 d\rho_2 d\eta_2$$

$$+ \frac{k}{2} \int \psi_{14}(\rho_1, \eta_1; \rho_2, \eta_2) \sum_p \frac{1}{p!} (\rho_1 + i\eta_1)^p \mid \rho_2 + i\eta_2 \rangle d\rho_1 d\eta_1 d\rho_2 d\eta_2$$

$$\cdot \left[\iint e^{-\rho_1'^2 - \eta_1'^2} (\rho_1' - i\eta_1')^{p+2} \mid \rho_1' + i\eta_1' \rangle \frac{d\rho_1' d\eta_1'}{\pi} \right]$$

$$+ k \int \psi_{14} \sum_p \frac{1}{p!} (\rho_1 + i\eta_1)^{p+1} \mid \rho_2 + i\eta_2 \rangle d\rho_1 d\eta_1 d\rho_2 d\eta_2$$

$$\cdot \left[\iint e^{-\rho_1'^2 - \eta_1'^2} (\rho_1' - i\eta_1')^{p+1} \mid \rho_1' + i\eta_1' \rangle \frac{d\rho_1' d\eta_1'}{\pi} \right]$$

$$+ \frac{k}{2} \int \psi_{14}(\rho_1, \eta_1; \rho_2, \eta_2)(\rho_2 + i\eta_2)^2 \mid \rho_1 + i\eta_1 \rangle \mid \rho_2 + i\eta_2 \rangle d\rho_1 d\eta_1 d\rho_2 d\eta_2$$

$$+ \frac{k}{2} \int \psi_{14}(\rho_1, \eta_1; \rho_2, \eta_2) \sum_q \frac{1}{q!} (\rho_1 + i\eta_1)^q \mid \rho_1 + i\eta_1 \rangle d\rho_1 d\eta_1 d\rho_2 d\eta_2$$

$$\bullet \left[\iint e^{-\rho_2'^2 - \eta_2'^2} (\rho_2' - i\eta_2')^{q+2} \mid \rho_2' + i\eta_2' \rangle \frac{d\rho_2' d\eta_2'}{\pi} \right]$$

$$+ k \int \psi_{14}(\rho_1, \eta_1; \rho_2, \eta_2) \sum_q \frac{1}{q!} (\rho_2 + i\eta_2)^{q+1} \mid \rho_1 + i\eta_1 \rangle d\rho_1 d\eta_1 d\rho_2 d\eta_2$$

$$\bullet \left[\iint e^{-\rho_2'^2 - \eta_2'^2} (\rho_2' - i\eta_2')^{q+1} \mid \rho_2' + i\eta_2' \rangle \frac{d\rho_2' d\eta_2'}{\pi} \right]$$

$$+ k \int \psi_{14}(\rho_1, \eta_1; \rho_2, \eta_2) \mid \rho_1 + i\eta_1 \rangle \mid \rho_2 + i\eta_2 \rangle d\rho_1 d\eta_1 d\rho_2 d\eta_2$$

$$= \int \psi_{14}^{(n+1)}(\rho_1, \eta_1; \rho_2, \eta_2) \mid \rho_1 + i\eta_1 \rangle \mid \rho_2 + i\eta_2 \rangle d\rho_1 d\eta_1 d\rho_2 d\eta_2 \quad (4.5.15)$$

上式左方的 ψ_{ij} 上都有上标 (n)；

$$\frac{ic}{\sqrt{2}} \int \psi_{12}(\rho_1, \eta_1; \rho_2, \eta_2) \sum_p \frac{1}{p!} (\rho_1 + i\eta_1)^p \mid \rho_2 + i\eta_2 \rangle d\rho_1 d\eta_1 d\rho_2 d\eta_2$$

$$\bullet \left[\iint e^{-\rho_1'^2 - \eta_1'^2} (\rho_1' - i\eta_1')^{p+1} \mid \rho_1' + i\eta_1' \rangle \frac{d\rho_1' d\eta_1'}{\pi} \right]$$

$$- \frac{ic}{\sqrt{2}} \int \psi_{34}(\rho_1, \eta_1; \rho_2, \eta_2) \sum_q \frac{1}{q!} (\rho_2 + i\eta_2)^q \mid \rho_1 + i\eta_1 \rangle d\rho_1 d\eta_1 d\rho_2 d\eta_2$$

$$\bullet \left[\iint e^{-\rho_2'^2 - \eta_2'^2} (\rho_2' - i\eta_2')^{q+1} \mid \rho_2' + i\eta_2' \rangle \frac{d\rho_2' d\eta_2'}{\pi} \right]$$

$$- \frac{ic}{\sqrt{2}} \int \psi_{12}(\rho_1, \eta_1; \rho_2, \eta_2)(\rho_1 + i\eta_1) \mid \rho_1 + i\eta_1 \rangle \mid \rho_2 + i\eta_2 \rangle d\rho_1 d\eta_1 d\rho_2 d\eta_2$$

$$+ \frac{ic}{\sqrt{2}} \int \psi_{34}(\rho_1, \eta_1; \rho_2, \eta_2)(\rho_2 + i\eta_2) \mid \rho_1 + i\eta_1 \rangle \mid \rho_2 + i\eta_2 \rangle d\rho_1 d\eta_1 d\rho_2 d\eta_2$$

$$+ \frac{k}{2} \int \psi_{32}(\rho_1, \eta_1; \rho_2, \eta_2)(\rho_1 + i\eta_1)^2 \mid \rho_1 + i\eta_1 \rangle \mid \rho_2 + i\eta_2 \rangle d\rho_1 d\eta_1 d\rho_2 d\eta_2$$

$$+ \frac{k}{2} \int \psi_{32}(\rho_1, \eta_1; \rho_2, \eta_2) \sum_p \frac{1}{p!} (\rho_1 + i\eta_1)^p \mid \rho_2 + i\eta_2 \rangle d\rho_1 d\eta_1 d\rho_2 d\eta_2$$

$$\bullet \left[\iint e^{-\rho_1'^2 - \eta_1'^2} (\rho_1' - i\eta_1')^{p+2} \mid \rho_1' + i\eta_1' \rangle \frac{d\rho_1' d\eta_1'}{\pi} \right]$$

$$+ k \int \psi_{32}(\rho_1, \eta_1; \rho_2, \eta_2) \sum_p \frac{1}{p!} (\rho_1 + i\eta_1)^{p+1} \mid \rho_2 + i\eta_2 \rangle d\rho_1 d\eta_1 d\rho_2 d\eta_2$$

$$\bullet \left[\iint e^{-\rho_1'^2 - \eta_1'^2} (\rho_1' - i\eta_1')^{p+1} \mid \rho_1' + i\eta_1'\rangle \frac{d\rho_1' d\eta_1'}{\pi}\right]$$

$$+ \frac{k}{2} \int \psi_{32}(\rho_1, \eta_1; \rho_2, \eta_2)(\rho_2 + i\eta_2)^2 \mid \rho_1 + i\eta_1\rangle \mid \rho_2 + i\eta_2\rangle d\rho_1 d\eta_1 d\rho_2 d\eta_2$$

$$+ \frac{k}{2} \int \psi_{32}(\rho_1, \eta_1; \rho_2, \eta_2) \sum_q \frac{1}{q!} (\rho_1 + i\eta_1)^q \mid \rho_1 + i\eta_1\rangle d\rho_1 d\eta_1 d\rho_2 d\eta_2$$

$$\bullet \left[\iint e^{-\rho_2'^2 - \eta_2'^2} (\rho_2' - i\eta_2')^{q+2} \mid \rho_2' + i\eta_2'\rangle \frac{d\rho_2' d\eta_2'}{\pi}\right]$$

$$+ k \int \psi_{32}(\rho_1, \eta_1; \rho_2, \eta_2) \sum_q \frac{1}{q!} (\rho_2 + i\eta_2)^{q+1} \mid \rho_1 + i\eta_1\rangle d\rho_1 d\eta_1 d\rho_2 d\eta_2$$

$$\bullet \left[\iint e^{-\rho_2'^2 - \eta_2'^2} (\rho_2' - i\eta_2')^{q+1} \mid \rho_2' + i\eta_2'\rangle \frac{d\rho_2' d\eta_2'}{\pi}\right]$$

$$+ k \int \psi_{32}(\rho_1, \eta_1; \rho_2, \eta_2) \mid \rho_1 + i\eta_1\rangle \mid \rho_2 + i\eta_2\rangle d\rho_1 d\eta_1 d\rho_2 d\eta_2$$

$$= \int \psi_{32}^{(n+1)}(\rho_1, \eta_1; \rho_2, \eta_2) \mid \rho_1 + i\eta_1\rangle \mid \rho_2 + i\eta_2\rangle d\rho_1 d\eta_1 d\rho_2 d\eta_2 \quad (4.5.16)$$

上式左方的 ψ_{ij} 上都有上标 (n)；

$$\frac{ic}{\sqrt{2}} \int \psi_{14}(\rho_1, \eta_1; \rho_2, \eta_2) \sum_p \frac{1}{p!} (\rho_1 + i\eta_1)^p \mid \rho_2 + i\eta_2\rangle d\rho_1 d\eta_1 d\rho_2 d\eta_2$$

$$\bullet \left[\iint e^{-\rho_1'^2 - \eta_1'^2} (\rho_1' - i\eta_1')^{p+1} \mid \rho_1' + i\eta_1'\rangle \frac{d\rho_1' d\eta_1'}{\pi}\right]$$

$$- \frac{ic}{\sqrt{2}} \int \psi_{32}(\rho_1, \eta_1; \rho_2, \eta_2) \sum_q \frac{1}{q!} (\rho_2 + i\eta_2)^q \mid \rho_1 + i\eta_1\rangle d\rho_1 d\eta_1 d\rho_2 d\eta_2$$

$$\bullet \left[\iint e^{-\rho_2'^2 - \eta_2'^2} (\rho_2' - i\eta_2')^{q+1} \mid \rho_2' + i\eta_2'\rangle \frac{d\rho_2' d\eta_2'}{\pi}\right]$$

$$- \frac{ic}{\sqrt{2}} \int \psi_{14}(\rho_1, \eta_1; \rho_2, \eta_2)(\rho_1 + i\eta_1) \mid \rho_1 + i\eta_1\rangle \mid \rho_2 + i\eta_2\rangle d\rho_1 d\eta_1 d\rho_2 d\eta_2$$

$$+ \frac{ic}{\sqrt{2}} \int \psi_{32}(\rho_1, \eta_1; \rho_2, \eta_2)(\rho_2 + i\eta_2) \mid \rho_1 + i\eta_1\rangle \mid \rho_2 + i\eta_2\rangle d\rho_1 d\eta_1 d\rho_2 d\eta_2$$

$$- 2mc^2 \int \psi_{34}(\rho_1, \eta_1; \rho_2, \eta_2) \mid \rho_1 + i\eta_1\rangle \mid \rho_2 + i\eta_2\rangle d\rho_1 d\eta_1 d\rho_2 d\eta_2$$

$$+ \frac{k}{2} \int \psi_{34}(\rho_1, \eta_1; \rho_2, \eta_2)(\rho_1 + i\eta_1)^2 \mid \rho_1 + i\eta_1\rangle \mid \rho_2 + i\eta_2\rangle d\rho_1 d\eta_1 d\rho_2 d\eta_2$$

$$+ \frac{k}{2} \int \psi_{34}(\rho_1, \eta_1; \rho_2, \eta_2) \sum_p \frac{1}{p!} (\rho_1 + i\eta_1)^p \mid \rho_2 + i\eta_2 \rangle d\rho_1 d\eta_1 d\rho_2 d\eta_2$$

$$\cdot \left[\iint e^{-\rho_1'^2 - \eta_1'^2} (\rho_1' - i\eta_1')^{p+2} \mid \rho_1' + i\eta_1' \rangle \frac{d\rho_1' d\eta_1'}{\pi} \right]$$

$$+ k \int \psi_{12}(\rho_1, \eta_1; \rho_2, \eta_2) \sum_p \frac{1}{p!} (\rho_1 + i\eta_1)^{p+1} \mid \rho_2 + i\eta_2 \rangle d\rho_1 d\eta_1 d\rho_2 d\eta_2$$

$$\cdot \left[\iint e^{-\rho_1'^2 - \eta_1'^2} (\rho_1' - i\eta_1')^{p+1} \mid \rho_1' + i\eta_1' \rangle \frac{d\rho_1' d\eta_1'}{\pi} \right]$$

$$+ \frac{k}{2} \int \psi_{34}(\rho_1, \eta_1; \rho_2, \eta_2) (\rho_2 + i\eta_2)^2 \mid \rho_1 + i\eta_1 \rangle \mid \rho_2 + i\eta_2 \rangle d\rho_1 d\eta_1 d\rho_2 d\eta_2$$

$$+ \frac{k}{2} \int \psi_{34}(\rho_1, \eta_1; \rho_2, \eta_2) \sum_q \frac{1}{q!} (\rho_1 + i\eta_1)^q \mid \rho_1 + i\eta_1 \rangle d\rho_1 d\eta_1 d\rho_2 d\eta_2$$

$$\cdot \left[\iint e^{-\rho_2'^2 - \eta_2'^2} (\rho_2' - i\eta_2')^{q+2} \mid \rho_2' + i\eta_2' \rangle \frac{d\rho_2' d\eta_2'}{\pi} \right]$$

$$+ k \int \psi_{34}(\rho_1, \eta_1; \rho_2, \eta_2) \sum_q \frac{1}{q!} (\rho_2 + i\eta_2)^{q+1} \mid \rho_2 + i\eta_2 \rangle d\rho_1 d\eta_1 d\rho_2 d\eta_2$$

$$\cdot \left[\iint e^{-\rho_2'^2 - \eta_2'^2} (\rho_2' - i\eta_2')^{q+1} \mid \rho_2' + i\eta_2' \rangle \frac{d\rho_2' d\eta_2'}{\pi} \right]$$

$$+ k \int \psi_{34}(\rho_1, \eta_1; \rho_2, \eta_2) \mid \rho_1 + i\eta_1 \rangle \mid \rho_2 + i\eta_2 \rangle d\rho_1 d\eta_1 d\rho_2 d\eta_2$$

$$= \int \psi_{34}^{(n+1)}(\rho_1, \eta_1; \rho_2, \eta_2) \mid \rho_1 + i\eta_1 \rangle \mid \rho_2 + i\eta_2 \rangle d\rho_1 d\eta_1 d\rho_2 d\eta_2 \qquad (4.5.17)$$

上式左方的 ψ_{ij} 上都有上标 n.

上面导出了 $\psi_{12}, \psi_{14}, \psi_{32}, \psi_{34}$ 的递推关系,余下的 $\psi_{21}, \psi_{23}, \psi_{41}, \psi_{43}$ 的递推关系和前 4 个有以下的对应关系:

从式(4.5.14)~(4.5.17)看出,前 4 个的递推关系对它们是封闭的,即和后 4 个无关.前 4 个和后 4 个有一一对应的关系.

下面以 $\mid 21 \rangle$ 为例来说明.按前面一样有

$$- \frac{ic}{\sqrt{2}} \int \psi_{41}(\rho_1, \eta_1; \rho_2, \eta_2) \sum_p \frac{1}{p!} (\rho_1 + i\eta_1)^p \mid \rho_2 + i\eta_2 \rangle d\rho_1 d\eta_1 d\rho_2 d\eta_2$$

$$\cdot \left[\iint e^{-\rho_1'^2 - \eta_1'^2} (\rho_1' - i\eta_1')^{p+1} \mid \rho_1' + i\eta_1' \rangle \frac{d\rho_1' d\eta_1'}{\pi} \right]$$

$$+ \frac{\mathrm{i}c}{\sqrt{2}} \int \psi_{23}(\rho_1, \eta_1; \rho_2, \eta_2) \sum_p \frac{1}{p!} (\rho_2 + \mathrm{i}\eta_2)^p \mid \rho_1 + \mathrm{i}\eta_1 \rangle \mathrm{d}\rho_1 \mathrm{d}\eta_1 \mathrm{d}\rho_2 \mathrm{d}\eta_2$$

$$\cdot \left[\int \mathrm{e}^{-\rho_2'^2 - \eta_2'^2} (\rho_2' - \mathrm{i}\eta_2')^{p+1} \mid \rho_2' + \mathrm{i}\eta_2' \rangle \frac{\mathrm{d}\rho_2' \mathrm{d}\eta_2'}{\pi} \right]$$

$$+ \frac{\mathrm{i}c}{\sqrt{2}} \int \psi_{41}(\rho_1, \eta_1; \rho_2, \eta_2)(\rho_1 + \mathrm{i}\eta_1) \mid \rho_1 + \mathrm{i}\eta_1 \rangle \mid \rho_2 + \mathrm{i}\eta_2 \rangle \mathrm{d}\rho_1 \mathrm{d}\eta_1 \mathrm{d}\rho_2 \mathrm{d}\eta_2$$

$$- \frac{\mathrm{i}c}{\sqrt{2}} \int \psi_{23}(\rho_1, \eta_1; \rho_2, \eta_2)(\rho_2 + \mathrm{i}\eta_2) \mid \rho_1 + \mathrm{i}\eta_1 \rangle \mid \rho_2 + \mathrm{i}\eta_2 \rangle \mathrm{d}\rho_1 \mathrm{d}\eta_1 \mathrm{d}\rho_2 \mathrm{d}\eta_2$$

$$+ 2mc^2 \int \psi_{21}(\rho_1, \eta_1; \rho_2, \eta_2) \mid \rho_1 + \mathrm{i}\eta_1 \rangle \mid \rho_2 + \mathrm{i}\eta_2 \rangle \mathrm{d}\rho_1 \mathrm{d}\eta_1 \mathrm{d}\rho_2 \mathrm{d}\eta_2$$

$$+ \frac{k}{2} \int \psi_{21}(\rho_1, \eta_1; \rho_2, \eta_2)(\rho_1 + \mathrm{i}\eta_1)^2 \mid \rho_1 + \mathrm{i}\eta_1 \rangle \mid \rho_2 + \mathrm{i}\eta_2 \rangle \mathrm{d}\rho_1 \mathrm{d}\eta_1 \mathrm{d}\rho_2 \mathrm{d}\eta_2$$

$$+ \frac{k}{2} \int \psi_{21}(\rho_1, \eta_1; \rho_2, \eta_2) \sum_p \frac{1}{p!} (\rho_1 + \mathrm{i}\eta_1)^p \mid \rho_2 + \mathrm{i}\eta_2 \rangle \mathrm{d}\rho_1 \mathrm{d}\eta_1 \mathrm{d}\rho_2 \mathrm{d}\eta_2$$

$$\cdot \left[\int \mathrm{e}^{-\rho_1'^2 - \eta_1'^2} (\rho_1' - \mathrm{i}\eta_1')^{p+2} \mid \rho_1' + \mathrm{i}\eta_1' \rangle \frac{\mathrm{d}\rho_1' \mathrm{d}\eta_1'}{\pi} \right]$$

$$+ k \int \psi_{21}(\rho_1, \eta_1; \rho_2, \eta_2) \sum_p \frac{1}{p!} (\rho_1 + \mathrm{i}\eta_1)^{p+1} \mid \rho_2 + \mathrm{i}\eta_2 \rangle \mathrm{d}\rho_1 \mathrm{d}\eta_1 \mathrm{d}\rho_2 \mathrm{d}\eta_2$$

$$\cdot \left[\int \mathrm{e}^{-\rho_1'^2 - \eta_1'^2} (\rho_1' - \mathrm{i}\eta_1')^{p+1} \mid \rho_1' + \mathrm{i}\eta_1' \rangle \frac{\mathrm{d}\rho_1' \mathrm{d}\eta_1'}{\pi} \right]$$

$$+ \frac{k}{2} \int \psi_{21}(\rho_1, \eta_1; \rho_2, \eta_2)(\rho_2 + \mathrm{i}\eta_2)^2 \mid \rho_1 + \mathrm{i}\eta_1 \rangle \mid \rho_2 + \mathrm{i}\eta_2 \rangle \mathrm{d}\rho_1 \mathrm{d}\eta_1 \mathrm{d}\rho_2 \mathrm{d}\eta_2$$

$$+ \frac{k}{2} \int \psi_{21}(\rho_1, \eta_1; \rho_2, \eta_2) \sum_q \frac{1}{q!} (\rho_1 + \mathrm{i}\eta_1)^q \mid \rho_1 + \mathrm{i}\eta_1 \rangle \mathrm{d}\rho_1 \mathrm{d}\eta_1 \mathrm{d}\rho_2 \mathrm{d}\eta_2$$

$$\cdot \left[\int \mathrm{e}^{-\rho_2'^2 - \eta_2'^2} (\rho_2' - \mathrm{i}\eta_2')^{q+2} \mid \rho_2' + \mathrm{i}\eta_2' \rangle \frac{\mathrm{d}\rho_2' \mathrm{d}\eta_2'}{\pi} \right]$$

$$+ k \int \psi_{21}(\rho_1, \eta_1; \rho_2, \eta_2) \sum_q \frac{1}{q!} (\rho_2 + \mathrm{i}\eta_2)^{q+1} \mid \rho_2 + \mathrm{i}\eta_2 \rangle \mathrm{d}\rho_1 \mathrm{d}\eta_1 \mathrm{d}\rho_2 \mathrm{d}\eta_2$$

$$\cdot \left[\int \mathrm{e}^{-\rho_2'^2 - \eta_2'^2} (\rho_2' - \mathrm{i}\eta_2')^{q+1} \mid \rho_2' + \mathrm{i}\eta_2' \rangle \frac{\mathrm{d}\rho_2' \mathrm{d}\eta_2'}{\pi} \right]$$

$$+ k \int \psi_{21}(\rho_1, \eta_1; \rho_2, \eta_2) \mid \rho_1 + \mathrm{i}\eta_1 \rangle \mid \rho_2 + \mathrm{i}\eta_2 \rangle \mathrm{d}\rho_1 \mathrm{d}\eta_1 \mathrm{d}\rho_2 \mathrm{d}\eta_2$$

$$= \int \psi_{32}^{(n+1)}(\rho_1, \eta_1; \rho_2, \eta_2) \mid \rho_1 + \mathrm{i}\eta_1 \rangle \mid \rho_2 + \mathrm{i}\eta_2 \rangle \mathrm{d}\rho_1 \mathrm{d}\eta_1 \mathrm{d}\rho_2 \mathrm{d}\eta_2 \qquad (4.5.18)$$

量子物理若干基本问题
Some Fundamental Problems in Quantum Physics

左方的上标(n)省去未写.

比较式(4.5.14)和式(4.5.18)看出,只要作如下的代换:

$$(\rho_1, \eta_1) \leftrightarrow (\rho_2, \eta_2)$$

$$\psi_{ij}(\rho_1, \eta_1; \rho_2, \eta_2) \leftrightarrow \psi_{ji}(\rho_2, \eta_2; \rho_1, \eta_1) = \psi_{ji}(\rho_1, \eta_1; \rho_2, \eta_2)$$

则两个等式是相同的.

结论:① 无须考虑8个分量的计算,只需要考虑前4个,后4个分量亦就知道了.

② $\psi_{ij}(\rho_1, \eta_1; \rho_2, \eta_2) = \psi_{ij}(\rho_2, \eta_2; \rho_1, \eta_1)$,即外部自由部分是对称的.

和前面的讨论一样,式(4.5.14)~(4.5.17)中不含态矢的积分可由

$$\psi_{ij}^{(n)}(\rho_1, \eta_1; \rho_2, \eta_2) = \sum_{m_1 m_2} \sum_{n_1 n_2} \psi_{m_1 m_2 n_1 n_2}^{(n) ij} \rho_1^{m_1} \eta_1^{m_2} \rho_2^{n_1} \eta_2^{n_2} e^{-\rho_1^2 - \eta_1^2 - \rho_2^2 - \eta_2^2} \quad (4.5.19)$$

代入该四式积出,式(4.5.14)~(4.5.17)成为

$$\sum_{m_1' m_2'} \sum_{n_1' n_2'} \psi_{m_1' m_2' n_1' n_2'}^{(n+1)12} \rho_1^{m_1} \eta_1^{m_2} \rho_2^{n_1} \eta_2^{n_2} e^{-\rho_1^2 - \eta_1^2 - \rho_2^2 - \eta_2^2} \mid \rho_1 + i\eta_1 \rangle \mid \rho_2 + i\eta_2 \rangle$$

$$\cdot \, \mathrm{d}\rho_1 \mathrm{d}\eta_1 \mathrm{d}\rho_2 \mathrm{d}\eta_2$$

$$= \frac{ic}{\sqrt{2}} \sum_{m_1' m_2'} \sum_{n_1' n_2'} \sum_p \frac{1}{p!} \sum_k^p C_p^k (i)^k F(m_1' + p - k) F(m_2' + k)$$

$$\cdot \int \psi_{m_1' m_2' n_1' n_2'}^{(n)32} e^{-\rho_1^2 - \eta_1^2 - \rho_2^2 - \eta_2^2} \rho_2^{n_1'} \eta_2^{n_2'} (\rho_1 - i\eta_1)^{p+1} \mid \rho_1 + i\eta_1 \rangle \mid \rho_2 + i\eta_2 \rangle$$

$$\cdot \, \mathrm{d}\rho_1 \mathrm{d}\eta_1 \mathrm{d}\rho_2 \mathrm{d}\eta_2$$

$$- \frac{ic}{\sqrt{2}} \sum_{m_1' m_2'} \sum_{n_1' n_2'} \sum_q \frac{1}{q!} \sum_l^q C_q^l (i)^l F(n_1 + q - l) F(n_2 + l)$$

$$\cdot \int \psi_{m_1 m_2 n_1 n_2}^{(n)14} e^{-\rho_1^2 - \eta_1^2 - \rho_2^2 - \eta_2^2} \rho_2^{m_1} \eta_2^{m_2} (\rho_2 - i\eta_2)^{q+1} \mid \rho_1 + i\eta_1 \rangle \mid \rho_2 + i\eta_2 \rangle$$

$$\cdot \, \mathrm{d}\rho_1 \mathrm{d}\eta_1 \mathrm{d}\rho_2 \mathrm{d}\eta_2$$

$$- \frac{ic}{\sqrt{2}} \int \psi_{m_1 m_2 n_1 n_2}^{(n)32} \rho_1^{m_1} \eta_1^{m_2} \rho_2^{n_1} \eta_2^{n_2} (\rho_1 + i\eta_1) \mid \rho_1 + i\eta_1 \rangle \mid \rho_2 + i\eta_2 \rangle$$

$$\cdot \, \mathrm{d}\rho_1 \mathrm{d}\eta_1 \mathrm{d}\rho_2 \mathrm{d}\eta_2$$

$$+ \frac{ic}{\sqrt{2}} \int \psi_{m_1 m_2 n_1 n_2}^{(n)14} \rho_1^{m_1} \eta_1^{m_2} \rho_2^{n_1} \eta_2^{n_2} (\rho_2 + i\eta_2) \mid \rho_1 + i\eta_1 \rangle \mid \rho_2 + i\eta_2 \rangle$$

$$\cdot \, \mathrm{d}\rho_1 \mathrm{d}\eta_1 \mathrm{d}\rho_2 \mathrm{d}\eta_2$$

$$+ 2mc^2 \int \psi_{m_1 m_2 n_1 n_2}^{(n)12} \rho_1^{m_1} \eta_1^{m_2} \rho_2^{n_1} \eta_2^{n_2} \mid \rho_1 + \mathrm{i}\eta_1 \rangle \mid \rho_2 + \mathrm{i}\eta_2 \rangle$$

$$\cdot \, \mathrm{d}\rho_1 \mathrm{d}\eta_1 \mathrm{d}\rho_2 \mathrm{d}\eta_2$$

$$+ \frac{k}{2} \int \psi_{m_1 m_2 n_1 n_2}^{(n)12} \rho_1^{m_1} \eta_1^{m_2} \rho_2^{n_1} \eta_2^{n_2} (\rho_1 + \mathrm{i}\eta_1)^2 \mid \rho_1 + \mathrm{i}\eta_1 \rangle \mid \rho_2 + \mathrm{i}\eta_2 \rangle$$

$$\cdot \, \mathrm{d}\rho_1 \mathrm{d}\eta_1 \mathrm{d}\rho_2 \mathrm{d}\eta_2$$

$$+ \frac{k}{2} \sum_{m_1' m_2'} \sum_{n_1' n_2'} \sum_p \frac{1}{p!} \sum_k^p C_p^k (\mathrm{i})^k F(m_1' + p - k) F(m_2' + k)$$

$$\cdot \int \psi_{m_1' m_2' n_1' n_2'}^{(n)12} \mathrm{e}^{-\rho_1^2 - \eta_1^2 - \rho_2^2 - \eta_2^2} \rho_2^{n_1'} \eta_2^{n_2'} (\rho_1 - \mathrm{i}\eta_1)^{p+2} \mid \rho_1 + \mathrm{i}\eta_1 \rangle \mid \rho_2 + \mathrm{i}\eta_2 \rangle$$

$$\cdot \, \mathrm{d}\rho_1 \mathrm{d}\eta_1 \mathrm{d}\rho_2 \mathrm{d}\eta_2$$

$$+ k \sum_{m_1' m_2'} \sum_{n_1' n_2'} \sum_p \frac{1}{p!} \sum_k^{p+1} C_{p+1}^k (\mathrm{i})^k F(m_1' + p + 1 - k) F(m_2' + k)$$

$$\cdot \int \psi_{m_1' m_2' n_1 n_2}^{(n)12} \mathrm{e}^{-\rho_1^2 - \eta_1^2 - \rho_2^2 - \eta_2^2} \rho_2^{m_1} \eta_2^{m_2} (\rho_2 - \mathrm{i}\eta_2)^{p+1} \mid \rho_1 + \mathrm{i}\eta_1 \rangle \mid \rho_2 + \mathrm{i}\eta_2 \rangle$$

$$\cdot \, \mathrm{d}\rho_1 \mathrm{d}\eta_1 \mathrm{d}\rho_2 \mathrm{d}\eta_2$$

$$+ \frac{k}{2} \int \psi_{m_1 m_2 n_1 n_2}^{(n)12} \rho_1^{m_1} \eta_1^{m_2} \rho_2^{n_1} \eta_2^{n_2} (\rho_1 + \mathrm{i}\eta_1)^2 \mid \rho_1 + \mathrm{i}\eta_1 \rangle \mid \rho_2 + \mathrm{i}\eta_2 \rangle$$

$$\cdot \, \mathrm{d}\rho_1 \mathrm{d}\eta_1 \mathrm{d}\rho_2 \mathrm{d}\eta_2$$

$$+ \frac{k}{2} \sum_{m_1' m_2'} \sum_{n_1' n_2'} \sum_q \frac{1}{q!} \sum_l^q C_q^l (\mathrm{i})^l F(n_1' + p - l) F(n_2' + l)$$

$$\cdot \int \psi_{m_1' m_2' n_1' n_2'}^{(n)12} \mathrm{e}^{-\rho_1^2 - \eta_1^2 - \rho_2^2 - \eta_2^2} \rho_2^{n_1'} \eta_2^{n_2'} (\rho_1 - \mathrm{i}\eta_1)^{q+2} \mid \rho_1 + \mathrm{i}\eta_1 \rangle \mid \rho_2 + \mathrm{i}\eta_2 \rangle$$

$$\cdot \, \mathrm{d}\rho_1 \mathrm{d}\eta_1 \mathrm{d}\rho_2 \mathrm{d}\eta_2$$

$$+ k \sum_{m_1' m_2'} \sum_{n_1' n_2'} \sum_p \frac{1}{q!} \sum_l^{q+1} C_{q+1}^l (\mathrm{i})^l F(n_1 + p + 1 - l) F(n_2 + l)$$

$$\cdot \int \psi_{m_1' m_2' n_1' n_2'}^{(n)12} \mathrm{e}^{-\rho_1^2 - \eta_1^2 - \rho_2^2 - \eta_2^2} \rho_2^{m_1'} \eta_2^{m_2'} (\rho_2 - \mathrm{i}\eta_2)^{q+1} \mid \rho_1 + \mathrm{i}\eta_1 \rangle \mid \rho_2 + \mathrm{i}\eta_2 \rangle$$

$$\cdot \, \mathrm{d}\rho_1 \mathrm{d}\eta_1 \mathrm{d}\rho_2 \mathrm{d}\eta_2$$

$$+ k \int \psi_{m_1 m_2 n_1 n_2}^{(n)12} \rho_1^{m_1} \eta_1^{m_2} \rho_2^{n_1} \eta_2^{n_2} (\rho_1 + \mathrm{i}\eta_1) \mid \rho_1 + \mathrm{i}\eta_1 \rangle \mid \rho_2 + \mathrm{i}\eta_2 \rangle$$

$$\cdot \, \mathrm{d}\rho_1 \mathrm{d}\eta_1 \mathrm{d}\rho_2 \mathrm{d}\eta_2 \tag{4.5.20}$$

在得到上式时用到积分式

$$\int \chi^m e^{-\chi^2} \frac{d\chi}{\sqrt{\pi}} = F(m) \qquad (4.5.21)$$

$$F(m) = \begin{cases} 0, & m \text{ 为奇} \\ \dfrac{(m-1)!!}{2^{m/2}}, & m \text{ 为偶} \end{cases} \qquad (4.5.22)$$

将式(4.5.20)中的 $(\rho_1 - i\eta_1)^m$ 和 $(\rho_2 - i\eta_2)^m$ 展开成

$$(\rho_1 - i\eta_1)^m = \sum_k^m C_m^k (-i)^k \rho_1^{m-k} \eta_1^k$$

$$(\rho_2 - i\eta_2)^m = \sum_k^m C_m^k (-i)^k \rho_2^{m-k} \eta_2^k$$

然后比较两端的 $\rho_1^{m_1} \eta_1^{m_2} \rho_2^{n_1} \eta_2^{n_2} e^{-\rho_1^2 - \eta_1^2 - \rho_2^2 - \eta_2^2} |\rho_1 + i\eta_1\rangle |\rho_2 + i\eta_2\rangle$ 的系数,得

$$\psi_{m_1 m_2 n_1 n_2}^{(n+1)12}$$

$$= \frac{ic}{\sqrt{2}} \sum_{m_1' m_2'} \sum_{n_1' n_2'} \frac{1}{(m_1 + m_2 - 1)!} \sum_k^{m_1 + m_2 - 1} C_{m_1 + m_2 - 1}^k C_{m_1 + m_2}^{m_2} (i)^k (-i)^{m_2} \delta_{n_1 n_1'} \delta_{n_2 n_2'}$$

$$\cdot F(m_1' + m_1 + m_2 - 1 - k) F(m_2' + k) \psi_{m_1' m_2' n_1' n_2'}^{(n)32}$$

$$- \frac{ic}{\sqrt{2}} \sum_{m_1' m_2'} \sum_{n_1' n_2'} \frac{1}{(n_1 + n_2 - 1)!} \sum_l^{n_1 + n_2 - 1} C_{n_1 + n_2 - 1}^l C_{n_1 + n_2}^{n_2} (i)^l (-i)^{n_2} \delta_{n_1 n_1'} \delta_{n_2 n_2'}$$

$$\cdot F(n_1' + n_1 + n_2 - 1 - l) F(n_2' + l) \psi_{m_1' m_2' n_1' n_2'}^{(n)14}$$

$$- \frac{ic}{\sqrt{2}} \sum_{m_1' m_2'} \sum_{n_1' n_2'} (\delta_{m_1 m_1' + 1} \delta_{m_2 m_2'} \delta_{n_1 n_1'} \delta_{n_2 n_2'} + i\delta_{m_1 m_1'} \delta_{m_2 m_2' + 1} \delta_{n_1 n_1'} \delta_{n_2 n_2'}) \psi_{m_1' m_2' n_1' n_2'}^{(n)32}$$

$$+ \frac{ic}{\sqrt{2}} \sum_{m_1' m_2'} \sum_{n_1' n_2'} (\delta_{m_1 m_1'} \delta_{m_2 m_2'} \delta_{n_1 n_1' + 1} \delta_{n_2 n_2'} + i\delta_{m_1 m_1'} \delta_{m_2 m_2'} \delta_{n_1 n_1'} \delta_{n_2 n_2' + 1}) \psi_{m_1' m_2' n_1' n_2'}^{(n)14}$$

$$+ 2mc^2 \sum_{m_1' m_2'} \sum_{n_1' n_2'} \delta_{m_1 m_1'} \delta_{m_2 m_2'} \delta_{n_1 n_1'} \delta_{n_2 n_2'} \psi_{m_1' m_2' n_1' n_2'}^{(n)12}$$

$$+ \frac{k}{2} \sum_{m_1' m_2'} \sum_{n_1' n_2'} (\delta_{m_1 m_1' + 2} \delta_{m_2 m_2'} \delta_{n_1 n_1'} \delta_{n_2 n_2'} - \delta_{m_1 m_1'} \delta_{m_2 m_2' + 2} \delta_{n_1 n_1'} \delta_{n_2 n_2'}$$

$$+ 2i\delta_{m_1 m_1' + 1} \delta_{m_2 m_2' + 1} \delta_{n_1 n_1'} \delta_{n_2 n_2'}) \psi_{m_1' m_2' n_1' n_2'}^{(n)12}$$

$$+ \frac{k}{2} \sum_{m_1' m_2'} \sum_{n_1' n_2'} \frac{1}{(m_1 + m_2 - 1)!} \sum_k^{m_1 + m_2 - 1} C_{m_1 + m_2 - 1}^k C_{m_1' + m_2}^{m_2} (\mathrm{i})^k (-\mathrm{i})^{m_2} \delta_{n_1 n_1'} \delta_{n_2 n_2'}$$

$$\cdot F(m_1' + m_1 + m_2 - 2 - k) F(m_2 + k) \psi_{m_1' m_2' n_1' n_2'}^{(n)12}$$

$$+ k \sum_{m_1' m_2'} \sum_{n_1' n_2'} \frac{1}{(m_1 + m_2 - 1)!} \sum_k^{m_1 + m_2 - 1} C_{m_1 + m_2 - 1}^k C_{m_1' + m_2}^{m_2} (\mathrm{i})^k (-\mathrm{i})^{m_2} \delta_{n_1 n_1'} \delta_{n_2 n_2'}$$

$$\cdot F(m_1' + m_1 + m_2 - 2 - k) F(m_2' + k) \psi_{m_1' m_2' n_1' n_2'}^{(n)12}$$

$$+ \frac{k}{2} \sum_{m_1' m_2'} \sum_{n_1' n_2'} (\delta_{m_1 m_1'} \delta_{m_2 m_2'} \delta_{n_1 n_1' + 2} \delta_{n_2 n_2'} - \delta_{m_1 m_1'} \delta_{m_2 m_2'} \delta_{n_1 n_1'} \delta_{n_2 n_2' + 2}$$

$$+ 2\mathrm{i} \delta_{m_1 m_1'} \delta_{m_2 m_2'} \delta_{n_1 n' + 1} \delta_{n_2 n_2' + 1}) \psi_{m_1' m_2' n_1' n_2'}^{(n)12}$$

$$+ \frac{k}{2} \sum_{m_1' m_2'} \sum_{n_1' n_2'} \frac{1}{(n_1 + n_2 - 1)!} \sum_l^{n_1 + n_2 - 1} C_{n_1 + n_2 - 1}^l C_{n_1' + n_2}^{n_2} (\mathrm{i})^l (-\mathrm{i})^{n_2} \delta_{n_1 n_1'} \delta_{n_2 n_2'}$$

$$\cdot F(n_1' + n_1 + n_2 - 2 - l) F(n_2' + l) \psi_{m_1' m_2' n_1' n_2'}^{(n)12}$$

$$+ k \sum_{m_1' m_2'} \sum_{n_1' n_2'} \frac{1}{(n_1 + n_2 - 1)!} \sum_l^{n_1 + n_2} C_{n_1 + n_2}^l C_{n_1' + n_2}^{n_2} (\mathrm{i})^l (-\mathrm{i})^{n_2} \delta_{m_1 m_1'} \delta_{m_2 m_2'}$$

$$\cdot F(n_1' + n_1 + n_2 - l) F(n_2' + l) \psi_{m_1' m_2' n_1' n_2'}^{(n)12}$$

$$+ k \sum_{m_1' m_2'} \sum_{n_1' n_2'} \delta_{m_1 m_1'} \delta_{m_2 m_2'} \delta_{n_1 n_1'} \delta_{n_2 n_2'} \psi_{m_1' m_2' n_1' n_2'}^{(n)12} \tag{4.5.23}$$

上式是从式(4.5.20)的两方比较而来的. 其中右方的第 $3,4,5,6,9,12$ 项直接可以看出, 第 $1,2,7,8,10,11$ 的得到过程如下:

以第 1 项为例, 式(4.5.20)中右方第一项是

$$\frac{\mathrm{i}c}{\sqrt{2}} \sum_{m_1' m_2'} \sum_{n_1' n_2'} \sum_p \frac{1}{p!} \sum_k^p C_p^k (\mathrm{i})^k F(m_1' + p - k) F(m_2' + k)$$

$$\cdot \int \psi_{m_1' m_2' n_1' n_2'}^{(n)32} \mathrm{e}^{-\rho_1^2 - \eta_1^2 - \rho_2^2 - \eta_2^2} \rho_2^{n_1'} \eta_2^{n_2'} (\rho_1 - \mathrm{i}\eta_1)^{p+1}$$

$$\cdot |\rho_1 + \mathrm{i}\eta_1\rangle |\rho_2 + \mathrm{i}\eta_2\rangle \mathrm{d}\rho_1 \mathrm{d}\eta_1 \mathrm{d}\rho_2 \mathrm{d}\eta_2$$

$$\sum_{m_1' m_2'} \sum_{n_1' n_2'} \frac{\mathrm{i}c}{\sqrt{2}} \sum_p \frac{1}{p!} \sum_k^p C_p^k (\mathrm{i})^k F(m_1' + p - k) F(m_2' + k)$$

$$\cdot \int \psi_{m_1' m_2' n_1' n_2'}^{(n)32} \mathrm{e}^{-\rho_1^2 - \eta_1^2 - \rho_2^2 - \eta_2^2} \sum_{k_1}^{p+1} C_{p+1}^{k_1} (-\mathrm{i})^{k_1} \rho_1^{p+1-k_1} \eta_1^{k_1} \rho_2^{n_1'} \eta_2^{n_2'}$$

$$\cdot |\rho_1 + \mathrm{i}\eta_1\rangle |\rho_2 + \mathrm{i}\eta_2\rangle \mathrm{d}\rho_1 \mathrm{d}\eta_1 \mathrm{d}\rho_2 \mathrm{d}\eta_2$$

量子物理若干基本问题
Some Fundamental Problems in Quantum Physics

与左方的 $\rho_1^{m_1} \eta_1^{m_2} \rho_2^{n_1} \eta_2^{n_2}$ 比较系数,有

$$p + 1 - k_1 = m_1, k_1 = m_2 \quad \Rightarrow \quad p = m_1 + m_2 - 1$$

代入上式有

$$\sum_{m_1' m_2'} \sum_{n_1' n_2'} \frac{\mathrm{i}c}{\sqrt{2}} \frac{1}{(m_1 + m_2 - 1)!} \sum_{k_1}^{m_1 + m_2 - 1} C_{m_1 + m_2 - 1}^k (\mathrm{i})^k$$

$$\cdot F(m_1' + m_1 + m_2 - 1 - k) F(m_2' + k) \delta_{n_1 n_1'} \delta_{n_2 n_2'} \psi_{m_1' m_2' n_1' n_2'}^{(n)}$$

第 2,7,8,10,11 项可依次如法得出.

4. 递推关系的矩阵表示

上面得到的系数的递推关系可以用矩阵的形式来表示,即若我们把它们合成为一列的系数矩阵:

$$\begin{bmatrix} \left[\psi_{m_1 m_2 n_1 n_2}^{(n)12}\right] \\ \left[\psi_{m_1 m_2 n_1 n_2}^{(n)14}\right] \\ \left[\psi_{m_1 m_2 n_1 n_2}^{(n)32}\right] \\ \left[\psi_{m_1 m_2 n_1 n_2}^{(n)34}\right] \end{bmatrix}$$

则式(4.5.23)可以改写成如下矩阵形式:

$$\left[\psi_{m_1 m_2 n_1 n_2}^{(n+1)12}\right] = \left[M_{11}\right]\left[\psi_{m_1 m_2 n_1 n_2}^{(n)12}\right] + \left[M_{12}\right]\left[\psi_{m_1 m_2 n_1 n_2}^{(n)14}\right]$$
$$+ \left[M_{13}\right]\left[\psi_{m_1 m_2 n_1 n_2}^{(n)32}\right] + \left[M_{14}\right]\left[\psi_{m_1 m_2 n_1 n_2}^{(n)34}\right] \tag{4.5.24}$$

$$\left[\psi_{m_1 m_2 n_1 n_2}^{(n+1)14}\right] = \left[M_{21}\right]\left[\psi_{m_1 m_2 n_1 n_2}^{(n)12}\right] + \left[M_{22}\right]\left[\psi_{m_1 m_2 n_1 n_2}^{(n)14}\right]$$
$$+ \left[M_{23}\right]\left[\psi_{m_1 m_2 n_1 n_2}^{(n)32}\right] + \left[M_{24}\right]\left[\psi_{m_1 m_2 n_1 n_2}^{(n)34}\right] \tag{4.5.25}$$

$$\left[\psi_{m_1 m_2 n_1 n_2}^{(n+1)32}\right] = \left[M_{31}\right]\left[\psi_{m_1 m_2 n_1 n_2}^{(n)12}\right] + \left[M_{32}\right]\left[\psi_{m_1 m_2 n_1 n_2}^{(n)14}\right]$$
$$+ \left[M_{33}\right]\left[\psi_{m_1 m_2 n_1 n_2}^{(n)32}\right] + \left[M_{34}\right]\left[\psi_{m_1 m_2 n_1 n_2}^{(n)34}\right] \tag{4.5.26}$$

$$\left[\psi_{m_1 m_2 n_1 n_2}^{(n+1)34}\right] = \left[M_{41}\right]\left[\psi_{m_1 m_2 n_1 n_2}^{(n)12}\right] + \left[M_{42}\right]\left[\psi_{m_1 m_2 n_1 n_2}^{(n)14}\right]$$
$$+ \left[M_{43}\right]\left[\psi_{m_1 m_2 n_1 n_2}^{(n)32}\right] + \left[M_{44}\right]\left[\psi_{m_1 m_2 n_1 n_2}^{(n)34}\right] \tag{4.5.27}$$

亦可将它们合写成

$$
\begin{bmatrix}
\left[\psi^{(n+1)12}_{m_1 m_2 n_1 n_2}\right] \\[2mm]
\left[\psi^{(n+1)14}_{m_1 m_2 n_1 n_2}\right] \\[2mm]
\left[\psi^{(n+1)32}_{m_1 m_2 n_1 n_2}\right] \\[2mm]
\left[\psi^{(n+1)34}_{m_1 m_2 n_1 n_2}\right]
\end{bmatrix}
= [M]
\begin{bmatrix}
\left[\psi^{(n)12}_{m_1 m_2 n_1 n_2}\right] \\[2mm]
\left[\psi^{(n)14}_{m_1 m_2 n_1 n_2}\right] \\[2mm]
\left[\psi^{(n)32}_{m_1 m_2 n_1 n_2}\right] \\[2mm]
\left[\psi^{(n)34}_{m_1 m_2 n_1 n_2}\right]
\end{bmatrix}
\tag{4.5.28}
$$

其中矩阵$[M]$的子矩阵的矩阵元如下:

按式(4.5.23)可知

$$
\begin{aligned}
&[M_{11}]^{m_1 m_2 n_1 n_2}_{m_1' m_2' n_1' n_2'} \\
&= 2mc^2 \delta_{m_1 m_1'} \delta_{m_2 m_2'} \delta_{n_1 n_1'} \delta_{n_2 n_2'} \\
&\quad + \frac{k}{2}(\delta_{m_1 m_1'+2}\delta_{m_2 m_2'}\delta_{n_1 n_1'}\delta_{n_2 n_2'} - \delta_{m_1 m_1'}\delta_{m_2 m_2'+2}\delta_{n_1 n_1'}\delta_{n_2 n_2'} \\
&\quad + 2\mathrm{i}\delta_{m_1 m_1'+1}\delta_{m_2 m_2'+1}\delta_{n_1 n_1'}\delta_{n_2 n_2'}) \\
&\quad + \frac{k}{2}\frac{1}{(m_1+m_2-2)!}\sum_k^{m_1+m_2-2} C^k_{m_1+m_2-2} C^{m_2}_{m_1+m_2}(\mathrm{i})^k(-\mathrm{i})^{m_2} \\
&\quad \cdot \delta_{n_1 n_1'}\delta_{n_2 n_2'}F(m_1'+m_1+m_2-k)F(m_2+k) \\
&\quad + k\frac{1}{(m_1+m_2-1)!}\sum_k^{m_1+m_2} C^k_{m_1+m_2} C^{m_2}_{m_1+m_2}(\mathrm{i})^k(-\mathrm{i})^{m_2} \\
&\quad \cdot \delta_{n_1 n_1'}\delta_{n_2 n_2'}F(m_1'+m_1+m_2-k)F(m_2'+k) \\
&\quad + \frac{k}{2}(\delta_{m_1 m_1'}\delta_{m_2 m_2'}\delta_{n_1 n_1'+2}\delta_{n_2 n_2'} - \delta_{m_1 m_1'}\delta_{m_2 m_2'}\delta_{n_1 n_1'}\delta_{n_2 n_2'+2} \\
&\quad + 2\mathrm{i}\delta_{m_1 m_1'}\delta_{m_2 m_2'}\delta_{n_1 n_1'}\delta_{n_2 n_2'+1}) \\
&\quad + \frac{k}{2}\frac{1}{(n_1+n_2-2)!}\sum_l^{n_1+n_2-2} C^l_{n_1+n_2-2} C^{n_2}_{n_1+n_2}(\mathrm{i})^l(-\mathrm{i})^{n_2} \\
&\quad \cdot \delta_{m_1 m_1'}\delta_{m_2 m_2'}F(n_1'+n_1+n_2-2-l)F(n_2'+l) \\
&\quad + k\frac{1}{(n_1+n_2-1)!}\sum_l^{n_1+n_2} C^l_{n_1+n_2} C^{n_2}_{n_1+n_2}(\mathrm{i})^l(-\mathrm{i})^{n_2} \\
&\quad \cdot \delta_{m_1 m_1'}\delta_{m_2 m_2'}F(n_1'+n_1+n_2-l)F(n_2'+l) \\
&\quad + k\delta_{m_1 m_1'}\delta_{m_2 m_2'}\delta_{n_1 n_1'}\delta_{n_2 n_2'}
\end{aligned}
\tag{4.5.29}
$$

$$\left[M_{12}\right]_{m_1' m_2' n_1' n_2'}^{m_1 m_2 n_1 n_2}$$

$$= -\frac{\mathrm{i}c}{\sqrt{2}} \frac{1}{(n_1 + n_2 - 1)!} \sum_{l}^{n_1 + n_2 - 1} C_{n_1 + n_2 - 1}^{l} C_{n_1 + n_2}^{n_2} (-\mathrm{i})^{l} (-\mathrm{i})^{n_2}$$

$$\cdot \delta_{m_1 m_1'} \delta_{m_2 m_2'} F(n_1' + n_1 + n_2 - 1 - l) F(n_2' + l)$$

$$+ \frac{\mathrm{i}c}{\sqrt{2}} (\delta_{m_1 m_1'} \delta_{m_2 m_2'} \delta_{n_1 n_1' + 1} \delta_{n_2 n_2'} + \mathrm{i}\delta_{m_1 m_1'} \delta_{m_2 m_2'} \delta_{n_1 n_1'} \delta_{n_2 n_2' + 1}) \qquad (4.5.30)$$

$$\left[M_{13}\right]_{m_1' m_2' n_1' n_2'}^{m_1 m_2 n_1 n_2}$$

$$= \frac{\mathrm{i}c}{\sqrt{2}} \frac{1}{(m_1 + m_2 - 1)!} \sum_{k}^{m_1 + m_2 - 1} C_{m_1 + m_2 - 1}^{k} C_{m_1 + m_2}^{m_2} (\mathrm{i})^{k} (-\mathrm{i})^{m_2}$$

$$\cdot \delta_{n_1 n_1'} \delta_{n_2 n_2'} F(m_1' + m_1 + m_2 - 1 - k) F(m_2' + k)$$

$$- \frac{\mathrm{i}c}{\sqrt{2}} (\delta_{m_1 m_1' + 1} \delta_{m_2 m_2'} \delta_{n_1 n_1'} \delta_{n_2 n_2'} + \mathrm{i}\delta_{m_1 m_1'} \delta_{m_2 m_2' + 1} \delta_{n_1 n_1'} \delta_{n_2 n_2'}) \qquad (4.5.31)$$

$$\left[M_{14}\right]_{m_1' m_2' n_1' n_2'}^{m_1 m_2 n_1 n_2} = 0 \qquad (4.5.32)$$

其余的子矩阵的矩阵元由类似于从式(4.5.12)到式(4.5.23)的推导可得,不再重复.

$$\left[M_{21}\right]_{m_1' m_2' n_1' n_2'}^{m_1 m_2 n_1 n_2} = \left[M_{12}\right]_{m_1' m_2' n_1' n_2'}^{m_1 m_2 n_1 n_2} \qquad (4.5.33)$$

$$\left[M_{22}\right]_{m_1' m_2' n_1' n_2'}^{m_1 m_2 n_1 n_2} = \left[M_{11}\right]_{m_1' m_2' n_1' n_2'}^{m_1 m_2 n_1 n_2} - 2mc^2 \delta_{m_1 m_1'} \delta_{m_2 m_2'} \delta_{n_1 n_1'} \delta_{n_2 n_2'} \qquad (4.5.34)$$

$$\left[M_{23}\right]_{m_1' m_2' n_1' n_2'}^{m_1 m_2 n_1 n_2} = 0 \qquad (4.5.35)$$

$$\left[M_{24}\right]_{m_1' m_2' n_1' n_2'}^{m_1 m_2 n_1 n_2} = \left[M_{13}\right]_{m_1' m_2' n_1' n_2'}^{m_1 m_2 n_1 n_2} \qquad (4.5.36)$$

$$\left[M_{31}\right]_{m_1' m_2' n_1' n_2'}^{m_1 m_2 n_1 n_2} = \left[M_{13}\right]_{m_1' m_2' n_1' n_2'}^{m_1 m_2 n_1 n_2} \qquad (4.5.37)$$

$$\left[M_{32}\right]_{m_1' m_2' n_1' n_2'}^{m_1 m_2 n_1 n_2} = 0 \qquad (4.5.38)$$

$$\left[M_{33}\right]_{m_1' m_2' n_1' n_2'}^{m_1 m_2 n_1 n_2} = \left[M_{11}\right]_{m_1' m_2' n_1' n_2'}^{m_1 m_2 n_1 n_2} - 2mc^2 \delta_{m_1 m_1'} \delta_{m_2 m_2'} \delta_{n_1 n_1'} \delta_{n_2 n_2'} \qquad (4.5.39)$$

$$\left[M_{34}\right]_{m_1' m_2' n_1' n_2'}^{m_1 m_2 n_1 n_2} = \left[M_{12}\right]_{m_1' m_2' n_1' n_2'}^{m_1 m_2 n_1 n_2} \qquad (4.5.40)$$

$$\left[M_{41}\right]_{m_1' m_2' n_1' n_2'}^{m_1 m_2 n_1 n_2} = 0 \qquad (4.5.41)$$

$$\left[M_{42}\right]_{m_1' m_2' n_1' n_2'}^{m_1 m_2 n_1 n_2} = \left[M_{13}\right]_{m_1' m_2' n_1' n_2'}^{m_1 m_2 n_1 n_2} \qquad (4.5.42)$$

$$\left[M_{43}\right]_{m_1' m_2' n_1' n_2'}^{m_1 m_2 n_1 n_2} = \left[M_{12}\right]_{m_1' m_2' n_1' n_2'}^{m_1 m_2 n_1 n_2} \qquad (4.5.43)$$

$$\left[M_{44}\right]_{m_1' m_2' n_1' n_2'}^{m_1 m_2 n_1 n_2} = \left[M_{11}\right]_{m_1' m_2' n_1' n_2'}^{m_1 m_2 n_1 n_2} - 4mc^2 \delta_{m_1 m_1'} \delta_{m_2 m_2'} \delta_{n_1 n_1'} \delta_{n_2 n_2'} \qquad (4.5.44)$$

如将系数简记为

$$\left[\psi^{(n)}\right] = \begin{pmatrix} \left[\psi^{(n)12}_{m_1 m_2 n_1 n_2}\right] \\ \left[\psi^{(n)14}_{m_1 m_2 n_1 n_2}\right] \\ \left[\psi^{(n)32}_{m_1 m_2 n_1 n_2}\right] \\ \left[\psi^{(n)34}_{m_1 m_2 n_1 n_2}\right] \end{pmatrix} \qquad (4.5.45)$$

则从式(4.5.28)可知有

$$\left[\psi^{(n)}\right] = \left[M\right]^{n-1}\left[\psi^{(0)}\right] \qquad (4.5.46)$$

至此我们在前面作了很冗长的推导,得到式(4.5.46)的结果,简短地讲就是如何从给定的$|B_0\rangle$导出所有的$|B_n\rangle$.现在我们分别讨论如何将以上的结果用到求定态及其演化的问题.对于定态问题,其方程是

$$H|E_i\rangle = E_i|E_i\rangle \qquad (4.5.47)$$

把它和前面的

$$H|B_0\rangle = |B_1\rangle$$

作比较,有两点需要考虑:一是两式的左端的运算相同,把前面运算得到的结果中的$|B_0\rangle$换作现在的$|E_i\rangle$即可;二是两式的右端不同,式(4.5.47)右端仍然是态矢$|E_i\rangle$,它本身不是给定的,而是待求的,亦包括有待求的本征值E_i.因此如果把待求的定态态矢$|E_i\rangle$表示为

$$|E_i\rangle = \sum_{ij}|ij\rangle \int \varphi_{ij}^{(i)}(\rho_1,\eta_1;\rho_2,\eta_2)|\rho_1+i\eta_1\rangle|\rho_2+i\eta_2\rangle d\rho_1 d\eta_1 d\rho_2 d\eta_2$$

则可利用前面的推导,将$|E_i\rangle$和$\langle\varphi_{ij}^{(i)}\rangle$满足的本征方程表示为

$$\left[M\right]\left[\varphi^{(i)}\right] = E_i\left[\varphi^{(i)}\right] \qquad (4.5.48)$$

其中的矩阵$[M]$在上面的讨论中已给出,所以系统的定态态矢的相应系数由式(4.5.48)去求.系数求出后,定态态矢就得到了.

下面再讨论如何将上面的方法用于二阱分离及合拢时的演化过程.

4.6　约束势分离时的演化过程

如前所述,下一步要做的是讨论两个势阱慢慢分开时,系统如何随势阱的分离分成两个相距一定距离的子系统.在这里需要指出一点,对于一个物理系统而言,所谓的两个势阱的说法是不准确的,因为系统一定处在一个确定的整体约束势的作用下,只不过这个外加的约束势具有以下两个性质:

① 它有两个位置不同的极小值(中心);

② 这两个中心随 t 而变,换句话说,它是一个整体随 t 改变的约束势 $V(t)$.

这样的约束势不是普通的谐振势,可能的选择是场论中熟知的四阶势(如图 4.6.1 所示):

$$V = k(x^4 - 2b^2 x^2 + c) \tag{4.6.1}$$

求它的导数,得

$$\frac{\mathrm{d}V}{\mathrm{d}x} = 4x^3 - 4b^2 x = 0 \tag{4.6.2}$$

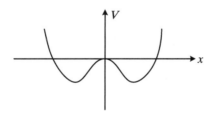

图 4.6.1　具有两个极小值的四阶势

可知这样的势有 $0, \pm b$ 三个极值点,具有两个势阱中心.因为需要两势阱中心随时间移动,可选择 $b(t) = vt$,则需要制备的四阶势形式上为

$$V(t) = k(x^4 - 2v^2 t^2 x^2 + c) \tag{4.6.3}$$

为此,前面的 FCC 运算还需作相应的改动.

将 $v(t)$ 加到原来的"自由的"二粒子系统中,这时 Hamiltonian 成为

$$H = \frac{\mathrm{i}c}{\sqrt{2}} \alpha_3^{(1)} (a_1^\dagger - a_1) + \frac{\mathrm{i}c}{\sqrt{2}} \alpha_3^{(2)} (a_2^\dagger - a_2) + mc^2 \beta^{(1)} + mc^2 \beta^{(2)}$$

$$+ k \left[\frac{1}{4} (a_1^\dagger + a_1)^4 - v^2 t^2 (a_1^\dagger + a_1)^2 \right]$$

$$+ k \left[\frac{1}{4} (a_2^\dagger + a_2)^4 - v^2 t^2 (a_2^\dagger + a_2)^2 \right] \tag{4.6.4}$$

因此,在原有的基本运算式(4.5.8)~(4.5.12)基础上还需要作如下的一些运算:

$$a^4 \mid \rho + \mathrm{i}\eta \rangle = (\rho + \mathrm{i}\eta)^4 \mid \rho + \mathrm{i}\eta \rangle \tag{4.6.5}$$

$$a^\dagger a^3 \mid \rho + \mathrm{i}\eta \rangle = \sum_n \frac{1}{n!} (\rho + \mathrm{i}\eta)^{n+3}$$

$$\cdot \left[\int \mathrm{e}^{-\rho_1^2 - \eta_1^2} (\rho_1 - \mathrm{i}\eta_1)^{n+1} \mid \rho_1 + \mathrm{i}\eta_1 \rangle \frac{\mathrm{d}\rho_1 \mathrm{d}\eta_1}{\pi} \right] \tag{4.6.6}$$

$$a^{\dagger 2} a^2 \mid \rho + \mathrm{i}\eta \rangle = \sum_n \frac{1}{n!} (\rho + \mathrm{i}\eta)^{n+2}$$

$$\cdot \left[\int \mathrm{e}^{-\rho_1^2 - \eta_1^2} (\rho_1 - \mathrm{i}\eta_1)^{n+2} \mid \rho_1 + \mathrm{i}\eta_1 \rangle \frac{\mathrm{d}\rho_1 \mathrm{d}\eta_1}{\pi} \right] \tag{4.6.7}$$

$$a^{\dagger 3} a \mid \rho + \mathrm{i}\eta \rangle = \sum_n \frac{1}{n!} (\rho + \mathrm{i}\eta)^{n+1}$$

$$\cdot \left[\int \mathrm{e}^{-\rho_1^2 - \eta_1^2} (\rho_1 - \mathrm{i}\eta_1)^{n+3} \mid \rho_1 + \mathrm{i}\eta_1 \rangle \frac{\mathrm{d}\rho_1 \mathrm{d}\eta_1}{\pi} \right] \tag{4.6.8}$$

$$a^{\dagger 4} \mid \rho + \mathrm{i}\eta \rangle = \sum_n \frac{1}{n!} (\rho + \mathrm{i}\eta)^n$$

$$\cdot \left[\int \mathrm{e}^{-\rho_1^2 - \eta_1^2} (\rho_1 - \mathrm{i}\eta_1)^{n+4} \mid \rho_1 + \mathrm{i}\eta_1 \rangle \frac{\mathrm{d}\rho_1 \mathrm{d}\eta_1}{\pi} \right] \tag{4.6.9}$$

现在回到我们的主题,即如何将前面的运算结果用到我们要讨论的演化计算中来.

演化满足的是 Schrödinger 方程,即如记系统的随 t 变化的态矢为 $\mid t \rangle$,则它满足 $(\hbar = 1)$

$$\mathrm{i}\partial_t \mid t \rangle = H \mid t \rangle \tag{4.6.10}$$

形式解表示为

$$| t \rangle = e^{-iHt} | t = 0 \rangle = \sum_n \frac{1}{n!} (-iHt)^n | t = 0 \rangle \qquad (4.6.11)$$

现在按前面的展开方法,令

$$| A_n \rangle = \frac{1}{n!} (-iHt)^n | t = 0 \rangle \qquad (4.6.12)$$

并有

$$| A_{n+1} \rangle = \frac{1}{n+1} (-it) H | A_n \rangle \qquad (4.6.13)$$

其中 $| A_n \rangle$ 取为

$$| A_n \rangle = \begin{pmatrix} | \varphi_{12}^{(n)} \rangle \\ | \varphi_{14}^{(n)} \rangle \\ | \varphi_{32}^{(n)} \rangle \\ | \varphi_{34}^{(n)} \rangle \\ | \varphi_{21}^{(n)} \rangle \\ | \varphi_{23}^{(n)} \rangle \\ | \varphi_{41}^{(n)} \rangle \\ | \varphi_{43}^{(n)} \rangle \end{pmatrix} \qquad (4.6.14)$$

注意到 $\varphi_{ij}^{n}(t)$ 是依赖于 t 的,为了简化略去不写. 如前已分析过的那样,$\{| \varphi_{12}^{(n)} \rangle, | \varphi_{14}^{(n)} \rangle, | \varphi_{32}^{(n)} \rangle, | \varphi_{34}^{(n)} \rangle\}$ 和 $\{| \varphi_{21}^{(n)} \rangle, | \varphi_{23}^{(n)} \rangle, | \varphi_{41}^{(n)} \rangle, | \varphi_{43}^{(n)} \rangle\}$ 在 H 作用下是自封闭的. 因此下面和前面一样只需对前 4 个作计算, 后 4 个关系和前 4 个相同, 无需重复计算.

如前, 令

$$| \varphi_{ij}^{(n)} \rangle = \int \sum_{m_1 m_2 n_1 n_2} \varphi_{m_1 m_2 n_1 n_2}^{(n) ij} \rho_1^{m_1} \eta_1^{m_2} \rho_2^{n_1} \eta_2^{n_2} e^{-\rho_1^2 - \eta_1^2 - \rho_2^2 - \eta_2^2}$$
$$\cdot | \rho_1 + i\eta_1 \rangle | \rho_2 + i\eta_2 \rangle d\rho_1 d\eta_1 d\rho_2 d\eta_2 \qquad (4.6.15)$$

则态矢的递推关系式(4.6.13)完全可以仿照在上一节中的做法, 转换为系数间的递

推关系，即

$$
\begin{pmatrix}
\left| \varphi_{m_1 m_2 n_1 n_2}^{(n+1)12} \right\rangle \\
\left| \varphi_{m_1 m_2 n_1 n_2}^{(n+1)14} \right\rangle \\
\left| \varphi_{m_1 m_2 n_1 n_2}^{(n+1)32} \right\rangle \\
\left| \varphi_{m_1 m_2 n_1 n_2}^{(n+1)34} \right\rangle \\
\left| \varphi_{m_1 m_2 n_1 n_2}^{(n+1)21} \right\rangle \\
\left| \varphi_{m_1 m_2 n_1 n_2}^{(n+1)41} \right\rangle \\
\left| \varphi_{m_1 m_2 n_1 n_2}^{(n+1)23} \right\rangle \\
\left| \varphi_{m_1 m_2 n_1 n_2}^{(n+1)43} \right\rangle
\end{pmatrix}
= \frac{-\mathrm{i}t}{n+1}
\begin{bmatrix} [M] & 0 \\ 0 & [M] \end{bmatrix}
\begin{pmatrix}
\left| \varphi_{m_1 m_2 n_1 n_2}^{(n)12} \right\rangle \\
\left| \varphi_{m_1 m_2 n_1 n_2}^{(n)14} \right\rangle \\
\left| \varphi_{m_1 m_2 n_1 n_2}^{(n)32} \right\rangle \\
\left| \varphi_{m_1 m_2 n_1 n_2}^{(n)34} \right\rangle \\
\left| \varphi_{m_1 m_2 n_1 n_2}^{(n)21} \right\rangle \\
\left| \varphi_{m_1 m_2 n_1 n_2}^{(n)41} \right\rangle \\
\left| \varphi_{m_1 m_2 n_1 n_2}^{(n)23} \right\rangle \\
\left| \varphi_{m_1 m_2 n_1 n_2}^{(n)43} \right\rangle
\end{pmatrix}
\tag{4.6.16}
$$

故只需讨论

$$
\begin{pmatrix}
\left| \varphi_{m_1 m_2 n_1 n_2}^{(n+1)12} \right\rangle \\
\left| \varphi_{m_1 m_2 n_1 n_2}^{(n+1)14} \right\rangle \\
\left| \varphi_{m_1 m_2 n_1 n_2}^{(n+1)32} \right\rangle \\
\left| \varphi_{m_1 m_2 n_1 n_2}^{(n+1)34} \right\rangle
\end{pmatrix}
= \frac{-\mathrm{i}t}{n+1} [M]
\begin{pmatrix}
\left| \varphi_{m_1 m_2 n_1 n_2}^{(n)12} \right\rangle \\
\left| \varphi_{m_1 m_2 n_1 n_2}^{(n)14} \right\rangle \\
\left| \varphi_{m_1 m_2 n_1 n_2}^{(n)32} \right\rangle \\
\left| \varphi_{m_1 m_2 n_1 n_2}^{(n)34} \right\rangle
\end{pmatrix}
\tag{4.6.17}
$$

它们和式(4.5.24)~(4.5.27)形式的关系完全相同.

$$
\left[\varphi_{m_1 m_2 n_1 n_2}^{(n+1)12} \right] = \frac{-\mathrm{i}t}{n+1} \left\{ [M_{11}] \left[\varphi_{m_1 m_2 n_1 n_2}^{(n)12} \right] + [M_{12}] \left[\varphi_{m_1 m_2 n_1 n_2}^{(n)14} \right] \right.
$$
$$
\left. + [M_{13}] \left[\varphi_{m_1 m_2 n_1 n_2}^{(n)32} \right] + [M_{14}] \left[\varphi_{m_1 m_2 n_1 n_2}^{(n)34} \right] \right\}
\tag{4.6.18}
$$

$$
\left[\varphi_{m_1 m_2 n_1 n_2}^{(n+1)14} \right] = \frac{-\mathrm{i}t}{n+1} \left\{ [M_{21}] \left[\varphi_{m_1 m_2 n_1 n_2}^{(n)12} \right] + [M_{22}] \left[\varphi_{m_1 m_2 n_1 n_2}^{(n)14} \right] \right.
$$
$$
\left. + [M_{23}] \left[\varphi_{m_1 m_2 n_1 n_2}^{(n)32} \right] + [M_{24}] \left[\varphi_{m_1 m_2 n_1 n_2}^{(n)34} \right] \right\}
\tag{4.6.19}
$$

$$
\left[\varphi_{m_1 m_2 n_1 n_2}^{(n+1)32} \right] = \frac{-\mathrm{i}t}{n+1} \left\{ [M_{31}] \left[\varphi_{m_1 m_2 n_1 n_2}^{(n)12} \right] + [M_{32}] \left[\varphi_{m_1 m_2 n_1 n_2}^{(n)14} \right] \right.
$$
$$
\left. + [M_{33}] \left[\varphi_{m_1 m_2 n_1 n_2}^{(n)32} \right] + [M_{34}] \left[\varphi_{m_1 m_2 n_1 n_2}^{(n)34} \right] \right\}
\tag{4.6.20}
$$

$$
\left[\varphi_{m_1 m_2 n_1 n_2}^{(n+1)34} \right] = \frac{-\mathrm{i}t}{n+1} \left\{ [M_{41}] \left[\varphi_{m_1 m_2 n_1 n_2}^{(n)12} \right] + [M_{42}] \left[\varphi_{m_1 m_2 n_1 n_2}^{(n)14} \right] \right.
$$
$$
\left. + [M_{43}] \left[\varphi_{m_1 m_2 n_1 n_2}^{(n)32} \right] + [M_{44}] \left[\varphi_{m_1 m_2 n_1 n_2}^{(n)34} \right] \right\}
\tag{4.6.21}
$$

比较一下式(4.6.4)的 Hamiltonian 和式(4.4.3)的 Hamiltonian 后便知：$[M]$ 的非对角的子矩阵

$$[M_{12}],[M_{13}],[M_{14}],[M_{21}],[M_{23}],[M_{24}],$$
$$[M_{31}],[M_{32}],[M_{34}],[M_{41}],[M_{42}],[M_{43}]$$

和式(4.5.33)～(4.5.44)中的相同，但 $[M]$ 中的对角子矩阵 $[M_{11}]$，$[M_{22}]$，$[M_{33}]$，$[M_{44}]$ 和式(4.5.33)～(4.5.44)中的对角子矩阵不同，原因是现在的 Hamiltonian 是含四阶势的式(4.6.4).

因此，现在的 $[M_{11}]$ 由以下计算得到：

$$\int \varphi_{m_1' m_2' n_1' n_2'}^{(n+1)12} e^{-\rho_1^2 - \eta_1^2 - \rho_2^2 - \eta_2^2} \rho_1^{m_1} \eta_1^{m_2} \rho_2^{n_1} \eta_2^{n_2} \mid \rho_1 + i\eta_1 \rangle \mid \rho_2 + i\eta_2 \rangle d\rho_1 d\eta_1 d\rho_2 d\eta_2$$

$$= 2mc^2 \int \varphi_{m_1' m_2' n_1' n_2'}^{(n)12} e^{-\rho_1^2 - \eta_1^2 - \rho_2^2 - \eta_2^2} \rho_1^{m_1'} \eta_1^{m_2'} \rho_2^{n_1'} \eta_2^{n_2'} \mid \rho_1 + i\eta_1 \rangle \mid \rho_2 + i\eta_2 \rangle$$

$$\cdot d\rho_1 d\eta_1 d\rho_2 d\eta_2$$

$$+ \int \varphi_{m_1' m_2' n_1' n_2'}^{(n)12} \rho_1^{m_1'} \eta_1^{m_2'} \rho_2^{n_1'} \eta_2^{n_2'} e^{-\rho_2^2 - \eta_2^2 - \rho_2^2 - \eta_2^2} \mid \rho_2 + i\eta_2 \rangle d\rho_1 d\eta_1 d\rho_2 d\eta_2$$

$$\cdot \left\{ \frac{k}{4} \sum_p \frac{1}{p!} (\rho_1 + i\eta_1)^p \left[\int e^{-\rho_1'^2 - \eta_1'^2} (\rho_1' - i\eta_1')^{p+4} \mid \rho_1' + i\eta_1' \rangle \frac{d\rho_1' d\eta_1'}{\pi} \right] \right.$$

$$+ k \sum_p \frac{1}{p!} (\rho_1 + i\eta_1)^{p+1} \left[\int e^{-\rho_1'^2 - \eta_1'^2} (\rho_1' - i\eta_1')^{p+3} \mid \rho_1' + i\eta_1' \rangle \frac{d\rho_1' d\eta_1'}{\pi} \right]$$

$$+ \frac{3}{2} k \sum_p \frac{1}{p!} (\rho_1 + i\eta_1)^{p+2} \left[\int e^{-\rho_1'^2 - \eta_1'^2} (\rho_1' - i\eta_1')^{p+2} \mid \rho_1' + i\eta_1' \rangle \frac{d\rho_1' d\eta_1'}{\pi} \right]$$

$$\left. + k \sum_p \frac{1}{p!} (\rho_1 + i\eta_1)^{p+3} \left[\int e^{-\rho_1'^2 - \eta_1'^2} (\rho_1' - i\eta_1')^{p+1} \mid \rho_1' + i\eta_1' \rangle \frac{d\rho_1' d\eta_1'}{\pi} \right] \right\}$$

$$+ \int \varphi_{m_1' m_2' n_1' n_2'}^{(n)12} \rho_1^{m_1'} \eta_1^{m_2'} \rho_2^{n_1'} \eta_2^{n_2'} e^{-\rho_1^2 - \eta_1^2 - \rho_2^2 - \eta_2^2} \mid \rho_1 + i\eta_1 \rangle d\rho_1 d\eta_1 d\rho_2 d\eta_2$$

$$\cdot \left\{ \frac{k}{4} \sum_q \frac{1}{q!} (\rho_2 + i\eta_2)^q \left[\int e^{-\rho_2'^2 - \eta_2'^2} (\rho_2' - i\eta_2')^{q+4} \mid \rho_2' + i\eta_2' \rangle \frac{d\rho_2' d\eta_2'}{\pi} \right] \right.$$

$$+ k \sum_q \frac{1}{q!} (\rho_2 + i\eta_2)^{q+1} \left[\int e^{-\rho_2'^2 - \eta_2'^2} (\rho_2' - i\eta_2')^{q+3} \mid \rho_2' + i\eta_2' \rangle \frac{d\rho_2' d\eta_2'}{\pi} \right]$$

$$+ \frac{3}{2} k \sum_q \frac{1}{q!} (\rho_2 + i\eta_2)^{q+2} \left[\int e^{-\rho_2'^2 - \eta_2'^2} (\rho_2' - i\eta_2')^{q+2} \mid \rho_2' + i\eta_2' \rangle \frac{d\rho_2' d\eta_2'}{\pi} \right]$$

$$\left. + k \sum_q \frac{1}{q!} (\rho_2 + i\eta_2)^{q+3} \left[\int e^{-\rho_2'^2 - \eta_2'^2} (\rho_2' - i\eta_2')^{q+1} \mid \rho_2' + i\eta_2' \rangle \frac{d\rho_2' d\eta_2'}{\pi} \right] \right\}$$

$$+ \frac{k}{4} \int \varphi_{m_1 m_2 n_1 n_2}^{(n)12} \mathrm{e}^{-\rho_1^2 - \eta_1^2 - \rho_2^2 - \eta_2^2} \rho_1^{m_1} \eta_1^{m_2} \rho_2^{n_1} \eta_2^{n_2}$$

$$\bullet \left[(\rho_1 + \mathrm{i}\eta_1)^4 + (\rho_2 + \mathrm{i}\eta_2)^4 \right] | \rho_1 + \mathrm{i}\eta_1 \rangle | \rho_2 + \mathrm{i}\eta_2 \rangle \mathrm{d}\rho_1 \mathrm{d}\eta_1 \mathrm{d}\rho_2 \mathrm{d}\eta_2$$

$$+ \int \varphi_{m_1' m_2' n_1' n_2'}^{(n)12} \rho_1^{m_1'} \eta_1^{m_2'} \rho_2^{n_1'} \eta_2^{n_2'} \mathrm{e}^{-\rho_1^2 - \eta_1^2 - \rho_2^2 - \eta_2^2} | \rho_2 + \mathrm{i}\eta_2 \rangle \mathrm{d}\rho_1 \mathrm{d}\eta_1 \mathrm{d}\rho_2 \mathrm{d}\eta_2$$

$$\bullet \left\{ k \left(\frac{3}{2} - v^2 t^2 \right) \sum_p \frac{1}{p!} (\rho_1 + \mathrm{i}\eta_1)^p \right.$$

$$\bullet \left[\int \mathrm{e}^{-\rho_1'^2 - \eta_1'^2} (\rho_1' - \mathrm{i}\eta_1')^{p+2} | \rho_1' + \mathrm{i}\eta_1' \rangle \frac{\mathrm{d}\rho_1' \mathrm{d}\eta_1'}{\pi} \right]$$

$$+ k (3 - 2v^2 t^2) \sum_p \frac{1}{p!} (\rho_1 + \mathrm{i}\eta_1)^{p+1}$$

$$\bullet \left[\int \mathrm{e}^{-\rho_1'^2 - \eta_1'^2} (\rho_1' - \mathrm{i}\eta_1')^{p+1} | \rho_1' + \mathrm{i}\eta_1' \rangle \frac{\mathrm{d}\rho_1' \mathrm{d}\eta_1'}{\pi} \right] \right\}$$

$$+ \int \varphi_{m_1' m_2' n_1' n_2'}^{(n)12} \rho_1^{m_1'} \eta_1^{m_2'} \rho_2^{n_1'} \eta_2^{n_2'} \mathrm{e}^{-\rho_2^2 - \eta_2^2 - \rho_1^2 - \eta_1^2} | \rho_1 + \mathrm{i}\eta_1 \rangle \mathrm{d}\rho_1 \mathrm{d}\eta_1 \mathrm{d}\rho_2 \mathrm{d}\eta_2$$

$$\bullet \left\{ k \left(\frac{3}{2} - v^2 t^2 \right) \sum_q \frac{1}{q!} (\rho_2 + \mathrm{i}\eta_2)^q \right.$$

$$\bullet \left[\int \mathrm{e}^{-\rho_2'^2 - \eta_2'^2} (\rho_2' - \mathrm{i}\eta_2')^{q+2} | \rho_2' + \mathrm{i}\eta_2' \rangle \frac{\mathrm{d}\rho_2' \mathrm{d}\eta_2'}{\pi} \right]$$

$$+ k (3 - 2v^2 t^2) \sum_q \frac{1}{q!} (\rho_2 + \mathrm{i}\eta_2)^{q+1}$$

$$\bullet \left[\int \mathrm{e}^{-\rho_2'^2 - \eta_2'^2} (\rho_2' - \mathrm{i}\eta_2')^{q+1} | \rho_2' + \mathrm{i}\eta_2' \rangle \frac{\mathrm{d}\rho_2' \mathrm{d}\eta_2'}{\pi} \right] \right\}$$

$$+ k \left(\frac{3}{4} - v^2 t^2 \right) \iint \varphi_{m_1' m_2' n_1' n_2'}^{(n)12} \rho_1^{m_1'} \eta_1^{m_2'} \rho_2^{n_1'} \eta_2^{n_2'} \mathrm{e}^{-\rho_1^2 - \eta_1^2 - \rho_2^2 - \eta_2^2} | \rho_1 + \mathrm{i}\eta_1 \rangle$$

$$\bullet | \eta_2 + \mathrm{i}\eta_2 \rangle \mathrm{d}\rho_1 \mathrm{d}\eta_1 \mathrm{d}\rho_2 \mathrm{d}\eta_2$$

$$= 2mc^2 \int \varphi_{m_1' m_2' n_1' n_2'}^{(n)12} \mathrm{e}^{-\rho_1^2 - \eta_1^2 - \rho_2^2 - \eta_2^2} \rho_1^{m_1'} \eta_1^{m_2'} \rho_2^{n_1'} \eta_2^{n_2'} | \rho_1 + \mathrm{i}\eta_1 \rangle$$

$$\bullet | \rho_2 + \mathrm{i}\eta_2 \rangle \mathrm{d}\rho_1 \mathrm{d}\eta_1 \mathrm{d}\rho_2 \mathrm{d}\eta_2$$

$$+ \int \varphi_{m_1' m_2' n_1' n_2'}^{(n)12} \rho_1^{m_1'} \eta_1^{m_2'} \rho_2^{n_1'} \eta_2^{n_2'} \mathrm{e}^{-\rho_2^2 - \eta_1^2 - \rho_2^2 - \eta_2^2} | \rho_2 + \mathrm{i}\eta_2 \rangle \mathrm{d}\rho_1 \mathrm{d}\eta_1 \mathrm{d}\rho_2 \mathrm{d}\eta_2$$

$$\bullet \left\{ \frac{k}{4} \sum_p \frac{1}{p!} \sum_k^p C_p^k (\mathrm{i})^k \rho_1^{p-k} \eta_1^k \left[\int \mathrm{e}^{-\rho_1'^2 - \eta_1'^2} \sum_{k_1}^{p+4} C_{p+4}^{k_1} (-\mathrm{i})^{k_1} \rho_1'^{p+4-k_1} \eta_1'^{k_1} \right. \right.$$

$$\bullet | \rho_1' + \mathrm{i}\eta_1' \rangle \frac{\mathrm{d}\rho_1' \mathrm{d}\eta_1'}{\pi} \right]$$

$$+ k \sum_p \frac{1}{p!} \sum_k^{p+1} C_{p+1}^k (\mathrm{i})^k \rho_1^{p+1-k} \eta_1^k \left[\int \mathrm{e}^{-\rho_1'^2 - \eta_1'^2} \sum_{k_1}^{p+3} C_{p+3}^{k_1} (-\mathrm{i})^{k_1} \rho_1'^{p+3-k_1} \eta_1'^{k_1} \right.$$

$$\left. \bullet \mid \rho_1' + \mathrm{i}\eta_1' \rangle \frac{\mathrm{d}\rho_1' \mathrm{d}\eta_1'}{\pi} \right]$$

$$+ \frac{3k}{2} \sum_p \frac{1}{p!} \sum_k^{p+2} C_{p+2}^k (\mathrm{i})^k \rho_1^{p+2-k} \eta_1^k \left[\int \mathrm{e}^{-\rho_1'^2 - \eta_1'^2} \sum_{k_1}^{p+2} C_{p+2}^{k_1} (-\mathrm{i})^{k_1} \rho_1'^{p+2-k_1} \eta_1'^{k_1} \right.$$

$$\left. \bullet \mid \rho_1' + \mathrm{i}\eta_1' \rangle \frac{\mathrm{d}\rho_1' \mathrm{d}\eta_1'}{\pi} \right]$$

$$+ k \sum_p \frac{1}{p!} \sum_k^{p+3} C_{p+3}^k (\mathrm{i})^k \rho_1^{p+3-k} \eta_1^k \left[\int \mathrm{e}^{-\rho_1'^2 - \eta_1'^2} \sum_{k_1}^{p+1} C_{p+1}^{k_1} (-\mathrm{i})^{k_1} \rho_1'^{p+1-k_1} \eta_1'^{k_1} \right.$$

$$\left. \bullet \mid \rho_1' + \mathrm{i}\eta_1' \rangle \frac{\mathrm{d}\rho_1' \mathrm{d}\eta_1'}{\pi} \right]$$

$$+ k \left(\frac{3}{2} - v^2 t^2 \right) \sum_p \frac{1}{p!} \sum_k^{p} C_p^k (\mathrm{i})^k \rho_1^{p-k} \eta_1^k \left[\int \mathrm{e}^{-\rho_1'^2 - \eta_1'^2} \sum_{k_1}^{p+2} C_{p+2}^{k_1} (-\mathrm{i})^{k_1} \right.$$

$$\left. \bullet \rho_1'^{p+2-k_1} \eta_1'^{k_1} \mid \rho_1' + \mathrm{i}\eta_1' \rangle \frac{\mathrm{d}\rho_1' \mathrm{d}\eta_1'}{\pi} \right]$$

$$+ k (3 - 2 v^2 t^2) \sum_p \frac{1}{p!} \sum_k^{p+1} C_{p+1}^k (\mathrm{i})^k \rho_1^{p+1-k} \eta_1^k \left[\int \mathrm{e}^{-\rho_1'^2 - \eta_1'^2} \sum_{k_1}^{p+1} C_{p+1}^{k_1} (-\mathrm{i})^{k_1} \right.$$

$$\left. \left. \bullet \rho_1'^{p+1-k_1} \eta_1'^{k_1} \mid \rho_1' + \mathrm{i}\eta_1' \rangle \frac{\mathrm{d}\rho_1' \mathrm{d}\eta_1'}{\pi} \right] \right\}$$

$$+ \int \varphi_{m_1' m_2' n_1' n_2'}^{(n)12} \rho_1'^{m_1'} \eta_1'^{m_2'} \rho_2'^{n_1'} \eta_2'^{n_2'} \mathrm{e}^{-\rho_1^2 - \eta_1^2 - \rho_2^2 - \eta_2^2} \mid \rho_1 + \mathrm{i}\eta_1 \rangle \mathrm{d}\rho_1 \mathrm{d}\eta_1 \mathrm{d}\rho_2 \mathrm{d}\eta_2$$

$$\bullet \left\{ \frac{k}{4} \sum_q \frac{1}{q!} \sum_l^{q} C_q^k (\mathrm{i})^l \rho_2^{q-l} \eta_2^l \left[\int \mathrm{e}^{-\rho_2'^2 - \eta_2'^2} \sum_{l_1}^{q+4} C_{q+4}^{l_1} (-\mathrm{i})^{l_1} \rho_2'^{q+4-l_1} \eta_2'^{l_1} \right. \right.$$

$$\left. \bullet \mid \rho_2' + \mathrm{i}\eta_2' \rangle \frac{\mathrm{d}\rho_2' \mathrm{d}\eta_2'}{\pi} \right]$$

$$+ k \sum_q \frac{1}{q!} \sum_l^{q+1} C_{q+1}^k (\mathrm{i})^l \rho_2^{q+1-l} \eta_2^l \left[\int \mathrm{e}^{-\rho_2'^2 - \eta_2'^2} \sum_{l_1}^{q+3} C_{q+3}^{l_1} (-\mathrm{i})^{l_1} \rho_2'^{q+3-l_1} \eta_2'^{l_1} \right.$$

$$\left. \bullet \mid \rho_2' + \mathrm{i}\eta_2' \rangle \frac{\mathrm{d}\rho_2' \mathrm{d}\eta_2'}{\pi} \right]$$

$$+ \frac{3k}{2} \sum_q \frac{1}{q!} \sum_l^{q+2} C_{q+2}^k (\mathrm{i})^l \rho_2^{q+2-l} \eta_2^l \left[\int \mathrm{e}^{-\rho_2'^2 - \eta_2'^2} \sum_{l_1}^{q+2} C_{q+2}^{l_1} (-\mathrm{i})^{l_1} \rho_2'^{q+2-l_1} \eta_2'^{l_1} \right.$$

$$\left. \bullet \mid \rho_2' + \mathrm{i}\eta_2' \rangle \frac{\mathrm{d}\rho_2' \mathrm{d}\eta_2'}{\pi} \right]$$

$$+ k \sum_q \frac{1}{q!} \sum_l^{q+3} C_{q+3}^k (\mathrm{i})^l \rho_2^{q+3-l} \eta_2^l \Big[\int \mathrm{e}^{-\rho_2'^2 - \eta_2'^2} \sum_{l_1}^{q+1} C_{q+1}^{l_1} (-\mathrm{i})^{l_1} \rho_2'^{q+1-l_1} \eta_2'^{l_1}$$

$$\cdot \mid \rho_2' + \mathrm{i}\eta_2' \rangle \frac{\mathrm{d}\rho_2' \mathrm{d}\eta_2'}{\pi} \Big]$$

$$+ k \left(\frac{3}{2} - v^2 t^2 \right) \sum_q \frac{1}{q!} \sum_l^q C_q^l (\mathrm{i})^l \rho_2^{q-l} \eta_2^l$$

$$\cdot \Big[\int \mathrm{e}^{-\rho_2'^2 - \eta_2'^2} \sum_{l_1}^{q+2} C_{q+2}^{l_1} (-\mathrm{i})^{l_1} \rho_2'^{q+2-l_1} \eta_2'^{l_1} \mid \rho_2' + \mathrm{i}\eta_2' \rangle \frac{\mathrm{d}\rho_2' \mathrm{d}\eta_2'}{\pi} \Big]$$

$$+ k (3 - 2 v^2 t^2) \sum_q \frac{1}{q!} \sum_l^{q+1} C_{q+1}^l (\mathrm{i})^l \rho_2^{q+1-l} \eta_2^l$$

$$\cdot \Big[\int \mathrm{e}^{-\rho_2'^2 - \eta_2'^2} \sum_{l_1}^{q+1} C_{q+1}^{l_1} (-\mathrm{i})^{l_1} \rho_2'^{q+1-l_1} \eta_2'^{l_1} \mid \rho_2' + \mathrm{i}\eta_2' \rangle \frac{\mathrm{d}\rho_2' \mathrm{d}\eta_2'}{\pi} \Big] \Big\}$$

$$+ \int \varphi_{m_1' m_2' n_1' n_2'}^{(n)12} \rho_1^{m_1'} \eta_1^{m_2'} \rho_2^{n_1'} \eta_2^{n_2'} \mathrm{e}^{-\rho_1^2 - \eta_1^2 - \rho_2^2 - \eta_2^2} \mid \rho_1 + \mathrm{i}\eta_1 \rangle \mid \rho_2 + \mathrm{i}\eta_2 \rangle$$

$$\cdot \mathrm{d}\rho_1 \mathrm{d}\eta_1 \mathrm{d}\rho_2 \mathrm{d}\eta_2$$

$$\cdot \Big[\frac{k}{4} (\rho_1 + \mathrm{i}\eta_1)^4 + \frac{k}{4} (\rho_2 + \mathrm{i}\eta_2)^4 + k (\rho_1 + \mathrm{i}\eta_1)^2$$

$$+ k (\rho_2 + \mathrm{i}\eta_2)^2 + \left(\frac{3}{4} - v^2 t^2 \right) k \Big]$$

$$= 2 m c^2 \int \varphi_{m_1' m_2' n_1' n_2'}^{(n)12} \rho_1^{m_1'} \eta_1^{m_2'} \rho_2^{n_1'} \eta_2^{n_2'} \mathrm{e}^{-\rho_1^2 - \eta_1^2 - \rho_2^2 - \eta_2^2}$$

$$\cdot \mid \rho_1 + \mathrm{i}\eta_1 \rangle \mid \rho_2 + \mathrm{i}\eta_2 \rangle \mathrm{d}\rho_1 \mathrm{d}\eta_1 \mathrm{d}\rho_2 \mathrm{d}\eta_2$$

$$+ \int \varphi_{m_1' m_2' n_1' n_2'}^{(n)12} \rho_2^{n_1'} \eta_2^{n_2'} \mathrm{e}^{-\rho_2^2 - \eta_2^2} \mid \rho_2 + \mathrm{i}\eta_2 \rangle \mathrm{d}\rho_2 \mathrm{d}\eta_2$$

$$\cdot \Big\{ \frac{k}{4} \sum_p \frac{1}{p!} \sum_k^p C_p^k (\mathrm{i})^k F(m_1' + p - k) F(m_2' + k)$$

$$\cdot \Big[\int \mathrm{e}^{-\rho_1'^2 - \eta_1'^2} \sum_{k_1}^{p+4} C_{p+4}^{k_1} (-\mathrm{i})^{k_1} \rho_1'^{p+4-k_1} \eta_1'^{k_1} \mid \rho_1' + \mathrm{i}\eta_1' \rangle \mathrm{d}\rho_1' \mathrm{d}\eta_1' \Big]$$

$$+ k \sum_p \frac{1}{p!} \sum_k^{p+1} C_{p+1}^k (\mathrm{i})^k F(m_1' + p + 1 - k) F(m_2' + k)$$

$$\cdot \Big[\int \mathrm{e}^{-\rho_1'^2 - \eta_1'^2} \sum_{k_1}^{p+3} C_{p+3}^{k_1} (-\mathrm{i})^{k_1} \rho_1'^{p+3-k_1} \eta_1'^{k_1} \mid \rho_1' + \mathrm{i}\eta_1' \rangle \mathrm{d}\rho_1' \mathrm{d}\eta_1' \Big]$$

$$+ \frac{3k}{2} \sum_p \frac{1}{p!} \sum_k^{p+2} C_{p+2}^k (\mathrm{i})^k F(m_1' + p + 2 - k) F(m_2' + k)$$

$$\cdot \left[\iint e^{-\rho_1'^2 - \eta_1'^2} \sum_{k_1}^{p+2} C_{p+2}^{k_1} (-i)^{k_1} \rho_1'^{p+2-k_1} \eta_1'^{k_1} \mid \rho_1' + i\eta_1' \rangle d\rho_1' d\eta_1' \right]$$

$$+ k \sum_p \frac{1}{p!} \sum_k^{p+3} C_{p+3}^k (i)^k F(m_1' + p + 3 - k) F(m_2' + k)$$

$$\cdot \left[\iint e^{-\rho_1'^2 - \eta_1'^2} \sum_{k_1}^{p+1} C_{p+1}^{k_1} (-i)^{k_1} \rho_1'^{p+1-k_1} \eta_1'^{k_1} \mid \rho_1' + i\eta_1' \rangle d\rho_1' d\eta_1' \right]$$

$$+ k \left(\frac{3}{2} - v^2 t^2 \right) \sum_p \frac{1}{p!} \sum_k^{p} C_p^k (i)^k F(m_1' + p - k) F(m_2' + k)$$

$$\cdot \left[\iint e^{-\rho_1'^2 - \eta_1'^2} \sum_{k_1}^{p+2} C_{p+2}^{k_1} (-i)^{k_1} \rho_1'^{p+2-k_1} \eta_1'^{k_1} \mid \rho_1' + i\eta_1' \rangle d\rho_1' d\eta_1' \right]$$

$$+ k (3 - 2v^2 t^2) \sum_p \frac{1}{p!} \sum_k^{p+1} C_{p+1}^k (i)^k F(m_1' + p + 1 - k) F(m_2' + k)$$

$$\cdot \left[\iint e^{-\rho_1'^2 - \eta_1'^2} \sum_{k_1}^{p+1} C_{p+1}^{k_1} (-i)^{k_1} \rho_1'^{p+1-k_1} \eta_1'^{k_1} \mid \rho_1' + i\eta_1' \rangle d\rho_1' d\eta_1' \right] \Big\}$$

$$+ \int \varphi_{m_1' m_2' n_1' n_2'}^{(n)12} \rho_1^{m_1'} \eta_1^{m_2'} e^{-\rho_1^2 - \eta_1^2} \mid \rho_1 + i\eta_1 \rangle d\rho_1 d\eta_1$$

$$\cdot \left\{ \frac{k}{4} \sum_q \frac{1}{q!} \sum_l^{q} C_q^l (i)^l F(n_1' + q - l) F(n_1' + l) \right.$$

$$\cdot \left[\iint e^{-\rho_2'^2 - \eta_2'^2} \sum_{l_1}^{q+4} C_{q+4}^{l_1} (-i)^{l_1} \rho_2'^{q+4-l_1} \eta_2'^{l_1} \mid \rho_2' + i\eta_2' \rangle d\rho_2' d\eta_2' \right]$$

$$+ k \sum_q \frac{1}{q!} \sum_l^{q+1} C_{q+1}^l (i)^l F(n_1' + q + 1 - l) F(l + n_2')$$

$$\cdot \left[\iint e^{-\rho_2''^2 - \eta_2'^2} \sum_{l_1}^{q+3} C_{q+3}^{l_1} (-i)^{l_1} \rho_2'^{q+3-l_1} \eta_2'^{l_1} \mid \rho_2' + i\eta_2' \rangle d\rho_2' d\eta_2' \right]$$

$$+ \frac{3k}{2} \sum_q \frac{1}{q!} \sum_l^{q+2} C_{q+2}^l (i)^l F(n_1' + q + 2 - l) F(l + n_2')$$

$$\cdot \left[\iint e^{-\rho_2'^2 - \eta_2'^2} \sum_{l_1}^{q+2} C_{q+2}^{l_1} (-i)^{l_1} \rho_2'^{q+2-l_1} \eta_2'^{l_1} \mid \rho_2' + i\eta_2' \rangle d\rho_2' d\eta_2' \right]$$

$$+ k \sum_q \frac{1}{q!} \sum_l^{q+3} C_{q+3}^l (i)^l F(n_1' + q + 3 - l) F(n_2' + l)$$

$$\cdot \left[\iint e^{-\rho_2'^2 - \eta_2'^2} \sum_{l_1}^{q+1} C_{q+1}^{l_1} (-i)^{l_1} \rho_2'^{q+1-l_1} \eta_2'^{l_1} \mid \rho_2' + i\eta_2' \rangle d\rho_2' d\eta_2' \right]$$

$$+ k\left(\frac{3}{2} - v^2 t^2\right) \sum_q \frac{1}{q!} \sum_l^q C_q^l (\mathrm{i})^l F(n_1' + q - l) F(n_2' + l)$$

$$\cdot \left[\iint \mathrm{e}^{-\rho_2'^2 - \eta_2'^2} \sum_{l_1}^{q+2} C_{q+2}^{l_1} (-\mathrm{i})^{l_1} \rho_2'^{q+2-l_1} \eta_2'^{l_1} \mid \rho_2' + \mathrm{i}\eta_2' \rangle \mathrm{d}\rho_2' \mathrm{d}\eta_2' \right]$$

$$+ k(3 - 2v^2 t^2) \sum_q \frac{1}{q!} \sum_l^{q+1} C_{q+1}^l (\mathrm{i})^l F(n_1' + q + 1 - l) F(n_2' + l)$$

$$\cdot \left[\iint \mathrm{e}^{-\rho_2'^2 - \eta_2'^2} \sum_{l_1}^{q+1} C_{q+1}^{l_1} (-\mathrm{i})^{l_1} \rho_2'^{q+1-l_1} \eta_2'^{l_1} \mid \rho_2' + \mathrm{i}\eta_2' \rangle \mathrm{d}\rho_2' \mathrm{d}\eta_2' \right]\Big\}$$

$$+ \int \varphi_{m_1' m_2' n_1' n_2'}^{(n)12} \rho_1'^{m_1'} \eta_1'^{m_2'} \rho_2'^{n_1'} \eta_2'^{n_2'} \mathrm{e}^{-\rho_1^2 - \eta_1^2 - \rho_2^2 - \eta_2^2} \mid \rho_1 + \mathrm{i}\eta_1 \rangle \mid \rho_2 + \mathrm{i}\eta_2 \rangle$$

$$\cdot \mathrm{d}\rho_1 \mathrm{d}\eta_1 \mathrm{d}\rho_2 \mathrm{d}\eta_2$$

$$\cdot \left[\frac{k}{4} (\rho_1 + \mathrm{i}\eta_1)^4 + \frac{k}{4} (\rho_2 + \mathrm{i}\eta_2)^4 - kv^2 t^2 (\rho_1 + \mathrm{i}\eta_1)^2 \right.$$

$$\left. - kv^2 t^2 (\rho_2 + \mathrm{i}\eta_2)^2 + \left(\frac{3}{4} - v^2 t^2\right) k \right] \tag{4.6.22}$$

现在来比较上式两端的系数. 有的项直接比较 $\rho_1, \eta_1, \rho_2, \eta_2$ 的幂即可得到. 有的项的比较不能直接得到, 不过仍然可以仿照前面的做法. 以其中的

$$\frac{k}{4} \int \sum_p \frac{1}{p!} \sum_k^p C_p^k (\mathrm{i})^k F(m_1' + p - k) F(m_2' + k) \mathrm{e}^{-\rho_1^2 - \eta_1^2 - \rho_2^2 - \eta_2^2} \varphi_{m_1' m_2' n_1' n_2'}^{(n)12}$$

$$\cdot \rho_1'^{p+4-k_1} \eta_1'^{k_1} \rho_2'^{n_1'} \eta_2'^{n_2'} \sum_{k_1}^{p+4} C_{p+4}^{k_1} (-\mathrm{i})^{k_1} \mid \rho_1 + \mathrm{i}\eta_1 \rangle \mid \rho_2 + \mathrm{i}\eta_2 \rangle \mathrm{d}\rho_1 \mathrm{d}\eta_1 \mathrm{d}\rho_2 \mathrm{d}\eta_2$$

这一项为例, 由于需有

$$k_1 = m_2, \quad p + 4 - k_1 = m_1 \quad \Rightarrow \quad p = m_1 + m_2 - 4$$

因此该项贡献的系数可改写为

$$\frac{k}{4} \frac{1}{(m_1 + m_2 - 4)!} \sum_k^{m_1 + m_2 - 4} C_{m_1 + m_2 - 4}^k C_{m_1 + m_2}^{m_2} (\mathrm{i})^k (-\mathrm{i})^{m_2}$$

$$\cdot F(m_1' + m_1 + m_2 - 4 - k) F(m_2' + k) \delta_{n_1 n_1'} \delta_{n_2 n_2'} \varphi_{m_1' m_2' n_1' n_2'}^{(n)12}$$

对式 (4.6.22) 两边比较的结果为

$$\varphi_{m_1 m_2 n_1 n_2}^{(n+1)12} = \sum_{m_1' m_2' n_1' n_2'} \left[M_{11}^\sigma\right]_{m_1' m_2' n_1' n_2'}^{m_1 m_2 n_1 n_2} \varphi_{m_1' m_2' n_1' n_2'}^{(n)12} \tag{4.6.23}$$

其中

$$[M_{11}]^{m_1' m_2' n_1' n_2'}_{m_1 m_2 n_1 n_2}$$

$$= 2mc^2 \delta_{m_1 m_1'} \delta_{m_2 m_2'} \delta_{n_1 n_1'} \delta_{n_2 n_2'}$$

$$+ \frac{k}{4} \frac{1}{(m_1 + m_2 - 4)!} \sum_k^{m_1 + m_2 - 4} C^k_{m_1 + m_2 - 4} C^{m_2}_{m_1 + m_2} (\mathrm{i})^k (-\mathrm{i})^{m_2}$$
$$\cdot F(m_1' + m_1 + m_2 - 4 - k) F(m_2' + k) \delta_{n_1 n_1'} \delta_{n_2 n_2'}$$

$$+ k \frac{1}{(m_1 + m_2 - 3)!} \sum_k^{m_1 + m_2 - 2} C^k_{m_1 + m_2 - 2} C^{m_2}_{m_1 + m_2} (\mathrm{i})^k (-\mathrm{i})^{m_2}$$
$$\cdot F(m_1' + m_1 + m_2 - 2 - k) F(m_2' + k) \delta_{n_1 n_1'} \delta_{n_2 n_2'}$$

$$+ \frac{3k}{2} \frac{1}{(m_1 + m_2 - 2)!} \sum_k^{m_1 + m_2} C^k_{m_1 + m_2} C^{m_2}_{m_1 + m_2} (\mathrm{i})^k (-\mathrm{i})^{m_2}$$
$$\cdot F(m_1' + m_1 + m_2 - k) F(m_2' + k) \delta_{n_1 n_1'} \delta_{n_2 n_2'}$$

$$+ k \frac{1}{(m_1 + m_2 - 1)!} \sum_k^{m_1 + m_2 + 2} C^k_{m_1 + m_2 + 2} C^{m_2}_{m_1 + m_2} (\mathrm{i})^k (-\mathrm{i})^{m_2}$$
$$\cdot F(m_1' + m_1 + m_2 + 2 - k) F(m_2' + k) \delta_{n_1 n_1'} \delta_{n_2 n_2'}$$

$$+ \frac{k}{4} \frac{1}{(n_1 + n_2 - 4)!} \sum_l^{n_1 + n_2 - 4} C^l_{n_1 + n_2 - 4} C^{n_2}_{n_1 + n_2} (\mathrm{i})^l (-\mathrm{i})^{n_2}$$
$$\cdot F(n_1' + n_1 + n_2 - 4 - l) F(n_2' + l) \delta_{m_1 m_1'} \delta_{m_2 m_2'}$$

$$+ k \frac{1}{(n_1 + n_2 - 3)!} \sum_l^{n_1 + n_2 - 2} C^l_{n_1 + n_2 - 2} C^{n_2}_{n_1 + n_2} (\mathrm{i})^l (-\mathrm{i})^{n_2}$$
$$\cdot F(n_1' + n_1 + n_2 - 2 - l) F(n_2' + l) \delta_{m_1 m_1'} \delta_{m_2 m_2'}$$

$$+ \frac{3k}{2} \frac{1}{(n_1 + n_2 - 2)!} \sum_l^{n_1 + n_2} C^l_{n_1 + n_2} C^{n_2}_{n_1 + n_2} (\mathrm{i})^l (-\mathrm{i})^{n_2}$$
$$\cdot F(n_1' + n_1 + n_2 - l) F(n_2' + l) \delta_{m_1 m_1'} \delta_{m_2 m_2'}$$

$$+ k \frac{1}{(n_1 + n_2 - 1)!} \sum_l^{n_1 + n_2 + 2} C^l_{n_1 + n_2 + 2} C^{n_2}_{n_1 + n_2} (\mathrm{i})^l (-\mathrm{i})^{n_2}$$
$$\cdot F(n_1' + n_1 + n_2 + 2 - l) F(n_2' + l) \delta_{m_1 m_1'} \delta_{m_2 m_2'}$$

$$+ k \left(\frac{3}{2} - v^2 t^2 \right) \sum_k^{m_1 + m_2 - 2} \frac{1}{(m_1 + m_2 - 2)!} C^k_{m_1 + m_2 - 2} C^{m_2}_{m_1 + m_2} (\mathrm{i})^k (-\mathrm{i})^{m_2}$$
$$\cdot F(m_1' + m_1 + m_2 - 2 - k) F(m_2' + k) \delta_{n_1 n_1'} \delta_{n_2 n_2'}$$

$$+ k(3 - 2v^2 t^2) \sum_{k}^{m_1 + m_2} \frac{1}{(m_1 + m_2 - 1)!} C_{m_1 + m_2}^{k} C_{m_1 + m_2}^{m_2} (i)^k (-i)^{m_2}$$

$$\cdot F(m_1' + m_1 + m_2 - k) F(m_2' + k) \delta_{n_1 n_1'} \delta_{n_2 n_2'}$$

$$+ k \left(\frac{3}{2} - v^2 t^2 \right) \frac{1}{(n_1 + n_2 - 2)!} \sum_{l}^{n_1 + n_2 - 2} C_{n_1 + n_2 - 2}^{l} C_{n_1 + n_2}^{n_2} (i)^l (-i)^{n_2}$$

$$\cdot F(n_1' + n_1 + n_2 - 2 - l) F(n_2' + l) \delta_{m_1 m_1'} \delta_{m_2 m_2'}$$

$$+ k(3 - 2v^2 t^2) \frac{1}{(n_1 + n_2 - 1)!} \sum_{l}^{n_1 + n_2} C_{n_1 + n_2}^{l} C_{n_1 + n_2}^{n_2} (i)^l (-i)^{n_2}$$

$$\cdot F(n_1' + n_1 + n_2 - l) F(n_2' + l) \delta_{m_1 m_1'} \delta_{m_2 m_2'}$$

$$+ \frac{k}{4} \big[\delta_{m_1 m_1' + 4} \delta_{m_2 m_2'} \delta_{n_1 n_1'} \delta_{n_2 n_2'} + 4(i)^1 \delta_{m_1 m_1' + 3} \delta_{m_2 m_2' + 1} \delta_{n_1 n_1'} \delta_{n_2 n_2'}$$

$$+ 6(i)^2 \delta_{m_1 m_1' + 2} \delta_{m_2 m_2' + 2} \delta_{n_1 n_1'} \delta_{n_2 n_2'} + 4(i)^3 \delta_{m_1 m_1' + 1} \delta_{m_2 m_2' + 3} \delta_{n_1 n_1'} \delta_{n_2 n_2'}$$

$$+ (i)^4 \delta_{m_1 m_1'} \delta_{m_2 m_2' + 4} \delta_{n_1 n_1'} \delta_{n_2 n_2'} + \delta_{m_1 m_1'} \delta_{m_2 m_2'} \delta_{n_1 n_1' + 4} \delta_{n_2 n_2'}$$

$$+ 4(i)^1 \delta_{m_1 m_1'} \delta_{m_2 m_2'} \delta_{n_1 n_1' + 3} \delta_{n_2 n_2' + 1} + 6(i)^2 \delta_{m_1 m_1'} \delta_{m_2 m_2'} \delta_{n_1 n_1' + 2} \delta_{n_2 n_2' + 2}$$

$$+ 4(i)^3 \delta_{m_1 m_1'} \delta_{m_2 m_2'} \delta_{n_1 n_1' + 1} \delta_{n_2 n_2' + 3} + (i)^4 \delta_{m_1 m_1'} \delta_{m_2 m_2'} \delta_{n_1 n_1'} \delta_{n_2 n_2' + 4} \big]$$

$$- kv^2 t^2 \big[\delta_{m_1 m_1' + 2} \delta_{m_2 m_2'} \delta_{n_1 n_1'} \delta_{n_2 n_2'} + 2i \delta_{m_1 m_1' + 1} \delta_{m_2 m_2' + 1} \delta_{n_1 n_1'} \delta_{n_2 n_2'}$$

$$+ (i)^2 \delta_{m_1 m_1'} \delta_{m_2 m_2' + 2} \delta_{n_1 n_1'} \delta_{n_2 n_2'} \big]$$

$$- kv^2 t^2 \big[\delta_{m_1 m_1'} \delta_{m_2 m_2'} \delta_{n_1 n_1' + 2} \delta_{n_2 n_2'} + 2i \delta_{m_1 m_1'} \delta_{m_2 m_2'} \delta_{n_1 n_1' + 1} \delta_{n_2 n_2' + 1}$$

$$+ (i)^2 \delta_{m_1 m_1'} \delta_{m_2 m_2'} \delta_{n_1 n_1'} \delta_{n_2 n_2' + 2} \big] + \left(\frac{3}{4} - v^2 t^2 \right) k \delta_{m_1 m_1'} \delta_{m_2 m_2'} \delta_{n_1 n_1'} \delta_{n_2 n_2'}$$

$$\tag{4.6.24}$$

$$\big[M_{22} \big]_{m_1' m_2' n_1' n_2'}^{m_1 m_2 n_1 n_2} = \big[M_{11} \big]_{m_1' m_2' n_1' n_2'}^{m_1 m_2 n_1 n_2} - 2mc^2 \delta_{m_1 m_1'} \delta_{m_2 m_2'} \delta_{n_1 n_1'} \delta_{n_2 n_2'} \tag{4.6.25}$$

$$\big[M_{33} \big]_{m_1' m_2' n_1' n_2'}^{m_1 m_2 n_1 n_2} = \big[M_{22} \big]_{m_1' m_2' n_1' n_2'}^{m_1 m_2 n_1 n_2} \tag{4.6.26}$$

$$\big[M_{44} \big]_{m_1' m_2' n_1' n_2'}^{m_1 m_2 n_1 n_2} = \big[M_{11} \big]_{m_1' m_2' n_1' n_2'}^{m_1 m_2 n_1 n_2} - 4mc^2 \delta_{m_1 m_1'} \delta_{m_2 m_2'} \delta_{n_1 n_1'} \delta_{n_2 n_2'} \tag{4.6.27}$$

上面的讨论可以归纳为如下几点:

式(4.6.11)定义的态矢 $|A_n\rangle$ 的形式设定为如式(4.6.12)所示的相干态展开形式后,便可把式(4.6.13)的态矢的递推关系换为其展开系数 $\{\varphi_{m_1 m_2 n_1 n_2}^{(n) ij}\}$ 的递推关系.

由上面谈到的系数的递推关系知,任一阶的系数均可由初始态 $|t=0\rangle$ 的系数递推出来.代入 $|A_n\rangle$,然后将 $|A_n\rangle$ 求和,得

$$|t\rangle = \begin{pmatrix} |\varphi_{12}(t)\rangle \\ |\varphi_{14}(t)\rangle \\ |\varphi_{32}(t)\rangle \\ |\varphi_{34}(t)\rangle \\ |\varphi_{21}(t)\rangle \\ |\varphi_{23}(t)\rangle \\ |\varphi_{41}(t)\rangle \\ |\varphi_{43}(t)\rangle \end{pmatrix} \qquad (4.6.28)$$

其中每一行的态矢以 $|\varphi_{12}(t)\rangle$ 为例,详细表示出为

$$|\varphi_{12}(t)\rangle = \int \sum_{m_1 m_2 n_1 n_2} \varphi^{(n)12}_{m_1 m_2 n_1 n_2}(t) \rho_1^{m_1} \eta_1^{m_2} \rho_2^{n_1} \eta_2^{n_2} e^{-\rho_1^2 - \eta_1^2 - \rho_2^2 - \eta_2^2}$$
$$\cdot |\rho_1 + i\eta_1\rangle |\rho_2 + i\eta_2\rangle d\rho_1 d\eta_1 d\rho_2 d\eta_2 \qquad (4.6.29)$$

当然在实际计算中,取的阶 n 以及 m_1, m_2, n_1, n_2 都会是有限的截断.

需要指出一点是,这里的初始态不是 4.5 节求出的最低能态,理由是在那里用到的约束势是谐振子势 kx^2,而在这里讨论的系统受到的约束势在 $t=0$ 时是 kx^4,所以 4.5 节里的最低能态不能用作这里的初始态.不过按本节系数递推矩阵的表示以及把 4.5 节中的 kx^2 换为 kx^4,即可得到所需的初始态,其具体的计算在这里不再重复.

从上面的计算知道,我们已能得出系统在经过一段时间后,受随 t 改变的有两个中心的约束势的影响,系统演化成两个定域子系统的相应态矢.除了系统在初始时定域于一处然后随阱分开的演化用到 FCC 相干态展开的结果外,我们还要将上面得到的结果用到另一个演化过程,即当系统分离成相距一定距离的两个子系统后,对一个子系统进行测量,再将约束势的两中心慢慢合拢的第二个演化过程.不同的是,把测量的子系统取它经测量后的本征态,而未测量的子系统保持它在第一阶段演化后的状态,两者合在一起作为第二阶段系统的初始态而已,这里就不再仔细表述了.

最后我们在这里还要谈一点是,从以上的讨论知,在系统经过 t 时段后虽然肯定分成了两个分离的子系统,但从式(4.6.5)看出,它的态矢都由式(4.6.5)的 8 个分量表征,即自旋状态始终维持在总自旋为 0 的状态.于是在 t 时刻两子系统中的粒子数和自旋状态的情形是图 4.3.3 描述的情形,缺了在一个子系统中两个粒子同时存在且总自旋为 1 的情形,究其原因是对这样的问题用一维情形讨论是不充分的,只有用实际的三维情形讨论,因为 H 中含 α_1, α_2 矩阵,其中包含将自旋分量的投影方向改变的矩阵元.这就是说只有在三维运动的情形下,系统分离成两个子系统且两个粒子同时在一个子系统中存在时,才会出现总自旋为 1 的概率.

本章可小结为如下几点：

① 用一维的简单情形来代替真实的三维的 Dirac 粒子系统进行物理的讨论在许多情况下是可以的，但在讨论当前的问题时是不充分的．

② 如果改用三维空间的情形来讨论，则太繁复．本章中用一维的情形讨论演化，已可看出其繁复程度很大，三维情形显然太过繁杂．

③ 基于以上的考虑，在下一章里我们提出另一个方案，不仅理论的计算会大为简化，从实际的角度来看理论的计算更为简单，所需的实验技术比较成熟．

④ 我们清楚地看到，要检验 EPR 命题，先需要对这一命题作出一些澄清和必要的补充．本章也对实验提出了一种具体的构想，当然在实验上人们还可能提出其他方案．关于 EPR 命题迄今还没有确切的答案！

第 5 章

EPR 与 Rabi 模型

5.1　引言

　　EPR 问题是量子理论发展初期 Einstein 及两位合作者对量子理论提出的质疑：一个量子体系原来定域在空间的一个小的区域里，当它分离成两个在空间有一定有限距离的两个定域子系时，由于其内部自由度不受外部自由度变化的影响，故始终保持原来的纠缠态状态. 当我们对其中一个定域的子系作自旋（内部自由度）的测量时，该子系的状态就会塌缩到 $+\frac{1}{2}$ 或 $-\frac{1}{2}$，那么远处的另一子系会因纠缠的缘故，立即随之塌缩到自旋为 $-\frac{1}{2}$ 或自旋为 $+\frac{1}{2}$. EPR 认为这种没有时间间隔、没有任何物理作用的"驾驭"系统状态的是违背因果律的.这一质疑已经过去很长时间了,是否已有了答案? 有没有做过实验来证实他们的质疑反映出量子理论本身的确存在内在的不自洽性? 还是真实的情况并不是如他们质疑的那样,量子理论是自洽的? 关于 EPR 问题我们在前一章已给出了较详细的讨论.

事实上,一直没有实验检验 EPR 疑难并给出确切的答案.在上一章我们用 Dirac 粒子来讨论 EPR 问题,发现这样做不论是在理论上还是在实验方面都很繁杂,本章中我们讨论利用 Rabi 模型的二粒子系统来做这样的实验的可行性.利用 Rabi 模型系统的好处是:① 它是一个最简单的具有内部自由度的系统;② 实验上,提供满足Rabi 模型的一对粒子系统的条件是成熟的,相关实验装置已经在几年前成功运行(见 4.3 节);③ 理论分析及计算远比两个 Dirac 粒子的系统要简单.

5.2 约束势下的 Rabi 模型系统

在上一章里详细讨论了 EPR 文章中忽略的一些物理考虑,其中主要有以下几点:一是量子系统的定域性质,即量子系统如要求只分布在一个局域的小空间,它不可能在完全没有外势作用的状态下实现,因为如无外势作用,它处于一个均匀分布在全空间的状态中;二是 EPR 没有考虑到粒子的全同性原理,关于这点,在以下的分析和计算中会指出由全同性原理带来的新的需要考虑的因素;三是不仅在一开始需要一个外势来约束系统使之处于一个局域的状态,而且还需要这一外势是一开始由两个势阱重合而成的,然后两势阱中心逐步分离,使系统成为两个局域的子系统,因此我们要讨论的是间距随时间变化的两个势阱和在势阱作用下的 Rabi 模型二粒子系统,首先要讨论两个势阱的表示.

1. 势阱的表示

上一章已经指出这种外势的数学表示式就是场论中的:

$$V = k(x^4 - 2b^2x^2 + c) \tag{5.2.1}$$

令其导数为 0,得

$$\frac{\mathrm{d}V}{\mathrm{d}x} = 4x^3 - 4b^2 x = 0 \qquad (5.2.2)$$

它有一个极大值在 $x = 0$ 和两个极小值在 $x = \pm b$. 如果要求它的两个中心随 t 分离, 可取 $b(t) = vt$, 则有

$$V(t) = k(x^4 - 2v^2 t^2 x^2 + c) \qquad (5.2.3)$$

2. 系统的 Hamiltonian

为了计算方便, 将两粒子的 $(\hat{x}_1, \hat{p}_1), (\hat{x}_2, \hat{p}_2)$ 转换为 $(a_1, a_1^\dagger), (a_2, a_2^\dagger)$. 此二粒子系统的 Hamiltonian 是 Rabi 模型的二粒子系统 Hamiltonian, 再加上外势项 (5.2.3):

$$
\begin{aligned}
H = {} & \Delta\sigma_z^{(1)} + \Delta\sigma_z^{(2)} + g(b + b^\dagger)\sigma_x^{(1)} + g(b + b^\dagger)\sigma_x^{(2)} + \omega b^\dagger b \\
& + k\Big[\frac{1}{4}a_1^{\dagger 4} + a_1^{\dagger 3}a_1 + \frac{3}{2}a_1^{\dagger 2}a_1^2 + a_1^\dagger a_1^3 + \frac{1}{4}a_1^4 \\
& + \Big(\frac{3}{2} - v^2 t^2\Big)a_1^{\dagger 2} + (3 - 2v^2 t^2)a_1^\dagger a_1 + \Big(\frac{3}{2} - v^2 t^2\Big)a_1^2\Big] \\
& + k\Big[\frac{1}{4}a_2^{\dagger 4} + a_2^{\dagger 3}a_2 + \frac{3}{2}a_2^{\dagger 2}a_2^2 + a_2^\dagger a_2^3 + \frac{1}{4}a_2^4 \\
& + \Big(\frac{3}{2} - v^2 t^2\Big)a_2^{\dagger 2} + (3 - 2v^2 t^2)a_2^\dagger a_2 + \Big(\frac{3}{2} - v^2 t^2\Big)a_2^2\Big] \\
& + \Big(\frac{3}{2} - 2v^2 t^2\Big)k \qquad (5.2.4)
\end{aligned}
$$

当 $t = 0$ 时, 外势的两中心合成一处:

$$
\begin{aligned}
H(t = 0) = {} & \Delta\sigma_z^{(1)} + \Delta\sigma_z^{(2)} + g(b + b^\dagger)\sigma_x^{(1)} + g(b + b^\dagger)\sigma_x^{(2)} + \omega b^\dagger b \\
& + k\Big[\frac{1}{4}a_1^{\dagger 4} + a_1^{\dagger 3}a_1 + \frac{3}{2}a_1^{\dagger 2}a_1^2 + a_1^\dagger a_1^3 + \frac{1}{4}a_1^4 \\
& + \frac{3}{2}a_1^{\dagger 2} + 3a_1^\dagger a_1 + \frac{3}{2}a_1^2\Big] \\
& + k\Big[\frac{1}{4}a_2^{\dagger 4} + a_2^{\dagger 3}a_2 + \frac{3}{2}a_2^{\dagger 2}a_2^2 + a_2^\dagger a_2^3 + \frac{1}{4}a_2^4 \\
& + \frac{3}{2}a_2^{\dagger 2} + 3a_2^\dagger a_2 + \frac{3}{2}a_2^2\Big] + \frac{3k}{2} \qquad (5.2.5)
\end{aligned}
$$

式(5.2.4)、式(5.2.5)中右方的第一行是没有外势时二粒子系统 Rabi 模型的 Hamiltonian,第二行及以后是外势,外部自由度取作一维.以下需要讨论的内容可对照上一章相应的步骤进行讨论.

3. 二粒子系统的状态表示

我们讨论的二粒子系统中的每一个粒子都是二态粒子,它们的上态(激发态)和下态(基态)分别对应于自旋为 $\frac{1}{2}$ 的粒子的自旋向上的状态和自旋向下的状态.这样的二粒子系统的内部状态是 $|\uparrow\uparrow\rangle,|\uparrow\downarrow\rangle,|\downarrow\uparrow\rangle,|\downarrow\downarrow\rangle$.注意到上一章谈到过的全同性原理以及粒子是玻色子,故实际上 $|\uparrow\downarrow\rangle$ 和 $|\downarrow\uparrow\rangle$ 是相同的.这两个粒子具有的外部自由度由 $(a_1,a_1^\dagger),(a_2,a_2^\dagger)$ 空间来描述.此外在 Rabi 系统中还有和两粒子共同作用的场,它由单模的 $(b,b^\dagger)$ 空间中的态来表征,因此这一个二粒子系统的任意的状态可表示为

$$|\rangle = |\Psi_1\rangle|\uparrow\uparrow\rangle + |\Psi_2\rangle|\uparrow\downarrow\rangle + |\Psi_3\rangle|\downarrow\uparrow\rangle + |\Psi_4\rangle|\downarrow\downarrow\rangle \tag{5.2.6}$$

上式中的 $|\Psi_i\rangle$ 描述的是粒子的外部自由度和场的态矢.在具体的运算中可以将 $\langle|\Psi_i\rangle$ 在相应的 Fock 态集上展开,亦可以在相干态集上展开.以 Fock 态集为例,$|\Psi_i\rangle$ 表示为

$$\begin{aligned}|\Psi_i\rangle &= \sum_{m_1 m_2 l} F_i(m_1,m_2,l)|m_1\rangle|m_2\rangle|l\rangle \\ &= \sum_{m_1 m_2 l} F_i(m_1,m_2,l)|m_1,m_2,l\rangle\end{aligned} \tag{5.2.7}$$

5.3 系统的初始状态

在讨论系统的初始态时,我们首先需要认清一点,在 EPR 问题提出时他们是这样考虑的:因为二粒子的外部自由度处于自由的状态,对内部自由度不产生任何影响,所以在二粒子系统分开为两个定域的子系统后,对一个子系统进行测量,由于纠

缠的初始内部状态不变,按量子理论会驱动另一子系统的内部状态.我们在上一章就已指出,自由的外部自由度的前提是不成立的.当外部自由度不是自由的状态时,例如现在考虑的 Rabi 粒子系统,其中的场和外部的约束势交互对粒子作用,必然会影响粒子内部自由度的状态.于是我们会质疑,即使一开始粒子系统内部自由度的状态是纠缠的,在作用下演化到分成有一定距离的两个定域子系统后还是纠缠的吗? 如果不是,用它来讨论 EPR 问题还有什么意义?

对于这一质疑,我们的观点是,一个量子系统经过演化后保持内部自由度的状态的纠缠情况完全不变并不是 EPR 问题的必要条件.实际上这一问题的关键是:当量子系统从单一的一个波包分为相距一定距离的两个定域波包时,系统的内部自由度的状态只要还是纠缠的就有意义.因为 EPR 问题的核心是这时对一个子系统的定域测量是否驱动另一子系统,所以重要的是在分成两个子系统时,它们的内部自由度的状态是否还是纠缠的.在实际对 EPR 问题做检验时,由于外部自由度的运动状态不可能是自由的,实际的观测系统从初始状态演化到可以作定域测量时,系统内部自由度状态的纠缠与否以及纠缠程度如何恰是研究这一问题的关键部分.

系统的初始状态如式(5.2.6)所示由两部分组成:内部自由度的$|\uparrow\uparrow\rangle$,$|\uparrow\downarrow\rangle$,$|\downarrow\uparrow\rangle$,$|\downarrow\downarrow\rangle$和外部自由度的$\{|\Psi_i\rangle\}$.下面再仔细一点讨论初始状态的选取.

关于内部自由度部分,我们自然希望在 $t=0$ 的初始时刻将系统制备为 $\frac{1}{\sqrt{2}}(|\uparrow\downarrow\rangle + |\downarrow\uparrow\rangle)$ 的完全纠缠状态.演化后系统是否保持这样的纠缠态,以及在什么情况下能保持住更多的纠缠程度,都是我们想要弄清楚的问题.

必须考虑的是,在这一实际的 EPR 问题的具体检验方案中,二粒子系统的最初状态应该是由式(5.2.5)给出的 Hamiltonian 下的最稳定基态,这样的状态的外部自由度是什么样的有限展宽的波包,它的内部自由度是什么程度的纠缠状态,正是我们首先要讨论的第一部分,即我们先解一个由式(5.2.5)所给定的 Hamiltonian 下系统的定态问题:

$$H |\rangle = E |\rangle \qquad (5.3.1)$$

系统的总态矢按式(5.2.6)和式(5.2.7)应有如下的表示:

$$|\rangle = \Big(\sum_{m_1, m_2, l} F_1(m_1, m_2, l) \, | m_1, m_2, l \rangle \Big) | \uparrow\uparrow \rangle$$

$$+ \left(\sum_{m_1 m_2 l} F_2(m_1, m_2, l) \mid m_1, m_2, l \rangle \right) \mid \uparrow \downarrow \rangle$$

$$+ \left(\sum_{m_1 m_2 l} F_3(m_1, m_2, l) \mid m_1, m_2, l \rangle \right) \mid \downarrow \uparrow \rangle$$

$$+ \left(\sum_{m_1 m_2 l} F_4(m_1, m_2, l) \mid m_1, m_2, l \rangle \right) \mid \downarrow \downarrow \rangle \tag{5.3.2}$$

(1) 作为准备，先将繁杂的运算分解为 Hamiltonian 中的每一部分对 $\mid \rangle$ 的作用：

$$(\Delta \sigma_z^{(1)} + \Delta \sigma_z^{(2)}) \mid \rangle$$

$$= 2\Delta \left(\sum_{m_1 m_2 l} F_1(m_1, m_2, l) \mid m_1, m_2, l \rangle \right) \mid \uparrow \uparrow \rangle$$

$$- 2\Delta \left(\sum_{m_1 m_2 l} F_4(m_1, m_2, l) \mid m_1, m_2, l \rangle \right) \mid \downarrow \downarrow \rangle \tag{5.3.3}$$

$$g(b + b^\dagger) \sigma_x^{(1)} \mid \rangle$$

$$= g \left(\sum_{m_1 m_2 l} F_1(m_1, m_2, l) [\sqrt{l} \mid m_1, m_2, l-1 \rangle \right.$$

$$\left. + \sqrt{l+1} \mid m_1, m_2, l+1 \rangle] \right) \mid \downarrow \uparrow \rangle$$

$$+ g \left(\sum_{m_1 m_2 l} F_2(m_1, m_2, l) [\sqrt{l} \mid m_1, m_2, l-1 \rangle \right.$$

$$\left. + \sqrt{l+1} \mid m_1, m_2, l+1 \rangle] \right) \mid \downarrow \downarrow \rangle$$

$$+ g \left(\sum_{m_1 m_2 l} F_3(m_1, m_2, l) [\sqrt{l} \mid m_1, m_2, l-1 \rangle \right.$$

$$\left. + \sqrt{l+1} \mid m_1, m_2, l+1 \rangle] \right) \mid \uparrow \uparrow \rangle$$

$$+ g \left(\sum_{m_1 m_2 l} F_4(m_1, m_2, l) [\sqrt{l} \mid m_1, m_2, l-1 \rangle \right.$$

$$\left. + \sqrt{l+1} \mid m_1, m_2, l+1 \rangle] \right) \mid \uparrow \downarrow \rangle \tag{5.3.4}$$

$$g(b + b^\dagger) \sigma_x^{(2)} \mid \rangle$$

$$= g \left(\sum_{m_1 m_2 l} F_1(m_1, m_2, l) [\sqrt{l} \mid m_1, m_2, l-1 \rangle \right.$$

$$\left. + \sqrt{l+1} \mid m_1, m_2, l+1 \rangle] \right) \mid \uparrow \downarrow \rangle$$

$$+ g \left(\sum_{m_1 m_2 l} F_2(m_1, m_2, l) [\sqrt{l} \mid m_1, m_2, l-1 \rangle \right.$$

$$\left. + \sqrt{l+1} \mid m_1, m_2, l+1 \rangle] \right) \mid \uparrow \uparrow \rangle$$

$$+ g\left(\sum_{m_1 m_2 l} F_3(m_1, m_2, l)[\sqrt{l} \mid m_1, m_2, l-1\rangle\right.$$

$$+ \left.\sqrt{l+1} \mid m_1, m_2, l+1\rangle]\right) \mid \downarrow \downarrow \rangle$$

$$+ g\left(\sum_{m_1 m_2 l} F_4(m_1, m_2, l)[\sqrt{l} \mid m_1, m_2, l-1\rangle\right.$$

$$+ \left.\sqrt{l+1} \mid m_1, m_2, l+1\rangle]\right) \mid \downarrow \uparrow \rangle \tag{5.3.5}$$

$$\omega b^\dagger b_1 \mid \rangle$$

$$= \left(\sum_{m_1 m_2 l} l\omega F_1(m_1, m_2, l) \mid m_1, m_2, l\rangle\right) \mid \uparrow \uparrow \rangle$$

$$+ \left(\sum_{m_1 m_2 l} l\omega F_2(m_1, m_2, l) \mid m_1, m_2, l\rangle\right) \mid \uparrow \downarrow \rangle$$

$$+ \left(\sum_{m_1 m_2 l} l\omega F_3(m_1, m_2, l) \mid m_1, m_2, l\rangle\right) \mid \downarrow \uparrow \rangle$$

$$+ \left(\sum_{m_1 m_2 l} l\omega F_4(m_1, m_2, l) \mid m_1, m_2, l\rangle\right) \mid \downarrow \downarrow \rangle \tag{5.3.6}$$

$$K\left(\frac{1}{4} a_1^{\dagger 4} + a_1^{\dagger 3} a_1 + \frac{3}{2} a_1^{\dagger 2} a_1^2 + a_1^\dagger a_1^3 + \frac{1}{4} a_1^4 + \frac{3}{2} a_1^{\dagger 2} + 3 a_1^\dagger a_1 + \frac{3}{2} a_1^2\right) \mid \rangle$$

$$= K \sum_{m_1 m_2 l}\left[\frac{1}{4}\sqrt{(m_1+4)(m_1+3)(m_1+2)(m_1+1)} \mid m_1+4, m_2, l\rangle\right.$$

$$+ \sqrt{(m_1+2)(m_1+1)m_1^2} \mid m_1+2, m_2, l\rangle$$

$$+ \frac{3}{2}\sqrt{(m_1+1)m_1^2(m_1-1)} \mid m_1, m_2, l\rangle$$

$$+ \sqrt{m_1(m_1-1)^2(m_1-2)} \mid m_1-2, m_2, l\rangle$$

$$+ \frac{1}{4}\sqrt{m_1(m_1-1)(m_1-2)(m_1-3)} \mid m_1-4, m_2, l\rangle$$

$$+ \frac{3}{2}\sqrt{(m_1+2)(m_1+1)} \mid m_1+2, m_2, l\rangle + 3m_1 \mid m_1, m_2, l\rangle$$

$$+ \left.\frac{3}{2}\sqrt{m_1(m_1-1)} \mid m_1-2, m_2, l\rangle\right]$$

$$\cdot\left[F_1(m_1, m_2, l) \mid \uparrow \uparrow \rangle + F_2(m_1, m_2, l) \mid \uparrow \downarrow \rangle\right.$$

$$+ \left.F_3(m_1, m_2, l) \mid \downarrow \uparrow \rangle + F_4(m_1, m_2, l) \mid \downarrow \downarrow \rangle\right] \tag{5.3.7}$$

$$K\left(\frac{1}{4} a_2^{\dagger 4} + a_2^{\dagger 3} a_2 + \frac{3}{2} a_2^{\dagger 2} a_2^2 + a_2^\dagger a_2^3 + \frac{1}{4} a_2^4 + \frac{3}{2} a_2^{\dagger 2} + 3 a_2^\dagger a_2 + \frac{3}{2} a_2^2\right) \mid \rangle$$

$$= K \sum_{m_1 m_2 l}\left[\frac{1}{4}\sqrt{(m_2+4)(m_2+3)(m_2+2)(m_2+1)} \mid m_1, m_2+4, l\rangle\right.$$

$$+ \sqrt{(m_2 + 2)(m_2 + 1)m_2^2} \mid m_1, m_2 + 2, l\rangle$$

$$+ \frac{3}{2} \sqrt{(m_2 + 1)m_2^2(m_2 - 1)} \mid m_1, m_2, l\rangle$$

$$+ \sqrt{m_2(m_2 - 1)^2(m_2 - 2)} \mid m_1, m_2 - 2, l\rangle$$

$$+ \frac{1}{4} \sqrt{m_2(m_2 - 1)(m_2 - 2)(m_2 - 3)} \mid m_1, m_2 - 4, l\rangle$$

$$+ \frac{3}{2} \sqrt{(m_2 + 2)(m_2 + 1)} \mid m_1, m_2 + 2, l\rangle + 3m_2 \mid m_1, m_2, l\rangle$$

$$+ \frac{3}{2} \sqrt{m_2(m_2 - 1)} \mid m_1, m_2 - 2, l\rangle \Big]$$

$$\cdot \Big[F_1(m_1, m_2, l) \mid \uparrow \uparrow\rangle + F_2(m_1, m_2, l) \mid \uparrow \downarrow\rangle$$

$$+ F_3(m_1, m_2, l) \mid \downarrow \uparrow\rangle + F_4(m_1, m_2, l) \mid \downarrow \downarrow\rangle \Big] \tag{5.3.8}$$

把得到的式(5.3.3)~(5.3.8)代入式(5.3.1)的左方,再比较两方的 $\mid m_1, m_2, l\rangle \mid \uparrow \uparrow\rangle, \mid m_1, m_2, l\rangle \mid \uparrow \downarrow\rangle, \mid m_1, m_2, l\rangle \mid \downarrow \uparrow\rangle, \mid m_1, m_2, l\rangle \mid \downarrow \downarrow\rangle$ 的系数,得

$$2\Delta F_1(m_1, m_2, l) + g\sqrt{l + 1}F_3(m_1, m_2, l + 1) + g\sqrt{l}F_3(m_1, m_2, l - 1)$$

$$+ g\sqrt{l + 1}F_2(m_1, m_2, l + 1) + g\sqrt{l}F_2(m_1, m_2, l - 1) + l\omega F_1(m_1, m_2, l)$$

$$+ K\Big[\frac{1}{4} \sqrt{m_1(m_1 - 1)(m_1 - 2)(m_1 - 3)}F_1(m_1 - 4, m_2, l)$$

$$+ \sqrt{m_1(m_1 - 1)(m_1 - 2)^2}F_1(m_1 - 2, m_2, l)$$

$$+ \frac{3}{2} \sqrt{(m_1 + 1)m_1^2(m_1 - 1)}F_1(m_1, m_2, l)$$

$$+ \sqrt{(m_1 + 2)(m_1 + 1)^2 m_1}F_1(m_1 + 2, m_2, l)$$

$$+ \frac{1}{4} \sqrt{(m_1 + 4)(m_1 + 3)(m_1 + 2)(m_1 + 1)}F_1(m_1 + 4, m_2, l)$$

$$+ \frac{3}{2} \sqrt{m_1(m_1 - 1)}F_1(m_1 - 2, m_2, l) + 3m_1 F_1(m_1, m_2, l)$$

$$+ \frac{3}{2} \sqrt{(m_1 + 2)(m_1 + 1)}F_1(m_1 + 2, m_2, l) \Big]$$

$$+ K\Big[\frac{1}{4} \sqrt{m_2(m_2 - 1)(m_2 - 2)(m_2 - 3)}F_1(m_1, m_2 - 4, l)$$

$$+ \sqrt{m_2(m_2 - 1)(m_2 - 2)^2}F_1(m_1, m_2 - 2, l)$$

$$+ \frac{3}{2} \sqrt{(m_2 + 1)m_2^2(m_2 - 1)} F_1(m_1, m_2, l)$$

$$+ \sqrt{(m_2 + 2)(m_2 + 1)^2 m_2} F_1(m_1, m_2 + 2, l)$$

$$+ \frac{1}{4} \sqrt{(m_2 + 4)(m_2 + 3)(m_2 + 2)(m_2 + 1)} F_1(m_1, m_2 + 4, l)$$

$$+ \frac{3}{2} \sqrt{m_2(m_2 - 1)} F_1(m_1, m_2 - 2, l) + 3m_2 F_1(m_1, m_2, l)$$

$$+ \frac{3}{2} \sqrt{(m_2 + 2)(m_2 + 1)} F_1(m_1, m_2 + 2, l) \Big]$$

$$= E F_1(m_1, m_2, l) \tag{5.3.9}$$

$$g \sqrt{l + 1} F_4(m_1, m_2, l + 1) + g\sqrt{l} F_4(m_1, m_2, l - 1)$$

$$+ g \sqrt{l + 1} F_1(m_1, m_2, l + 1) + g\sqrt{l} F_1(m_1, m_2, l - 1) + l\omega F_2(m_1, m_2, l)$$

$$+ K\Big[\frac{1}{4} \sqrt{m_1(m_1 - 1)(m_1 - 2)(m_1 - 3)} F_2(m_1 - 4, m_2, l)$$

$$+ \sqrt{m_1(m_1 - 1)(m_1 - 2)^2} F_2(m_1 - 2, m_2, l)$$

$$+ \frac{3}{2} \sqrt{(m_1 + 1)m_1^2(m_1 - 1)} F_2(m_1, m_2, l)$$

$$+ \sqrt{(m_1 + 2)(m_1 + 1)^2 m_1} F_2(m_1 + 2, m_2, l)$$

$$+ \frac{1}{4} \sqrt{(m_1 + 4)(m_1 + 3)(m_1 + 2)(m_1 + 1)} F_2(m_1 + 4, m_2, l) \Big]$$

$$+ \frac{3}{2} \sqrt{m_1(m_1 - 1)} F_2(m_1 - 2, m_2, l)$$

$$+ 3m_1 F_2(m_1, m_2, l) + \frac{3}{2} \sqrt{(m_1 + 2)(m_1 + 1)} F_2(m_1 + 2, m_2, l)$$

$$+ K\Big[\frac{1}{4} \sqrt{m_2(m_2 - 1)(m_2 - 2)(m_2 - 3)} F_2(m_1, m_2 - 4, l)$$

$$+ \sqrt{m_2(m_2 - 1)(m_2 - 2)^2} F_2(m_1, m_2 - 2, l)$$

$$+ \frac{3}{2} \sqrt{(m_2 + 1)m_2^2(m_2 - 1)} F_2(m_1, m_2, l)$$

$$+ \sqrt{(m_2 + 2)(m_2 + 1)^2 m_2} F_2(m_1, m_2 + 2, l)$$

$$+ \frac{1}{4} \sqrt{(m_2 + 4)(m_2 + 3)(m_2 + 2)(m_2 + 1)} F_2(m_1, m_2 + 4, l)$$

$$+ \frac{3}{2} \sqrt{m_2(m_2 - 1)} F_2(m_1, m_2 - 2, l) + 3m_2 F_2(m_1, m_2, l)$$

$$+ \frac{3}{2} \sqrt{(m_2 + 2)(m_2 + 1)} F_2(m_1, m_2 + 2, l) \bigg]$$

$$= E F_2(m_1, m_2, l) \tag{5.3.10}$$

$$g \sqrt{l + 1} F_1(m_1, m_2, l + 1) + g \sqrt{l} F_1(m_1, m_2, l - 1)$$

$$+ g \sqrt{l + 1} F_4(m_1, m_2, l + 1) + g \sqrt{l} F_4(m_1, m_2, l - 1) + l\omega F_3(m_1, m_2, l)$$

$$+ K \bigg[\frac{1}{4} \sqrt{m_1(m_1 - 1)(m_1 - 2)(m_1 - 3)} F_3(m_1 - 4, m_2, l)$$

$$+ \sqrt{m_1(m_1 - 1)(m_1 - 2)^2} F_3(m_1 - 2, m_2, l)$$

$$+ \frac{3}{2} \sqrt{(m_1 + 1)m_1^2(m_1 - 1)} F_3(m_1, m_2, l)$$

$$+ \sqrt{(m_1 + 2)(m_1 + 1)^2 m_1} F_3(m_1 + 2, m_2, l)$$

$$+ \frac{1}{4} \sqrt{(m_1 + 4)(m_1 + 3)(m_1 + 2)(m_1 + 1)} F_3(m_1 + 4, m_2, l)$$

$$+ \frac{3}{2} \sqrt{m_1(m_1 - 1)} F_3(m_1 - 2, m_2, l)$$

$$+ 3m_1 F_3(m_1, m_2, l) + \frac{3}{2} \sqrt{(m_1 + 2)(m_1 + 1)} F_3(m_1 + 2, m_2, l) \bigg]$$

$$+ K \bigg[\frac{1}{4} \sqrt{m_2(m_2 - 1)(m_2 - 2)(m_2 - 3)} F_3(m_1, m_2 - 4, l)$$

$$+ \sqrt{m_2(m_2 - 1)(m_2 - 2)} F_3(m_1, m_2 - 2, l)$$

$$+ \frac{3}{2} \sqrt{(m_2 + 1)m_2^2(m_2 - 1)} F_3(m_1, m_2, l)$$

$$+ \sqrt{(m_2 + 2)(m_2 + 1)^2 m_2} F_3(m_1, m_2 + 2, l)$$

$$+ \frac{1}{4} \sqrt{(m_2 + 4)(m_2 + 3)(m_2 + 2)(m_2 + 1)} F_3(m_1, m_2 + 4, l)$$

$$+ \frac{3}{2} \sqrt{m_2(m_2 - 1)} F_3(m_1, m_2 - 2, l) + 3m_2 F_3(m_1, m_2, l)$$

$$+ \frac{3}{2} \sqrt{(m_2 + 2)(m_2 + 1)} F_3(m_1, m_2 + 2, l) \bigg]$$

$$= E F_3(m_1, m_2, l) \tag{5.3.11}$$

$$- 2\Delta F_4(m_1, m_2, l) + g \sqrt{l + 1} F_2(m_1, m_2, l + 1) + g \sqrt{l} F_2(m_1, m_2, l - 1)$$

$$+ g \sqrt{l + 1} F_3(m_1, m_2, l + 1) + g \sqrt{l} F_3(m_1, m_2, l - 1) + l\omega F_4(m_1, m_2, l)$$

$$+ K \bigg[\frac{1}{4} \sqrt{m_1(m_1 - 1)(m_1 - 2)(m_1 - 3)} F_4(m_1 - 4, m_2, l)$$

$$+ \sqrt{m_1(m_1-1)(m_1-2)^2}\,F_4(m_1-2,m_2,l)$$

$$+ \frac{3}{2}\sqrt{(m_1+1)m_1^2(m_1-1)}\,F_4(m_1,m_2,l)$$

$$+ \sqrt{(m_1+2)(m_1+1)^2 m_1}\,F_4(m_1+2,m_2,l)$$

$$+ \frac{1}{4}\sqrt{(m_1+4)(m_1+3)(m_1+2)(m_1+1)}\,F_4(m_1+4,m_2,l)$$

$$+ \frac{3}{2}\sqrt{m_1(m_1-1)}\,F_4(m_1-2,m_2,l) + 3m_1 F_4(m_1,m_2,l)$$

$$+ \frac{3}{2}\sqrt{(m_1+2)(m_1+1)}\,F_4(m_1+2,m_2,l)\bigg]$$

$$+ K\bigg[\frac{1}{4}\sqrt{m_2(m_2-1)(m_2-2)(m_2-3)}\,F_4(m_1,m_2-4,l)$$

$$+ \sqrt{m_2(m_2-1)(m_2-2)^2}\,F_4(m_1,m_2-2,l)$$

$$+ \frac{3}{2}\sqrt{(m_2+1)m_2^2(m_2-1)}\,F_4(m_1,m_2,l)$$

$$+ \sqrt{(m_2+2)(m_2+1)^2 m_2}\,F_4(m_1,m_2+2,l)$$

$$+ \frac{1}{4}\sqrt{(m_2+4)(m_2+3)(m_2+2)(m_2+1)}\,F_4(m_1,m_2+4,l)$$

$$+ \frac{3}{2}\sqrt{m_2(m_2-1)}\,F_4(m_1,m_2-2,l) + 3m_2 F_4(m_1,m_2,l)$$

$$+ \frac{3}{2}\sqrt{(m_2+2)(m_2+1)}\,F_4(m_1,m_2+2,l)\bigg]$$

$$= EF_4(m_1,m_2,l) \tag{5.3.12}$$

(2) 基于式(5.3.9)～(5.3.12)可作一些深入讨论.

① 上面的推导中,我们的目的是在检验EPR问题的具体实验的第一步求势阱开始分离时二粒子系统的初始状态,从式(5.3.9)～(5.3.12)的结果来看,就是将求系统在 $t=0$ 时的定态问题化为求这些定态的展开系数集合 $\{F_i(m_1,m_2,l)\}$. 由得到的这一组本征方程可以求出系统的能量本征值谱 $\{E_L\}$ 以及对应的 $\{F_i^{(L)}(m_1,m_2,l)\}$,亦即得到由式(5.3.2)表示的定态态矢.

② 求出这些定态中的最低能态 E_0 和相应的态矢就得到系统在 $t=0$ 时的初始态,因为系统在相当长的时间后一定会经过耗散居于最低的能态.

③ 由式(5.3.9)和式(5.3.10)可以清楚地看出 $F_2^{(L)}(m_1,m_2,l)$ 和 $F_3^{(L)}(m_1,m_2,l)$ 满足的方程完全一样,即定态中的 $|\uparrow\downarrow\rangle$ 和 $|\downarrow\uparrow\rangle$ 的内部自由度的态矢部分可以合

并为 $\frac{1}{\sqrt{2}}(|\uparrow\downarrow\rangle+|\downarrow\uparrow\rangle)$,并且式(5.3.9)和式(5.3.10)只需考虑其中一个,定态矢简化为

$$
\begin{aligned}
|\rangle = {} & \Big[\sum_{m_1 m_2 l} F_1(m_1,m_2,l)\,|\,m_1,m_2,l\rangle\Big]|\uparrow\uparrow\rangle \\
& + \Big[\sum_{m_1 m_2 l} F_2(m_1,m_2,l)\,|\,m_1,m_2,l\rangle\Big]\frac{1}{\sqrt{2}}(|\uparrow\uparrow\rangle+|\downarrow\uparrow\rangle) \\
& + \Big[\sum_{m_1 m_2 l} F_4(m_1,m_2,l)\,|\,m_1,m_2,l\rangle\Big]|\downarrow\downarrow\rangle
\end{aligned}
\tag{5.3.13}
$$

④ 如前所述,这里的初始态是上面解出的定态集中的最低能态,从式(5.3.13)的系统的态矢的普遍形式看,由解出的最低能态 E_0 及相应的 $F_1^{(0)}$, $F_2^{(0)}$ 及 $F_4^{(0)}$ 知,只要 $F_1^{(0)}$, $F_4^{(0)}$ 不为零,这样的态就不是只有 $F_2^{(0)}$ 的完全的纠缠态(指内部自由度).

由此看出,若用一个实验上可行的物理系统做到态的定域化,情况就会像上一章里指出过的那样.前提就不会像 EPR 描述的那样简单和理想.

⑤ 下面我们讨论 $t=0$ 合在一起的势阱中心因势随 t 改变,系统将如何随之演化.我们的下一个目标是计算出在一定时间以后,两个分开的势阱中心将系统分裂成两个相距一定距离的子系统时,系统中的内部自由度的纠缠情况会是怎样的.

5.4 系统分裂成两个定域子系统的演化

讨论了系统初始态以后,下一步考虑系统随势阱的变化分裂为两个定域子系统的演化情形.这时系统的 Hamiltonian 不再是式(5.2.5),而是式(5.2.4)表示的与 t 有关的 Hamiltonian.在 $t=0$ 时,式(5.2.4)退化为式(5.2.5).

(1) 含时 Hamiltonian 的演化问题是比较困难的.一般在系统的 Hamiltonian 随 t 变化比较缓慢的情形下采用绝热的近似方法.如果 Hamiltonian 随 t 变化的变化率的标度并不小,可以用 Lewis 的不变算符的方法去解.此外还有其他的方法,如变量、函数的复合变换,但这些方法都会把困难转换为求非线性微分方程的问题.这里针对该物理的实际情况提出一种新的解含时 Hamiltonian 的演化问题,它仍然只能算是一种近似方法,不过这一方法可以用增加计算量的办法来系统地改善精确度,特别是

把粒子系统分成两个分离的子系统时,没有任何物理的缘由要使这种过程在足够快的情况下完成.所以不论是实验的安排还是理论的计算都允许是一个缓慢的进程.

(2) 系统在 $t=0$ 时居于初始态:

$$
\begin{aligned}
| t = 0 \rangle = & \Big[\sum_{m_1 m_2 l} F_1^{(0)}(m_1, m_2, l) \mid m_1, m_2, l \rangle \Big] | \uparrow \uparrow \rangle \\
& + \Big[\sum_{m_1 m_2 l} F_2^{(0)}(m_1, m_2, l) \mid m_1, m_2, l \rangle \Big] \frac{1}{\sqrt{2}} (| \uparrow \downarrow \rangle + | \downarrow \uparrow \rangle) \\
& + \Big[\sum_{m_1 m_2 l} F_4^{(0)}(m_1, m_2, l) \mid m_1, m_2, l \rangle \Big] | \downarrow \downarrow \rangle
\end{aligned} \tag{5.4.1}
$$

我们希望在式(5.2.4)的 Hamiltonian 作用下得到 t 时刻的系统的态矢 $|t\rangle$. 我们的方法的第一步是将 t 分成 M_1 个相等的时间小间隔 $\Delta t = \dfrac{t}{M_1}$($M_1$ 为一个足够大的数),由于 Δt 是足够小的时间间隔,可在 $m\Delta t$ 到 $(m+1)\Delta t$ 之间将 $H(t)$ 用恒定的 $H(m\Delta t)$ 来近似代替,即系统的态矢 $|(m+1)\Delta t\rangle$ 由 $|m\Delta t\rangle$ 按下面的不含时 Schrödinger 方程得出:

$$
\begin{aligned}
| (m+1)\Delta t \rangle & = \mathrm{e}^{-\mathrm{i}H(m\Delta t)\cdot\Delta t} \mid m\Delta t \rangle \\
& = \sum_n \frac{\big[-\mathrm{i}H(m\Delta t)\cdot\Delta t \big]^n}{n!} \mid m\Delta t \rangle \\
& = \sum_n \frac{(-\mathrm{i}\Delta t)^n}{n!} \big[H(m\Delta t) \big]^n \mid m\Delta t \rangle
\end{aligned} \tag{5.4.2}
$$

(3) 在上面采取的近似下有

$$
\begin{aligned}
| t \rangle & = | M_1 \Delta t \rangle \\
& = \Big\{ \sum_n \frac{(-\mathrm{i}\Delta t)^n}{n!} \big[H((M_1-1)\Delta t) \big]^n \Big\} | (M_1-1)\Delta t \rangle \\
& = \Big\{ \sum_n \frac{(-\mathrm{i}\Delta t)^n}{n!} \big[H((M_1-1)\Delta t) \big]^n \Big\} \\
& \quad \cdot \Big\{ \sum_n \frac{(-\mathrm{i}\Delta t)^n}{n!} \big[H((M_1-2)\Delta t) \big]^n \Big\} | (M_1-2)\Delta t \rangle \\
& = \cdots \\
& = \prod_{j=0}^{M_1-1} \Big\{ \sum_n \frac{(-\mathrm{i}\Delta t)^n}{n!} \big[H(j\Delta t) \big]^n \Big\} | t = 0 \rangle
\end{aligned} \tag{5.4.3}
$$

从上式看出,只要我们把其中的一个特定的 j 的演化算符如何对右方的作用写出,则对于其余的 j_1 的情形,只需把其中的 $H(j\Delta t)$ 换成 $H(j_1\Delta t)$ 即可.

(4) 考察从 $|t=0\rangle$ 到 $|\Delta t\rangle$ 的演化,即

$$| \Delta t \rangle = \sum_n \frac{(-\mathrm{i}\Delta t)^n}{n!} [H(t=0)]^n | t=0 \rangle \tag{5.4.4}$$

为了简化,引入一组态矢($H(t=0)$ 中的宗量)

$$| B_n \rangle = H^n | t=0 \rangle \tag{5.4.5}$$

这组 $\{|B_n\rangle\}$ 有递推关系

$$| B_{n+1} \rangle = H | B_n \rangle \tag{5.4.6}$$

按式(5.4.5)有

$$| B_0 \rangle = | t=0 \rangle \tag{5.4.7}$$

于是有

$$| B_1 \rangle = H | t=0 \rangle \tag{5.4.8}$$

这时我们不用再去作上式右方的计算,因为 $|t=0\rangle$ 是由式(5.4.1)给定的,$H(t=0)$ 是由式(5.2.5)给出的.将 $H(t=0)$ 作用到一个态矢(这里就是式(5.4.1)给定的态矢)上的结果和前面的式(5.3.8)~(5.3.12)的左方的计算完全相同,所以将那里的结果引用过来即可.要注意,这里已把 $|\uparrow\uparrow\rangle$,$|\uparrow\downarrow\rangle$,$|\downarrow\uparrow\rangle$,$|\downarrow\downarrow\rangle$ 四种内部态换成 $|\uparrow\uparrow\rangle$,$\frac{1}{\sqrt{2}}(|\uparrow\downarrow\rangle+|\downarrow\uparrow\rangle)$,$|\downarrow\downarrow\rangle$ 三种内部态了,所以将那里的结果引用过来时要把这一因素考虑进去,即如把 $|B_1\rangle$ 表示为

$$
\begin{aligned}
| B_1 \rangle = {} & \Big[\sum_{m_1,m_2,l} f_1^{(1)}(m_1,m_2,l) | m_1,m_2,l \rangle \Big] | \uparrow\uparrow \rangle \\
& + \Big[\sum_{m_1,m_2,l} f_2^{(1)}(m_1,m_2,l) | m_1,m_2,l \rangle \Big] \frac{1}{\sqrt{2}}(| \uparrow\downarrow \rangle + | \downarrow\uparrow \rangle) \\
& + \Big[\sum_{m_1,m_2,l} f_4^{(1)}(m_1,m_2,l) | m_1,m_2,l \rangle \Big] | \downarrow\downarrow \rangle
\end{aligned} \tag{5.4.9}
$$

则依照式(5.3.8)~(5.3.13),同时考虑内部自由度状态从 4 个转换为 3 个的关

系,有

$$f_1^{(1)}(m_1, m_2, l)$$

$$= 2\Delta F_1^{(0)}(m_1, m_2, l) + g\sqrt{l+1}\sqrt{2}F_2^{(0)}(m_1, m_2, l+1)$$

$$+ g\sqrt{l}\cdot\sqrt{2}F_2^{(0)}(m_1, m_2, l-1) + l\omega F_1^{(0)}(m_1, m_2, l)$$

$$+ K\Big[\frac{1}{4}\sqrt{m_1(m_1-1)(m_1-2)(m_1-3)}F_1^{(0)}(m_1-4, m_2, l)$$

$$+ \sqrt{m_1(m_1-1)(m_1-2)^2}F_1^{(0)}(m_1-2, m_2, l)$$

$$+ \frac{3}{2}\sqrt{(m_1+1)m_1^2(m_1-1)}F_1^{(0)}(m_1, m_2, l)$$

$$+ \sqrt{(m_1+2)(m_1+1)^2 m_1}F_1^{(0)}(m_1+2, m_2, l)$$

$$+ \frac{1}{4}\sqrt{(m_1+4)(m_1+3)(m_1+2)(m_1+1)}F_1^{(0)}(m_1+4, m_2, l)$$

$$+ \frac{3}{2}\sqrt{m_1(m_1-1)}F_1^{(0)}(m_1-2, m_2, l) + 3m_1 F_1^{(0)}(m_1, m_2, l)$$

$$+ \frac{3}{2}\sqrt{(m_1+2)(m_1+1)}F_1^{(0)}(m_1+2, m_2, l)\Big]$$

$$+ K\Big[\frac{1}{4}\sqrt{m_2(m_2-1)(m_2-2)(m_2-3)}F_1^{(0)}(m_1, m_2-4, l)$$

$$+ \sqrt{m_2(m_2-1)(m_2-2)^2}F_1^{(0)}(m_1, m_2-2, l)$$

$$+ \frac{3}{2}\sqrt{(m_2+1)m_2^2(m_2-1)}F_1^{(0)}(m_1, m_2, l)$$

$$+ \sqrt{(m_2+2)(m_2+1)^2 m_2}F_1^{(0)}(m_1, m_2+2, l)$$

$$+ \frac{1}{4}\sqrt{(m_3+4)(m_2+3)(m_2+2)(m_2+1)}F_1^{(0)}(m_1, m_2+4, l)$$

$$+ \frac{3}{2}\sqrt{m_2(m_2-1)}F_1^{(0)}(m_1, m_2-2, l) + 3m_2 F_1^{(0)}(m_1, m_2, l)$$

$$+ \frac{3}{2}\sqrt{(m_2+2)(m_2+1)}F_1^{(0)}(m_1, m_2+2, l)\Big] \tag{5.4.10}$$

$$f_2^{(1)}(m_1, m_2, l)$$

$$= \frac{g}{\sqrt{2}}\sqrt{l+1}F_1^{(0)}(m_1, m_2, l+1) + \frac{g}{\sqrt{2}}\sqrt{l}F_1^{(0)}(m_1, m_2, l-1)$$

$$+ \frac{g}{\sqrt{2}}\sqrt{l+1}F_4^{(0)}(m_1, m_2, l+1) + \frac{g}{\sqrt{2}}\sqrt{l}F_4^{(0)}(m_1, m_2, l-1)$$

$$+ l\omega F_2^{(0)}(m_1, m_2, l)$$

$$+ K\left[\frac{1}{4}\sqrt{m_1(m_1-1)(m_1-2)(m_1-3)}\,F_2^{(0)}(m_1-4, m_2, l)\right.$$

$$+ \sqrt{m_1(m_1-1)(m_1-2)^2}\,F_2^{(0)}(m_1+2, m_2, l)$$

$$+ \frac{3}{2}\sqrt{(m_1+1)m_1^2(m_1-1)}\,F_2^{(0)}(m_1, m_2, l)$$

$$+ \sqrt{(m_1+2)(m_1+1)^2 m_1}\,F_2^{(0)}(m_1+2, m_2, l)$$

$$+ 3m_1 F_2^{(0)}(m_1, m_2, l) + \frac{3}{2}\sqrt{(m_1+2)(m_1+1)}\,F_2^{(0)}(m_1+2, m_2, l)\right]$$

$$+ K\left[\frac{1}{4}\sqrt{m_2(m_2-1)(m_2-2)(m_2-3)}\,F_2^{(0)}(m_1, m_2-4, l)\right.$$

$$+ \sqrt{m_2(m_2-1)(m_2-2)^2}\,F_2^{(0)}(m_1, m_2-2, l)$$

$$+ \frac{3}{2}\sqrt{(m_2+1)m_2^2(m_2-1)}\,F_2^{(0)}(m_1, m_2, l)$$

$$+ \sqrt{(m_2+2)(m_2+1)^2 m_2}\,F_2^{(0)}(m_1, m_2+2, l)$$

$$+ \frac{1}{4}\sqrt{(m_2+4)(m_2+3)(m_2+2)(m_2+1)}\,F_2^{(0)}(m_1, m_2+4, l)$$

$$+ \frac{3}{2}\sqrt{m_2(m_2-1)}\,F_2^{(0)}(m_1, m_2+2, l) + 3m_2 F_2^{(0)}(m_1, m_2, l)$$

$$+ \frac{3}{2}\sqrt{(m_2+2)(m_2+1)}\,F_2^{(0)}(m_1, m_2+2, l)\right] \tag{5.4.11}$$

$$f_4^{(1)}(m_1, m_2, l)$$

$$= -2\Delta F_4^{(0)}(m_1, m_2, l) + g\sqrt{2(l+1)}\,F_2^{(0)}(m_1, m_2, l+1)$$

$$+ g\sqrt{2l}\,F_2^{(0)}(m_1, m_2, l-1) + l\omega F_4^{(0)}(m_1, m_2, l)$$

$$+ K\left[\frac{1}{4}\sqrt{m_1(m_1-1)(m_1-2)(m_1-3)}\,F_4^{(0)}(m_1-4, m_2, l)\right.$$

$$+ \sqrt{m_1(m_1-1)(m_1-2)^2}\,F_4^{(0)}(m_1-2, m_2, l)$$

$$+ \frac{3}{2}\sqrt{(m_1+1)m_1^2(m_1-1)}\,F_4^{(0)}(m_1, m_2, l)$$

$$+ \sqrt{(m_1+2)(m_1+1)^2 m_1}\,F_4^{(0)}(m_1+2, m_2, l)$$

$$+ \frac{1}{4}\sqrt{(m_1+4)(m_1+3)(m_1+2)(m_1+1)}\,F_4^{(0)}(m_1+4, m_2, l)$$

$$+ \frac{3}{2}\sqrt{m_1(m_1-1)}\,F_4^{(0)}(m_1-2, m_2, l) + 3m_1 F_4^{(0)}(m_1, m_2, l)$$

$$+ \frac{3}{2} \sqrt{(m_1 + 2)(m_1 + 1)} F_4^{(0)}(m_1 + 2, m_2, l) \Big]$$

$$+ K \Big[\frac{1}{4} \sqrt{m_2(m_2 - 1)(m_2 - 2)(m_2 - 3)} F_4^{(0)}(m_1, m_2 - 4, l)$$

$$+ \sqrt{m_2(m_2 - 1)(m_2 - 2)^2} F_4^{(0)}(m_1, m_2 - 2, l)$$

$$+ \frac{3}{2} \sqrt{(m_2 + 1)m_2^2(m_2 - 1)} F_4^{(0)}(m_1, m_2, l)$$

$$+ \sqrt{(m_2 + 2)(m_2 + 1)^2 m_2} F_4^{(0)}(m_1, m_2 + 2, l)$$

$$+ \frac{1}{4} \sqrt{(m_2 + 4)(m_2 + 3)(m_2 + 2)(m_2 + 1)} F_4^{(0)}(m_1, m_2 + 4, l)$$

$$+ \frac{3}{2} \sqrt{m_2(m_2 - 1)} F_4^{(0)}(m_1, m_2 - 2, l) + 3m_2 F_4^{(0)}(m_1, m_2, l)$$

$$+ \frac{3}{2} \sqrt{(m_2 + 2)(m_2 + 1)} F_4^{(0)}(m_1, m_2 + 2, l) \Big] \tag{5.4.12}$$

以上得到的式(5.4.10)～(5.4.12)给出了用 $|B_0\rangle(|t = 0\rangle)$ 的展开系数来表示的 $|B_1\rangle$ 的态矢展开系数(波函数),实际上就是由 $|B_0\rangle$ 导出了 $|B_1\rangle$.因此如果将 $|B_0\rangle$,$|B_1\rangle$ 的系数写成一个列矩阵:

$$|B_0\rangle \sim \begin{pmatrix} [F_1^{(0)}(m_1, m_2, l)] \\ [F_2^{(0)}(m_1, m_2, l)] \\ [F_4^{(0)}(m_1, m_2, l)] \end{pmatrix}$$

$$|B_1\rangle \sim \begin{pmatrix} [f_1^{(1)}(m_1, m_2, l)] \\ [f_2^{(1)}(m_1, m_2, l)] \\ [f_4^{(1)}(m_1, m_2, l)] \end{pmatrix} \tag{5.4.13}$$

在右方的矩阵中含有三个小矩阵,它们是用三个指标标示的一列和 $m_1 \cdot m_2 \cdot l$ 行的小矩阵,将系数组成矩阵后,可以将上述三个方程表示为一个矩阵方程:

$$[f^{(1)}] = \begin{pmatrix} [f_1^{(1)}(m_1, m_2, l)] \\ [f_2^{(1)}(m_1, m_2, l)] \\ [f_4^{(1)}(m_1, m_2, l)] \end{pmatrix}$$

$$= [M][F^{(0)}] = [M] \begin{pmatrix} [F_1^{(0)}(m_1, m_2, l)] \\ [F_2^{(0)}(m_1, m_2, l)] \\ [F_4^{(1)}(m_1, m_2, l)] \end{pmatrix}$$

$$
= \begin{bmatrix} [M_{11}][M_{12}][M_{14}] \\ [M_{21}][M_{22}][M_{24}] \\ [M_{41}][M_{42}][M_{44}] \end{bmatrix} \begin{bmatrix} \left[F_1^{(0)}(m_1,m_2,l)\right] \\ \left[F_2^{(0)}(m_1,m_2,l)\right] \\ \left[F_4^{(0)}(m_1,m_2,l)\right] \end{bmatrix} \tag{5.4.14}
$$

式(5.4.14)中的小矩阵$[M_{ij}]$的矩阵元即可按式(5.4.10)～(5.4.12)表示为

$$
[M_{11}]_{(m_1,m_2,l;m_1',m_2',l')}
$$

$$
= 2\Delta\delta_{m_1 m_1'}\delta_{m_2 m_2'}\delta_{ll'} + l\omega\delta_{m_1 m_1'}\delta_{m_2 m_2'}\delta_{ll'}
$$

$$
+ \frac{K}{4}\sqrt{m_1(m_1-1)(m_1-2)(m_1-3)}\,\delta_{m_1 m_1'+4}\delta_{m_2 m_2'}\delta_{ll'}
$$

$$
+ K\sqrt{m_1(m_1-1)(m_1-2)^2}\,\delta_{m_1 m_1'+2}\delta_{m_2 m_2'}\delta_{ll'}
$$

$$
+ \frac{3K}{2}\sqrt{(m_1+1)m_1^2(m_1-1)}\,\delta_{m_1 m_1'}\delta_{m_2 m_2'}\delta_{ll'}
$$

$$
+ K\sqrt{(m_1+2)(m_1+1)^2 m_1}\,\delta_{m_1 m_1'-2}\delta_{m_2 m_2'}\delta_{ll'}
$$

$$
+ \frac{K}{4}\sqrt{(m_1+4)(m_1+3)(m_1+2)(m_1+1)}\,\delta_{m_1 m_1'-4}\delta_{m_2 m_2'}\delta_{ll'}
$$

$$
+ \frac{3K}{2}\sqrt{m_1(m_1-1)}\,\delta_{m_1 m_1'-2}\delta_{m_2 m_2'}\delta_{ll'}
$$

$$
+ 3Km_1\delta_{m_1 m_1'}\delta_{m_2 m_2'}\delta_{ll'} + \frac{3K}{2}\sqrt{(m_1+2)(m_1+1)}\,\delta_{m_1 m_1'-2}\delta_{m_2 m_2'}\delta_{ll'}
$$

$$
+ \frac{K}{4}\sqrt{m_2(m_2-1)(m_2-2)(m_2-3)}\,\delta_{m_1 m_1'}\delta_{m_2 m_2'+4}\delta_{ll'}
$$

$$
+ K\sqrt{m_2(m_2-1)(m_2-2)^2}\,\delta_{m_1 m_1'}\delta_{m_2 m_2'+2}\delta_{ll'}
$$

$$
+ \frac{3K}{2}\sqrt{(m_2+1)m_2^2(m_2-1)}\,\delta_{m_1 m_1'}\delta_{m_2 m_2'}\delta_{ll'}
$$

$$
+ K\sqrt{(m_2+2)(m_2+1)^2 m_2}\,\delta_{m_1 m_1'}\delta_{m_2 m_2'-2}\delta_{ll'}
$$

$$
+ \frac{K}{4}\sqrt{(m_2+4)(m_2+3)(m_2+2)(m_2+1)}\,\delta_{m_1 m_1'}\delta_{m_2 m_2'-4}\delta_{ll'}
$$

$$
+ \frac{3K}{2}\sqrt{m_2(m_2-1)}\,\delta_{m_1 m_1'}\delta_{m_2 m_2'-2}\delta_{ll'} + 3Km_2\delta_{m_1 m_1'}\delta_{m_2 m_2'}\delta_{ll'}
$$

$$
+ \frac{3K}{2}\sqrt{(m_2+2)(m_2+1)}\,\delta_{m_1 m_1'}\delta_{m_2 m_2'-2}\delta_{ll'} \tag{5.4.15}
$$

$$\left[M_{12} \right]_{(m_1, m_2, l; m_1', m_2', l')}$$

$$= g \sqrt{2(l+1)} \delta_{m_1 m_1'} \delta_{m_2 m_2'} \delta_{ll'-1} + g \sqrt{2l} \delta_{m_1 m_1'} \delta_{m_2 m_2'} \delta_{ll'+1} \tag{5.4.16}$$

$$\left[M_{14} \right]_{(m_1, m_2, l; m_1', m_2', l')} = 0 \tag{5.4.17}$$

$$\left[M_{21} \right]_{(m_1, m_2, l; m_1', m_2', l')}$$

$$= g \sqrt{\frac{l+1}{2}} \delta_{m_1 m_1'} \delta_{m_2 m_2'} \delta_{ll'-1} + g \sqrt{\frac{l}{2}} \delta_{m_1 m_1'} \delta_{m_2 m_2'} \delta_{ll'+1} \tag{5.4.18}$$

$$\left[M_{24} \right]_{(m_1, m_2, l; m_1', m_2', l')} = \left[M_{21} \right]_{(m_1, m_2, l; m_1', m_2', l')} \tag{5.4.19}$$

$$\left[M_{22} \right]_{(m_1, m_2, l; m_1', m_2', l')} = \left[M_{11} \right]_{(m_1, m_2, l; m_1', m_2', l')} - 2\Delta \delta_{m_1 m_1'} \delta_{m_2 m_2'} \delta_{ll'} \tag{5.4.20}$$

$$\left[M_{41} \right]_{(m_1, m_2, l; m_1', m_2', l')} = 0 \tag{5.4.21}$$

$$\left[M_{42} \right]_{(m_1, m_2, l; m_1', m_2', l')} = \left[M_{12} \right]_{(m_1, m_2, l; m_1', m_2', l')} \tag{5.4.22}$$

$$\left[M_{44}(\Delta t) \right]_{(m_1, m_2, l; m_1', m_2', l')}$$

$$= \left[M_{11}(\Delta t) \right]_{(m_1, m_2, l; m_1', m_2', l')} - 4\Delta \delta_{m_1 m_1'} \delta_{m_2 m_2'} \delta_{ll'} \tag{5.4.23}$$

从式(5.4.14)的

$$\left[f^{(1)} \right] = \left[M \right] \left[F^{(0)} \right]$$

立即可知,如

$$| B_n \rangle = \Big[\sum_{m_1 m_2 l} f_1^{(n)}(m_1, m_2, l) \, | \, m_1 m_2 l \rangle \Big] | \uparrow \uparrow \rangle$$

$$+ \Big[\sum_{m_1 m_2 l} f_2^{(n)}(m_1, m_2, l) \, | \, m_1 m_2 l \rangle \Big] \frac{1}{\sqrt{2}} (| \uparrow \downarrow \rangle + | \downarrow \uparrow \rangle)$$

$$+ \Big[\sum_{m_1 m_2 l} f_4^{(n)}(m_1, m_2, l) \, | \, m_1 m_2 l \rangle \Big] | \downarrow \downarrow \rangle$$

$$\sim \begin{pmatrix} \left[f_1^{(n)}(m_1, m_2, l) \right] \\ \left[f_2^{(n)}(m_1, m_2, l) \right] \\ \left[f_4^{(n)}(m_1, m_2, l) \right] \end{pmatrix} \tag{5.4.24}$$

则根据式(5.4.6)的递推关系以及得到的式(5.4.14)的结果,应有

$$\left[f^{(2)}\right] = [M]\left[f^{(1)}\right] = [M][M]\left[F^{(0)}\right] \tag{5.4.25}$$

于是对任意的 n 有

$$\left[f^{(n)}\right] = ([M])^n\left[F^{(0)}\right] \tag{5.4.26}$$

到此可以得出结论:

① 求出矩阵 $[M]$ 后,所有的 $|B_n\rangle$ 就知道了.

② 态矢集 $\{|B_n\rangle\}$ 已知后,将其代入式(5.4.4),便得到系统在 Δt 时刻的态矢:

$$
\begin{aligned}
|B_n\rangle &= \Big[\sum_{m_1 m_2 l} F_{1m_1 m_2 l}(\Delta t)\,|m_1 m_2 l\rangle\Big]|\uparrow\uparrow\rangle \\
&\quad + \Big[\sum_{m_1 m_2 l} F_{2m_1 m_2 l}(\Delta t)\,|m_1 m_2 l\rangle\Big]\frac{1}{\sqrt{2}}(|\uparrow\downarrow\rangle + |\downarrow\uparrow\rangle) \\
&\quad + \Big[\sum_{m_1 m_2 l} F_{4m_1 m_2 l}(\Delta t)\,|m_1 m_2 l\rangle\Big]|\downarrow\downarrow\rangle \\
&= \Big[\sum_n \frac{(-\mathrm{i}\Delta t)^n}{n!} f_1^{(n)}(m_1, m_2, l)\,|m_1 m_2 l\rangle\Big]|\uparrow\uparrow\rangle \\
&\quad + \Big[\sum_n \frac{(-\mathrm{i}\Delta t)^n}{n!} f_2^{(n)}(m_1, m_2, l)\,|m_1 m_2 l\rangle\Big]\frac{1}{\sqrt{2}}(|\uparrow\downarrow\rangle + |\downarrow\uparrow\rangle) \\
&\quad + \Big[\sum_n \frac{(-\mathrm{i}\Delta t)^n}{n!} f_4^{(n)}(m_1, m_2, l)\,|m_1 m_2 l\rangle\Big]|\downarrow\downarrow\rangle
\end{aligned} \tag{5.4.27}
$$

(5) 按前面的做法,由 $|\Delta t\rangle$ 导出 $|2\Delta t\rangle$,这时有一点要指出的是,Hamiltonian 已由式(5.2.5)中的 $H(t=0)$ 变为式(5.2.4)中的 Hamiltonian,其 $t = \Delta t$. 不过从两式左方的算符结构来看基本上是相同的,唯一不同的是其中若干项的系数,它们是

$$
\begin{aligned}
\frac{3}{2} a_1^{\dagger 2} &\longrightarrow \left[\frac{3}{2} - v^2(\Delta t)^2\right] a_1^{\dagger 2} \\
3 a_1^{\dagger} a_1 &\longrightarrow \left[3 - v^2(\Delta t)^2\right] a_1^{\dagger} a_1 \\
\frac{3}{2} a_1^2 &\longrightarrow \left[\frac{3}{2} - v^2(\Delta t)^2\right] a_1^2 \\
\frac{3}{2} a_2^{\dagger 2} &\longrightarrow \left[\frac{3}{2} - v^2(\Delta t)^2\right] a_2^{\dagger 2} \\
3 a_2^{\dagger} a_1 &\longrightarrow \left[3 - 2v^2(\Delta t)^2\right] a_2^{\dagger} a_2 \\
\frac{3}{2} a_2^2 &\longrightarrow \left[\frac{3}{2} - v^2(\Delta t)^2\right] a_2^2
\end{aligned} \tag{5.4.28}
$$

因此可按如下步骤直接得出结果：

① 和式(5.4.5)一样,引入态矢集$\{|B_n(\Delta t)\rangle\}$.

$$|B_n(\Delta t)\rangle = [H(\Delta t)]^n |\Delta t\rangle \tag{5.4.29}$$

$$= \left[\sum_{m_1 m_2 l} f^{(n)}_{1m_1 m_2 l}(2\Delta t) |m_1 m_2 l\rangle\right] |\uparrow\uparrow\rangle$$

$$+ \left[\sum_{m_1 m_2 l} f^{(n)}_{2m_1 m_2 l}(2\Delta t) |m_1 m_2 l\rangle\right] \frac{1}{\sqrt{2}}(|\uparrow\downarrow\rangle + |\downarrow\uparrow\rangle)$$

$$+ \left[\sum_{m_1 m_2 l} f^{(n)}_{4m_1 m_2 l}(2\Delta t) |m_1 m_2 l\rangle\right] |\downarrow\downarrow\rangle \tag{5.4.30}$$

② 由于具有形式相同的递推关系以及相同的态矢与系数矩阵间的对应关系：

$$|B_n(\Delta t)\rangle \sim \begin{pmatrix} [f^{(n)}_{1m_1 m_2 l}(2\Delta t)] \\ [f^{(n)}_{2m_1 m_2 l}(2\Delta t)] \\ [f^{(n)}_{4m_1 m_2 l}(2\Delta t)] \end{pmatrix} \tag{5.4.31}$$

故有与式(5.4.26)同样的结果：

$$[f^{(n)}(2\Delta t)] = ([M(\Delta t)])^n [F(\Delta t)] \tag{5.4.32}$$

其中需注意两点：

（a）注意宗量中的时间,式(5.4.26)是 $t = 0$ 到 Δt 的演化,现在是 Δt 到 $2\Delta t$ 的演化,所以$[M(\Delta t)]$和$[M]$不同.

（b）由式(5.4.26)知,式(5.4.32)中的$[F(\Delta t)]$是

$$[F(\Delta t)] = \begin{pmatrix} [F_{1m_1 m_2 l}(\Delta t)] \\ [F_{2m_1 m_2 l}(\Delta t)] \\ [F_{4m_1 m_2 l}(\Delta t)] \end{pmatrix} \tag{5.4.33}$$

其中

$$F_{im_1 m_2 l}(\Delta t) = \sum_n \frac{(-i\Delta t)^n}{n!} f^{(n)}_i(m_1, m_2, l) \tag{5.4.34}$$

③ 注意现在的矩阵

$$[M(\Delta t)] = \begin{bmatrix} [M_{11}(\Delta t)] [M_{12}(\Delta t)] [M_{14}(\Delta t)] \\ [M_{21}(\Delta t)] [M_{22}(\Delta t)] [M_{24}(\Delta t)] \\ [M_{41}(\Delta t)] [M_{42}(\Delta t)] [M_{44}(\Delta t)] \end{bmatrix} \tag{5.4.35}$$

其中

$$[M_{11}(\Delta t)]_{m_1, m_2, l; m_1', m_2', l'}$$

$$= 2\Delta \delta_{m_1 m_1'} \delta_{m_2 m_2'} \delta_{ll'} + l\omega \delta_{m_1 m_1'} \delta_{m_2 m_2'} \delta_{ll'}$$

$$+ \frac{K}{4} \sqrt{m_1(m_1 - 1)(m_1 - 2)(m_1 - 3)} \delta_{m_1 m_1' + 4} \delta_{m_2 m_2'} \delta_{ll'}$$

$$+ K \sqrt{m_1(m_1 - 1)(m_1 - 2)^2} \delta_{m_1 m_1' + 2} \delta_{m_2 m_2'} \delta_{ll'}$$

$$+ \frac{3K}{2} \sqrt{(m_1 + 1)m_1^2(m_1 - 1)} \delta_{m_1 m_1'} \delta_{m_2 m_2'} \delta_{ll'}$$

$$+ K \sqrt{(m_1 + 2)(m_1 + 1)^2 m_1} \delta_{m_1 m_1' - 2} \delta_{m_2 m_2'} \delta_{ll'}$$

$$+ \frac{K}{4} \sqrt{(m_1 + 4)(m_1 + 3)(m_1 + 2)(m_1 + 1)} \delta_{m_1 m_1' - 4} \delta_{m_2 m_2'} \delta_{ll'}$$

$$+ \left[\frac{3K}{2} - v^2(\Delta t)^2\right] \sqrt{m_1(m_1 - 1)} \delta_{m_1 m_1' + 2} \delta_{m_2 m_2'} \delta_{ll'}$$

$$+ [3K - 2v^2(\Delta t)^2] m_1 \delta_{m_1 m_1'} \delta_{m_2 m_2'} \delta_{ll'}$$

$$+ \left[\frac{3K}{2} - v^2(\Delta t)^2\right] \sqrt{(m_1 + 2)(m_1 + 1)} \delta_{m_1 m_1' - 2} \delta_{m_2 m_2'} \delta_{ll'}$$

$$+ \frac{K}{4} \sqrt{m_2(m_2 - 1)(m_2 - 2)(m_2 - 3)} \delta_{m_1 m_1'} \delta_{m_2 m_2' + 4} \delta_{ll'}$$

$$+ K \sqrt{m_2(m_2 - 1)(m_2 - 2)^2} \delta_{m_1 m_1'} \delta_{m_2 m_2' + 2} \delta_{ll'}$$

$$+ \frac{3K}{2} \sqrt{(m_2 + 1)m_2^2(m_2 - 1)} \delta_{m_1 m_1'} \delta_{m_2 m_2'} \delta_{ll'}$$

$$+ K \sqrt{(m_2 + 2)(m_2 + 1)^2 m_2} \delta_{m_2 m_2'} \delta_{m_2 m_2' - 2} \delta_{ll'}$$

$$+ \frac{K}{4} \sqrt{(m_2 + 4)(m_2 + 3)(m_2 + 2)(m_2 + 1)} \delta_{m_1 m_1'} \delta_{m_2 m_2' - 4} \delta_{ll'}$$

$$+ \left[\frac{3K}{2} - v^2(\Delta t)^2\right] \sqrt{m_2(m_2 - 1)} \delta_{m_1 m_1'} \delta_{m_2 m_2' - 2} \delta_{ll'}$$

$$+ [3K - 2v^2(\Delta t)^2] m_2 \delta_{m_1 m_1'} \delta_{m_2 m_2'} \delta_{ll'}$$

$$+ \left[\frac{3K}{2} - v^2(\Delta t)^2\right] \sqrt{(m_2 + 2)(m_2 + 1)} \delta_{m_1 m_1'} \delta_{m_2 m_2' - 2} \delta_{ll'} \tag{5.4.36}$$

$$\left[M_{12}(\Delta t)\right]_{m_1,m_2,l;m_1',m_2',l'}$$

$$= g\sqrt{2(l+1)}\,\delta_{m_1 m_1'}\delta_{m_2 m_2'}\delta_{ll'-1} + g\sqrt{2l}\,\delta_{m_1 m_1'}\delta_{m_2 m_2'}\delta_{ll'+1} \qquad (5.4.37)$$

$$\left[M_{14}(\Delta t)\right]_{m_1,m_2,l;m_1',m_2',l'} = 0 \qquad (5.4.38)$$

$$\left[M_{21}(\Delta t)\right]_{m_1,m_2,l;m_1',m_2',l'}$$

$$= g\sqrt{\frac{l+1}{2}}\,\delta_{m_1 m_1'}\delta_{m_2 m_2'}\delta_{ll'-1} + g\sqrt{\frac{l}{2}}\,\delta_{m_1 m_1'}\delta_{m_2 m_2'}\delta_{ll'+1} \qquad (5.4.39)$$

$$\left[M_{24}(\Delta t)\right]_{m_1,m_2,l;m_1',m_2',l'} = \left[M_{21}(\Delta t)\right]_{m_1,m_2,l;m_1',m_2',l'} \qquad (5.4.40)$$

$$\left[M_{22}(\Delta t)\right]_{m_1,m_2,l;m_1',m_2',l'}$$

$$= \left[M_{11}(\Delta t)\right]_{m_1,m_2,l;m_1',m_2',l'} - 2\Delta\delta_{m_1 m_1'}\delta_{m_2 m_2'}\delta_{ll'} \qquad (5.4.41)$$

$$\left[M_{41}(\Delta t)\right]_{m_1,m_2,l;m_1',m_2',l'} = 0 \qquad (5.4.42)$$

$$\left[M_{42}(\Delta t)\right]_{m_1,m_2,l;m_1',m_2',l'} = \left[M_{12}(\Delta t)\right]_{m_1,m_2,l;m_1',m_2',l'} \qquad (5.4.43)$$

④ 上面由式(5.4.32)求出$\left[f^{(n)}(2\Delta t)\right]$后,和式(5.4.34)一样可得

$$F_{im_1 m_2 l}(2\Delta t) = \sum_n \frac{(-i\Delta t)^n}{n!} f^{(n)}_{eim_1 m_2 l}(2\Delta t) \qquad (5.4.44)$$

从而得到

$$|2\Delta t\rangle = \left[\sum_{m_1 m_2 l} F_{1m_1 m_2 l}(2\Delta t)\,|\,m_1 m_2 l\rangle\right]|\uparrow\uparrow\rangle$$

$$+ \left[\sum_{m_1 m_2 l} F_{2m_1 m_2 l}(2\Delta t)\,|\,m_1 m_2 l\rangle\right]\frac{1}{\sqrt{2}}(|\uparrow\downarrow\rangle + |\downarrow\uparrow\rangle)$$

$$+ \left[\sum_{m_1 m_2 l} F_{4m_1 m_2 l}(2\Delta t)\,|\,m_1 m_2 l\rangle\right]|\downarrow\downarrow\rangle \qquad (5.4.45)$$

⑤ 按照以上的讨论,只需将 Δt 换为 $N\Delta t$,同样由$|N(\Delta t)\rangle$推得

$$|(N+1)\Delta t\rangle$$

$$= \left[\sum_{m_1 m_2 l} F_{1m_1 m_2 l}((N+1)\Delta t)\,|\,m_1 m_2 l\rangle\right]|\uparrow\uparrow\rangle$$

$$+ \left[\sum_{m_1 m_2 l} F_{2m_1 m_2 l}((N+1)\Delta t)\,|\,m_1 m_2 l\rangle\right]\frac{1}{\sqrt{2}}(|\uparrow\downarrow\rangle + |\downarrow\uparrow\rangle)$$

$$+ \left[\sum_{m_1 m_2 l} F_{4m_1 m_2 l}((N+1)\Delta t)\,|\,m_1 m_2 l\rangle\right]|\downarrow\downarrow\rangle \qquad (5.4.46)$$

5.5　势阱分离后系统的分布

上节里我们讨论了系统从式(5.3.13)给定的初始态出发,经实验安排的随时间变化的分离的两势阱中心的作用,分裂成两个有一定有限距离的子系统.这时我们要做的第二步是对其中的纠缠部分进行定域测量,即只对其中一个子系统进行测量,而不能扰动另一子系统.

按照量子理论,上节最后得到的 $|(N+1)\Delta t\rangle$ 就是 $t=(N+1)\Delta t$ 时刻系统的态矢,即

$$
\begin{aligned}
|t\rangle = & \Big[\sum_{m_1 m_2 l} F_{1 m_1 m_2 l}(t) \, | \, m_1 m_2 l\rangle\Big] | \uparrow \uparrow\rangle \\
& + \Big[\sum_{m_1 m_2 l} F_{2 m_1 m_2 l}(t) \, | \, m_1 m_2 l\rangle\Big] \frac{1}{\sqrt{2}}(| \uparrow \downarrow\rangle + | \uparrow \downarrow\rangle) \\
& + \Big[\sum_{m_1 m_2 l} F_{4 m_1 m_2 l}(t) \, | \, m_1 m_2 l\rangle\Big] | \downarrow \downarrow\rangle
\end{aligned}
\tag{5.5.1}
$$

(1) 首先看一下 t 时刻系统的内部自由度与外部空间的分布情形.

已知在仅有一个粒子的系统中(不计内部自由度)位置本征值为 x 的本征态矢为

$$
| \, x\rangle = \Big(\frac{1}{\pi}\Big)^{1/4} e^{-x^2/2} e^{-a^{\dagger} a^{\dagger}/2 + \sqrt{2} x a^{\dagger}} | \, 0\rangle
\tag{5.5.2}
$$

现在要问内部自由度的状态分别为 $| \uparrow \uparrow\rangle, \frac{1}{\sqrt{2}}(| \uparrow \downarrow\rangle + | \downarrow \uparrow\rangle), | \downarrow \downarrow\rangle$ 的粒子的位置波函数如何,则需将 $|t\rangle$ 的系统的态矢投影到相应的内部态上,再投影到位置为 x_1, x_2 的粒子本征态上,最后对场的所有可能的态的投影求和.为了简化,下面的 $F_{i m_1 m_2 l}(t)$ 的宗量都略去不写.

(2) $| \uparrow \uparrow\rangle$.

$$
\Psi_1(x_1, x_2) = \sum_{l'} \langle l' \, | \, \langle x_1 \, | \, \langle x_2 \, | \, t\rangle
$$

$$= \sum_{l'} \langle l' \mid \langle 0 \mid \frac{1}{\sqrt{\pi}} e^{-(x_1^2+x_2^2)/2} e^{-a_1 a_1/2 + \sqrt{2}x_1 a_1 - a_2 a_2/2 + \sqrt{2}x_2 a_2} \Big(\sum_{m_1 m_2 l} F_{1 m_1 m_2 l} \mid m_1 m_2 l \rangle \Big)$$

$$= \sum_{m_1 m_2 l} \frac{1}{\sqrt{\pi}} e^{-(x_1^2+x_2^2)/2} \langle 0 \mid e^{-a_1 a_1/2 + \sqrt{2}x_1 a_1 - a_2 a_2/2 + \sqrt{2}x_2 a_2} F_{1 m_1 m_2 l} \mid m_1 \rangle \mid m_2 \rangle$$

$$= \sum_{m_1 m_2 l} \frac{1}{\sqrt{\pi}} e^{-(x_1^2+x_2^2)/2} \langle 0 \mid \Big[\sum_{n_1} \frac{1}{n_1!} \Big(-\frac{1}{2}a_1 a_1 + \sqrt{2}x_1 a_1 \Big)^{n_1} \Big]$$

$$\cdot \Big[\sum_{n_2} \frac{1}{n_2!} \Big(-\frac{1}{2}a_2 a_2 + \sqrt{2}x_2 a_2 \Big)^{n_2} \Big] F_{1 m_1 m_2 l} \mid m_1 \rangle \mid m_2 \rangle$$

$$= \sum_{m_1 m_2 l} \frac{1}{\sqrt{\pi}} e^{-(x_1^2+x_2^2)/2} \langle 0 \mid \Big[\sum_{n_1} \frac{1}{n_1!} \sum_{k_1} C_{n_1}^{k_1} \Big(-\frac{1}{2}a_1 a_1 \Big)^{n_1-k_1} (\sqrt{2}x_1 a_1)^{k_1} \Big]$$

$$\cdot \Big[\sum_{n_2} \frac{1}{n_2!} \sum_{k_2} C_{n_2}^{k_2} \Big(-\frac{1}{2}a_2 a_2 \Big)^{n_2-k_2} (\sqrt{2}x_2 a_2)^{k_2} \Big] F_{1 m_1 m_2 l} \mid m_1 \rangle \mid m_2 \rangle$$

$$= \sum_{m_1 m_2 l} \frac{1}{\sqrt{\pi}} e^{-(x_1^2+x_2^2)/2} \langle 0 \mid \Big[\sum_{n_1 k_1} \frac{C_{n_1}^{k_1}}{n_1!} \Big(-\frac{1}{2} \Big)^{n_1-k_1} (\sqrt{2})^{k_1} x_1^{k_1} a_1^{2n_1-k_1} \Big]$$

$$\cdot \Big[\sum_{n_2 k_2} \frac{C_{n_2}^{k_2}}{n_2!} \Big(-\frac{1}{2} \Big)^{n_2-k_2} (\sqrt{2})^{k_2} x_2^{k_2} a_2^{2n_2-k_2} \Big] F_{1 m_1 m_2 l} \mid m_1 \rangle \mid m_2 \rangle$$

$$= \sum_{m_1 m_2 l} \frac{1}{\sqrt{\pi}} e^{-(x_1^2+x_2^2)/2} \sum_{n_1 k_1 n_2 k_2} \frac{1}{n_1!} \frac{1}{n_2!} \sqrt{(2n_1-k_1)!} \sqrt{(2n_2-k_2)!} x_1^{k_1} x_2^{k_2}$$

$$\cdot \Big(-\frac{1}{2} \Big)^{n_1+n_2-k_1-k_2} (\sqrt{2})^{k_1+k_2} C_{n_1}^{k_1} C_{n_2}^{k_2} F_{1 m_1 m_2 l} \langle 2n_1-k_1 \mid \langle 2n_2-k_2 \mid m_1 \rangle \mid m_2 \rangle$$

$$= \sum_{l} \sum_{n_1 k_1 n_2 k_2} \Big[\frac{\sqrt{(2n_1-k_1)!(2n_2-k_2)!}}{n_1! n_2!} C_{n_1}^{k_1} C_{n_2}^{k_2} \Big(-\frac{1}{2} \Big)^{n_1+n_2-k_1-k_2} (\sqrt{2})^{k_1+k_2} \Big]$$

$$\cdot F_{1, 2n_1-k_1, 2n_2-k_2, l} x_1^{k_1} x_2^{k_2} e^{-(x_1^2+x_2^2)/2} \tag{5.5.3}$$

(3) $\frac{1}{\sqrt{2}}(\mid \uparrow \downarrow \rangle + \mid \downarrow \uparrow \rangle)$.

类似可得

$$\Psi_2(x_1, x_2)$$

$$= \sum_{l} \sum_{n_1 k_1 n_2 k_2} \Big[\frac{\sqrt{(2n_1-k_1)!(2n_2-k_2)!}}{n_1! n_2!} C_{n_1}^{k_1} C_{n_2}^{k_2} \Big(-\frac{1}{2} \Big)^{n_1+n_2-k_1-k_2} (\sqrt{2})^{k_1+k_2} \Big]$$

$$\cdot F_{2, 2n_1-k_1, 2n_2-k_2, l} x_1^{k_1} x_2^{k_2} e^{-(x_1^2+x_2^2)/2} \tag{5.5.4}$$

(4) $|\downarrow\downarrow\rangle$.

类似可得

$$
\begin{aligned}
&\Psi_3(x_1,x_2)\\
&= \sum_l \sum_{n_1 k_1 n_2 k_2} \left[\frac{\sqrt{(2n_1-k_1)!(2n_2-k_2)!}}{n_1!n_2!} C_{n_1}^{k_1} C_{n_2}^{k_2} \left(-\frac{1}{2}\right)^{n_1+n_2-k_1-k_2} (\sqrt{2})^{k_1+k_2} \right]\\
&\quad \cdot F_{3,2n_1-k_1,2n_2-k_2,l} x_1^{k_1} x_2^{k_2} e^{-(x_1^2+x_2^2)/2}
\end{aligned}
\tag{5.5.5}
$$

5.6 定域测量

前述讨论完全按照现有的量子理论原理进行,所以得到的结果与解释都没有疑义.如图 5.6.1 所示是系统的内部自由度的态矢为 $|\uparrow\uparrow\rangle$ 时外部空间中系统状态在空间中的分布.

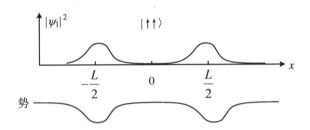

图 5.6.1

下方标示的是将系统分离成两个局域的子系统的势阱背景,上方是内部状态为 $|\uparrow\uparrow\rangle$ 时系统在外部空间中的分布.

如果我们按照式(5.5.4)画出系统的内部自由度的状态为 $\frac{1}{\sqrt{2}}(|\uparrow\downarrow\rangle+|\downarrow\uparrow\rangle)$ 时外部空间中系统概率的分布图以及内部自由度态矢为 $|\downarrow\downarrow\rangle$ 时相应的图,可以肯定图形是完全相似的,只是左、右两个波包的高度及展宽有所不同而已.

(1) 首先我们要讨论的是,对于我们正在讨论的二粒子 Rabi 系统,我们已用演化计算得到了系统经过时间 t 后分离成两个子系统时的态矢,我们就要来考虑下一步如何做才能准确体现 EPR 所说的对一个子系统的定域测量以及对另一子系统的瞬时的驾驭的效应.

从这样一个具体的和实验上最容易实现的二粒子系统的讨论看出,它不能完全呈现出如 EPR 当年设想的简单情形,根本原因在于他们没有考虑到量子理论的全同性原理.他们设想的粒子 1 在一个子系统中、粒子 2 在另一子系统中以及在一个子系统中只有自旋或为 $\frac{1}{2}$ 或为 $-\frac{1}{2}$ 的情形,必然导致他们认为的对一个子系统定域测量为 $\frac{1}{2}$,则另一子系统一定是 $-\frac{1}{2}$,而测量为 $-\frac{1}{2}$ 时另一子系统一定是 $\frac{1}{2}$ 的结论.这样的设想和现在讨论的实际不符.下面我们将逐步考虑如何在这一实际的系统中检验 EPR 命题的核心思想是否成立.

(2) 定域测量的实施.

对于测量,我们在前面已几次提到过,迄今为止量子理论的测量原理只对一个系统的整体测量作过论断.对于一个系统的一个定域中的子系统测量的含义,量子理论并没有给出过说明.如图 5.6.1 所示,系统在外部空间中的分布近乎是在以 $x = \frac{L}{2}$,$-\frac{L}{2}$ 为中心的两个极小的邻域里的分布.因此从以 $x = -\frac{L}{2}$ 为中心的邻域里的那个小范围内来看,左边的子系统几乎可以看作一个孤立的量子系统,如果在这小范围内去测量自旋在确定方向 (z) 上的分量,则我们遇到的情况会有如下几点和 EPR 的设想不同:

① 这时测得的自旋分量值不只是 $+\frac{1}{2}$,$-\frac{1}{2}$ 两种可能,还有 $+1, 0, -1$ 三种可能.

② 上述五种情形对应于图 5.6.2 中的情形.出现这样的与 EPR 原来设想的情形不完全一样的原因是,EPR 考虑时仍保留了经典物理中粒子可标示并可令其分别向相反方向移动的思想.

③ 准确一点讲,即使在讨论的系统中二态间的能量差 Δ 再小,系统在 t 时刻的态矢 $|t\rangle$ 的各种角动量分量的期待值也会各不相同,所以图 5.6.2 中的示意图并不表示各种情形出现的概率相同.

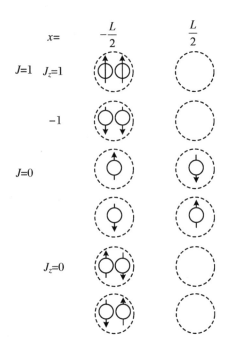

$x=$ $-\dfrac{L}{2}$ $\dfrac{L}{2}$

$J=1$ $J_z=1$

-1

$J=0$

$J_z=0$

图 5.6.2

系统在分成相距一个有限距离的两个定域子系统时粒子及自旋的分布情形. 两粒子在 $x=L/2$ 处的情形

5.7 位置波函数

随着势阱两个中心的分离, 系统的空间分布将出现围绕两个势阱中心的定域分布的子系统. 为了检验 EPR 的质疑, 将对其中一个定域子系统作自旋的测量, 所以首先要计算出系统在 t 时刻的空间分布.

(1) 计算内部状态是 $\dfrac{1}{\sqrt{2}}(|\uparrow\downarrow\rangle+|\downarrow\uparrow\rangle)$ 的系统的波函数, 即

$$\Psi_2(x_1,x_2)=\frac{1}{\sqrt{2}}(\langle\uparrow\downarrow|+\langle\downarrow\uparrow|)\langle 0|\mathrm{e}^{-a_1 a_1/2+\sqrt{2}x_1 a_1-a_2 a_2/2+\sqrt{2}x_2 a_2}\frac{1}{\sqrt{\pi}}\mathrm{e}^{-(x_1^2+x_2^2)/2}|t\rangle$$

$$=\frac{1}{\sqrt{\pi}}\mathrm{e}^{-(x_1^2+x_2^2)/2}\langle 0|\mathrm{e}^{-a_1 a_1/2+\sqrt{2}x_1 a_1-a_2 a_2/2+\sqrt{2}x_2 a_2}\sum_{m_1 m_2}f^{(2)}_{m_1 m_2}(t)|m_1 m_2\rangle$$

$$= \frac{1}{\sqrt{\pi}} e^{-(x_1^2 + x_2^2)/2} \langle 0 \mid \left[\sum_{n_1} \frac{1}{n_1!} \left(-\frac{1}{2} a_1 a_1 + \sqrt{2} x_1 a_1 \right)^{n_1} \right]$$

$$\cdot \left[\sum_{n_2} \frac{1}{n_2!} \left(-\frac{1}{2} a_2 a_2 + \sqrt{2} x_2 a_2 \right)^{n_2} \right] \sum_{m_1 m_2} f_{m_1 m_2}^{(2)}(t) \mid m_1 m_2 \rangle$$

$$= \frac{1}{\sqrt{\pi}} e^{-(x_1^2 + x_2^2)/2} \langle 0 \mid \left[\sum_{n_1} \frac{1}{n_1!} \sum_{k_1} C_{n_1}^{k_1} \left(-\frac{1}{2} a_1 a_1 \right)^{n_1 - k_1} (\sqrt{2} x_1 a_1)^{k_1} \right]$$

$$\cdot \left[\sum_{n_2} \frac{1}{n_2!} \sum_{k_2} C_{n_2}^{k_2} \left(-\frac{1}{2} a_2 a_2 \right)^{n_2 - k_2} (\sqrt{2} x_2 a_2)^{k_2} \right] \sum_{m_1 m_2} f_{m_1 m_2}^{(2)}(t) \mid m_1 m_2 \rangle$$

$$= \frac{1}{\sqrt{\pi}} e^{-(x_1^2 + x_2^2)/2} \langle 0 \mid \left[\sum_{n_1} \frac{1}{n_1!} \sum_{k_1} C_{n_1}^{k_1} \left(-\frac{1}{2} \right)^{n_1 - k_1} (\sqrt{2})^{k_1} x_1^{k_1} a_1^{2n_1 - k_1} \right]$$

$$\cdot \left[\sum_{n_2} \frac{1}{n_2!} \sum_{k_2} C_{n_2}^{k_2} \left(-\frac{1}{2} \right)^{n_2 - k_2} (\sqrt{2})^{k_2} x_2^{k_2} a_2^{2n_2 - k_2} \right] \sum_{m_1 m_2} f_{m_1 m_2}^{(2)}(t) \mid m_1 m_2 \rangle$$

$$= \frac{1}{\sqrt{\pi}} e^{-(x_1^2 + x_2^2)/2} \sum_{n_1} \sum_{k_1} \frac{1}{n_1!} \frac{1}{n_2!} \sqrt{(2n_1 - k_1)!} \sqrt{(2n_2 - k_2)!} \left(-\frac{1}{2} \right)^{n_1 - k_1}$$

$$\cdot (\sqrt{2})^{k_1} \left(-\frac{1}{2} \right)^{n_2 - k_2} (\sqrt{2})^{k_2} C_{n_1}^{k_1} C_{n_2}^{k_2} \langle 2n_1 - k_1 \mid \langle 2n_2 - k_2 \mid m_1 m_2 \rangle$$

$$\cdot f_{m_1 m_2}^{(2)}(t) x_1^{k_1} x_2^{k_2}$$

$$= \frac{1}{\sqrt{\pi}} e^{-(x_1^2 + x_2^2)/2} \sum_{n_1 n_2} \sum_{k_1 k_2} \frac{\sqrt{(2n_1 - k_1)! (2n_2 - k_2)!}}{n_1! n_2!} C_{n_1}^{k_1} C_{n_2}^{k_2} \left(-\frac{1}{2} \right)^{n_1 - k_1}$$

$$\cdot \left(-\frac{1}{2} \right)^{n_2 - k_2} (\sqrt{2})^{k_1 + k_2} f_{2n_1 - k_1, 2n_2 - k_2}^{(2)}(t) x_1^{k_1} x_2^{k_2} \tag{5.7.1}$$

其中 $f_{m_1 m_2}^{(2)}(t) = \sum_l F_{m_1 m_2 l}^{(2)}(t)$.

（2）类似可得对应于内部自由度分别为$| \uparrow \uparrow \rangle$和$| \downarrow \downarrow \rangle$的外部自由度的空间位置波函数为：

$| \uparrow \uparrow \rangle$：

$$\Psi_1(x_1, x_2) = \frac{1}{\sqrt{\pi}} e^{-(x_1^2 + x_2^2)/2} \sum_{n_1 n_2} \sum_{k_1 k_2} \frac{\sqrt{(2n_1 - k_1)! (2n_2 - k_2)!}}{n_1! n_2!} C_{n_1}^{k_1} C_{n_2}^{k_2} \left(-\frac{1}{2} \right)^{n_1 - k_1}$$

$$\cdot \left(-\frac{1}{2} \right)^{n_2 - k_2} (\sqrt{2})^{k_1 + k_2} f_{2n_1 - k_1, 2n_2 - k_2}^{(1)}(t) x_1^{k_1} x_2^{k_2} \tag{5.7.2}$$

$|\downarrow\downarrow\rangle$:

$$\Psi_3(x_1,x_2) = \frac{1}{\sqrt{\pi}}e^{-(x_1^2+x_2^2)/2}\sum_{n_1 n_2}\sum_{k_1 k_2}\frac{\sqrt{(2n_1-k_1)!(2n_2-k_2)!}}{n_1!n_2!}C_{n_1}^{k_1}C_{n_2}^{k_2}\left(-\frac{1}{2}\right)^{n_1-k_1}$$

$$\cdot\left(-\frac{1}{2}\right)^{n_2-k_2}(\sqrt{2})^{k_1+k_2}f_{2n_1-k_1,2n_2-k_2}^{(3)}(t)x_1^{k_1}x_2^{k_2} \tag{5.7.3}$$

5.8 定域测量的实施

当二粒子系统分成两个相距一定距离局域的子系统时,EPR 认为这时可以对其中一个子系统作定域测量.量子理论迄今对一个量子系统之子系统的测量从未作出过论断,它超出了现有的量子理论的范围.可以这样来理解,当一个系统的两个子系统分离得足够远,每一子系统几乎可以看作一个孤立的量子系统时,便可以按照测量原理去描述测量.

在讨论定域测量之前,还有几点需先谈到:

(1) 不论内部自由度的状态取 $|\uparrow\uparrow\rangle$,$\frac{1}{\sqrt{2}}(|\uparrow\downarrow\rangle+|\downarrow\uparrow\rangle)$,$|\downarrow\downarrow\rangle$ 中的哪一个,相应的外部自由度的波函数 $\Psi^{(i)}(x_1,x_2)$ 的分布具有不同的意义,因为在 t 时刻子系统是完全定域的,即有限概率的分布会集中在一个有限的小区域内,分成两种情况:两个粒子同在一个定域子系统内(围绕一个势阱中心),只有一个粒子在一个子系统内(围绕一个中心的区域),换句话说有下列三种情形:每个子系统有两粒子同在,只有一个粒子在和一个粒子都没有.结合内部自由度的状态,则在一个确定的子系统里有以下几种情形,这些分布情形都在图 5.8.1 中表示出来.

(2) 正如在前面已谈到过的,根据上面列出的几种情形,在一个子系统中作定域测量时,实际上不是只测量自旋,同时亦是测粒子数.因为当对一个子系统作测量时,自旋有 $J=0,1,\frac{1}{2}$ 以及 $J_z=+1,-1,0,+\frac{1}{2},-\frac{1}{2}$ 几种情形.相应的粒子数有 $2,1,0$ 三种.不过如果把这一子系统看作孤立系,因为粒子数算符和自旋算符是互为独立和可对易的,所以是可以同时测量的.

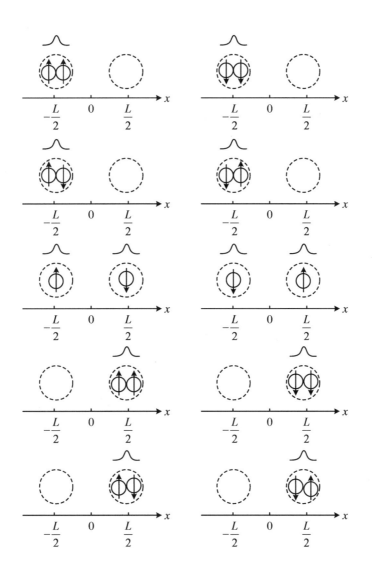

图 5.8.1 波包自旋分布

(3) 如果对一个子系统作定域测量的结果是:① $n=2,J=1$;② $n=0(J=0)$,则这两种情形对 EPR 的假设是对的还是量子理论是完善的这两种不同的结果无法做出判断.所以可只考虑以下的测量结果:③ $n=1,J_z=+\dfrac{1}{2}$ 或 $-\dfrac{1}{2}$.因为在这样的测量结果下,另一子系统里的另一个粒子的自旋状态才是 EPR 及量子理论争论的会出现不一样的结果的状态,分别叙述如下:

按照 EPR 的观点,对一个子系统作测量,如得到的结果是 $n=1,J_z=+\dfrac{1}{2}$ 或

$-\dfrac{1}{2}$,则另一子系统中另一粒子的自旋状态应该随测量子系统的粒子塌缩到 $J_z =$ $+\dfrac{1}{2}$ 或 $-\dfrac{1}{2}$ 而"驾驭"到 $J_z = -\dfrac{1}{2}$ 或 $+\dfrac{1}{2}$.

按照量子理论,另一种可能是系统不因其他子系统被测量而改变它的状态.其自旋状态是三种系统自旋态 $|\uparrow\uparrow\rangle$,$\dfrac{1}{\sqrt{2}}(|\uparrow\downarrow\rangle + |\downarrow\uparrow\rangle)$,$|\downarrow\downarrow\rangle$ 的组合,组合的情形由演化过程决定,按对称性的考虑,取 $|\uparrow\rangle\left(+\dfrac{1}{2}\right)$ 和取 $|\downarrow\rangle\left(-\dfrac{1}{2}\right)$ 的权重是相同的.

于是在对一个子系统作定域测量后,两种理论对整个系统的总的自旋分量有截然不同的论断.

$$
\begin{aligned}
&\text{EPR} \quad +\dfrac{1}{2}\left(-\dfrac{1}{2}\right) + \left(-\dfrac{1}{2}\right)\left(+\dfrac{1}{2}\right) = 0 \\
&\text{量子理论} \quad +\dfrac{1}{2}\left(-\dfrac{1}{2}\right) + 0 = +\dfrac{1}{2}\left(-\dfrac{1}{2}\right)
\end{aligned}
\tag{5.8.1}
$$

(4) 实验判断.

显然在对一个子系统作了测量后,我们无法立即判断上述两种论断中哪一个是正确的,对未被测量的子系统不能作任何测量.故实验要做的下一步是不去触动任何一个子系统,而将势阱朝靠近的方向移动,即将原来的两势阱中心由分离变为靠拢,直至复原势阱的初始构型.系统亦由两个分离的定域子系统合成一个定域系统.这时我们再对系统进行自旋测量.根据式(5.8.1),如果这时测得的系统总自旋分量为零,则 EPR 的论断成立;如测得的总自旋分量是 $+\dfrac{1}{2}$(或 $-\dfrac{1}{2}$),则量子理论的论断成立.

(5) 为了进一步论证量子理论的正确性和证明前面理论推演无误,可从同时对一个子系统定域测量时测得的角动量分量为 $|\uparrow\uparrow\rangle$,$|\downarrow\downarrow\rangle$,为 0 和为 $+\dfrac{1}{2}$,$-\dfrac{1}{2}$ 的比例来检验我们算得的 t 状态 $|t\rangle$ 是否正确.

EPR 这一问题的最终答案将留待这一实验的实现并由得到的结果加以判断.

量子物理若干基本问题
Some Fundamental Problems in Quantum Physics

第 6 章

连续谱问题与发散消除的新设想

6.1 问题的提出

以往量子理论表述中讨论量子体系的能谱和某个物理量的本征谱时,很多情形涉及的都是离散谱,理论描述清楚透彻.但是,如果物理系统的本征谱是连续谱,问题就来了,喀兴林的《高等量子力学》一书关于连续谱与离散谱的实质不同说得很明白.在这里摘录一段作为我们对连续谱问题讨论的出发点:

"一个物理系统如具有一个无简并的 Hermitian 算符 $\hat{A}$,它的本征态的本征值连续变化时,对其本征态无法(像离散谱那样)编号,只能就用其本征值来编号,即将本

征态集记为$\{|a\rangle\}$,它们满足

$$\hat{A}|a\rangle = a|a\rangle \tag{6.1.1}$$

a 在一个连续的实数域里变化."

该书为此作了如下一些论断:态矢集的正交性没有问题,即

$$如 a \neq a', \quad 则有\langle a|a'\rangle = 0 \tag{6.1.2}$$

对于本征态矢集是否像离散谱那样满足完备性条件,即

$$\int |a\rangle\langle a|\,\mathrm{d}a = 1 \tag{6.1.3}$$

该书是这样回答的:量子理论对于连续本征谱作了式(6.1.3)成立的假定(不是证明了).由于式(6.1.3)假定是成立的,故对于任意的态矢$|\psi\rangle$,有

$$|\psi\rangle = \int \mathrm{d}a|a\rangle\langle a|\psi\rangle = \int \psi(a)|a\rangle\mathrm{d}a \tag{6.1.4}$$

上述公式的一个具体而又为大家熟悉的例子就是

$$|\psi\rangle = \int \mathrm{d}x|x\rangle\langle x|\psi\rangle = \int \psi(x)|x\rangle\mathrm{d}x \tag{6.1.5}$$

将式(6.1.4)两边对$|a'\rangle$求内积得

$$\langle a'|\psi\rangle = \int \mathrm{d}a\langle a'|a\rangle\langle a|\psi\rangle$$

即

$$\psi(a') = \int \mathrm{d}a\langle a'|a\rangle\psi(a) \tag{6.1.6}$$

再将它和δ 函数的公式

$$f(x_0) = \int f(x)\delta(x - x_0)\mathrm{d}x \tag{6.1.7}$$

作比较,知有

$$\langle a'|a\rangle = \delta(a - a') \tag{6.1.8}$$

把式(6.1.8)和离散谱的

$$\langle i \mid j \rangle = \delta_{ij} \tag{6.1.9}$$

作比较,可见式(6.1.8)是将离散谱的正交归一关系推广到连续谱的公式.

　　从该书的这段讲述中,我们已能清楚知道目前量子理论对于连续谱的认识和论断.这一问题不能到此为止,而是值得进一步去思考与探索.事实上无论从物理意义还是形式上的分析来看,更深入一些的研究都是必需的.为了说清问题的所在,先来看一下离散谱中的一个例子.

1. 粒子数算符的本征态

　　已知粒子数算符的 $\hat{n} = a^{\dagger}a$ 具有本征态矢集 $\{\mid n\rangle^{(1)}\}$,其中

$$\mid n\rangle^{(1)} = (a^{\dagger})^{n} \mid 0\rangle \tag{6.1.10}$$

如果问本征态集 $\{\mid n\rangle^{(1)}\}$ 是否满足完备性的要求,即问下式是否成立:

$$\sum_{n} \mid n\rangle^{(1)\,(1)}\langle n \mid = \hat{I} \tag{6.1.11}$$

当我们在这里提出上述问题时,已经可以看到有关连续谱的论述的含混之处了.式(6.1.3)的成立就是量子理论的假定,其本身含有明显的不确定性,因为我们已从讨论中看到式(6.1.3)不是对任意的本征态矢集都成立的.因为 $\{\mid n\rangle^{(1)}\}$ 不满足式(6.1.11),显然它不满足完备性要求,原因是态矢 $\mid n\rangle^{(1)}$ 不是归一的.不过这一问题很易解决,只要作一下如下的"归一"的变换:

$$\mid n\rangle = \frac{1}{\sqrt{n!}} \mid n\rangle^{(1)} = \frac{1}{\sqrt{n!}}(a^{\dagger})^{n} \mid 0\rangle \tag{6.1.12}$$

则本征态集 $\{\mid n\rangle\}$ 就是完备的本征态集了:

$$\sum_{n} \mid n\rangle\langle n \mid = \hat{I} \tag{6.1.13}$$

从上面这样一个很简单的离散谱例子的讨论,我们可以抽取出几点有用的结论:

① 一个 Hermitian 算符具有本征态矢集.

② 每一个本征态矢集都具有正交性,但不一定满足完备性.

③ 不具有完备性的本征态矢集可以通过适当变换成为具有完备性的本征态

矢集.

④ 具有完备性的本征态矢集是唯一确定的.

这些结论对上述离散谱的例子来说是很浅显的,似乎没有什么特殊的意义.不过把它移植到连续谱来看时,也许就能看出深义了.

2. 连续谱的相应讨论

对比离散谱的情形,对于连续谱亦同样有如下一些结论:

① Hermitian 算符的连续本征态矢集同样会有许多组.

② 每一本征态矢集的正交性没有问题.

③ 不是每一本征态矢集都具有完备性,其中只有一类才具有完备性.

在连续谱的情形下,如何判断一个本征态矢集是否具备完备性? 如果我们得到的本征态矢集不是具有完备性的,又怎样使它转换成具有完备性的态矢集? 这样的问题是一个重要和需要解答的基本问题,而且这样的问题的答案似乎亦不是简单自明的.原因是:在离散谱的例子里,这一转换过程是通过将未归一的 $|n\rangle^{(1)}$ 转换成归一的 $|n\rangle$ 来达到的,但在连续谱的情形下,它的本征态恰是不能归一的.因此我们需要扩展我们的思路来考虑这一问题.如果我们把前面的式(6.1.12)的意义不局限于一个未归一到归一的变换,而是扩展为找寻一个恰当的变换,或许可能找到运用于连续谱的正确途径.为此我们以大家熟知的一维的 $(\hat{x}, \hat{p})$ 共轭算符对为例来讨论,以求获得启发.

为了以下的计算及讨论更为清晰,我们将 $(\hat{x}, \hat{p})$ 转换为一对玻色算符 $(a, a^\dagger)$,即作算符变换

$$\hat{x} = \frac{1}{\sqrt{2}}(a + a^\dagger) \tag{6.1.14}$$

$$\hat{p} = \frac{i}{\sqrt{2}}(a^\dagger - a) \tag{6.1.15}$$

在 $(a, a^\dagger)$ 的态空间里, $\hat{x}, \hat{p}$ 的一种本征态矢集可以证明由取如下的形式得到:

$$|x\rangle^{(1)} = \exp\left(-\frac{1}{2} a^\dagger a^\dagger + \sqrt{2} x a^\dagger\right)|0\rangle \tag{6.1.16}$$

$$|p\rangle^{(1)} = \exp\left(\frac{1}{2} a^\dagger a^\dagger + i\sqrt{2} p a^\dagger\right)|0\rangle \tag{6.1.17}$$

以式(6.1.17)为例来证明上述两个表达式是正确的：

$$\hat{p} \mid p \rangle^{(1)} = \frac{i}{\sqrt{2}} (a^\dagger - a) \exp\left(\frac{1}{2} a^\dagger a^\dagger + i\sqrt{2} p a^\dagger\right) \mid 0 \rangle$$

$$= \frac{i}{\sqrt{2}} (a^\dagger - a^\dagger - i\sqrt{2} p) \exp\left(\frac{1}{2} a^\dagger a^\dagger + i\sqrt{2} p a^\dagger\right) \mid 0 \rangle$$

$$= p \exp\left(\frac{1}{2} a^\dagger a^\dagger + i\sqrt{2} p a^\dagger\right) \mid 0 \rangle$$

$$= p \mid p \rangle^{(1)} \tag{6.1.18}$$

从式(6.1.16)和式(6.1.17)知，正如我们在前面谈到的，$\{\mid x \rangle^{(1)}\}$ 和 $\{\mid p \rangle^{(1)}\}$ 其实都不是具有完备性的本征态矢集，它们只有通过一定的变换才能转变成标准的具有完备性的本征态矢集，即通过如下的变换式达到：

$$\mid x \rangle = F_1(x) \mid x \rangle^{(1)} \tag{6.1.19}$$

$$\mid p \rangle = F_2(p) \mid p \rangle^{(1)} \tag{6.1.20}$$

如何找到一个物理系统的连续谱的正确变换关系也许不是一件容易的事，但对于 $\hat{x}, \hat{p}$ 这样的物理系统的正确变换的获得，范洪义做了一个开创性的工作，他得到了

$$\hat{F}_1(x) = \left(\frac{1}{\pi}\right)^{1/4} e^{-x^2/2} \tag{6.1.21}$$

$$\hat{F}_2(p) = \left(\frac{1}{\pi}\right)^{1/4} e^{-p^2/2} \tag{6.1.22}$$

关于式(6.1.21)、式(6.1.22)的正确性的证明，在范洪义的《量子力学的表象及变换理论》一书中有详细的表述.

3. 光子的本征态矢集

上面关于离散谱的数算符本征态矢集及连续谱的 $\hat{x}, \hat{p}$ 的本征态矢集的讨论是量子理论中离散谱和连续谱的两个具体例子.以下我们将把注意力集中到光子的本征态矢集上.

过去所有讨论自由空间光子问题时都是以这样的方式来处理的，即将光场的动量和能量本征态记为 $\mid k, \lambda \rangle^{(1)}$，其中 k 为光子的波矢，$\lambda = 1, 2$ 是光子的极化标示，波

函数为

$$\psi_{k,\lambda}(x) = \langle x \mid k,\lambda \rangle^{(1)} = \varepsilon_{k,\lambda} \mathrm{e}^{-ik\cdot x} \qquad (6.1.23)$$

其中 $\varepsilon_{k,\lambda}$ 是光场的极化矢量. 附带说明一下, 式(6.1.23)中所谓的波函数不应像讨论物质粒子时那样认为是光子的波函数, 因为准确地讲, 光子的波函数是没有意义的, 它不具有位置表象. 式(6.1.23)只是光场的电场或磁场在空间中分布的描述. 与前面的关于离散谱和连续谱的两个例子作比较, 我们有理由问这样的问题: 由 $\{\mid k,\lambda \rangle^{(1)}\}$ 描述的光场的本征态矢集是标准的具有完备性的本征态矢集吗? 会不会它们和标准的本征态矢集仍然差一个变换? 即标准的态矢集是否应当是

$$\mid k,\lambda \rangle = f(k,\lambda) \mid k,\lambda \rangle^{(1)} \qquad (6.1.24)$$

设想 $\{\mid k,\lambda \rangle^{(1)}\}$ 不是完备的本征态矢集的理由, 除了从前面两个例子得到的依据外, 还有如下的一个物理考虑: 把 $\mid k,\lambda \rangle^{(1)}$ 作为想象中的完备本征态矢集并将光场的任意态按它们作展开时常会遇到发散的问题. 而从另一角度来看, 一个真实的物理系统以及它的物理过程和可观测量应该是实在的、有限的这样的情况, 是否和我们误把 $\{\mid k,\lambda \rangle^{(1)}\}$ 当作具有完备性的标准本征态矢集的做法有关? 换句话说, 从上面讲的两个例子的角度来考虑, 我们会想到光场的完备本征态矢集 $\{\mid k,\lambda \rangle\}$ 和 $\{\mid k,\lambda \rangle^{(1)}\}$ 应该还存在一个如式(6.1.24)所示的变换关系.

对于这一变换式有如下几点考虑:

① 考虑到同一个 k 对应的两个极化方向的等价性, $f(k,\lambda)$ 不应和 λ 有关, 故 $f(k,\lambda) \rightarrow f(k)$.

② 考虑到自由空间的各向同性, $f(k)$ 应和方向无关, 故有 $f(k) \rightarrow f(k)$.

③ 依据前面两点可将变换关系的式(6.1.24)表示为

$$\mid k,\lambda \rangle = f(k) \mid k,\lambda \rangle^{(1)} \qquad (6.1.25)$$

现在对式(6.1.25)作进一步阐述. 事实上过去认为 $\{\mid k,\lambda \rangle^{(1)}\}$ 就是完备的本征态集隐含着这样的考虑, 即不同的 $\mid k,\lambda \rangle^{(1)}$ 应该是平权的. 这种考虑看起来似乎是合理的, 因为我们没有理由认为不同的频率(对应于不同的波矢)会占有不同的权重. 或者换一个说法, 没有理由认为连续分布的不同频率会具有不同的密度分布. 但是稍微仔细一点考虑会发现, 这种做法会将本不应该存在的频率 $\omega \rightarrow \infty$ 的"光子"亦一样地包含进来. 为了消除这一缺陷, 似乎只有通过式(6.1.25)的变换, 重新找寻真实的完备本征态矢集才能达到. 式(6.1.25)存在的必要性可以解释为原以为是均匀的频率

密度分布的谱应改为不同的频率有不同密度分布的连续谱.

那么如何确定 $f(k)$？下面将依次利用熟知的几个与光场的连续谱分布有密切关系的物理问题来探讨.

6.2 谱密度和 Casimir 效应

在 Casimir 效应问题中,最简单的例子是讨论两个平行板间的零点能.如图 6.2.1 所示,平板的板面积为 A,两板间的间距为 a,只要 A 足够大,a 足够小,便可近似认为板是无限大的,因此平行于板的 x,y 方向的光场的波矢可以看作不受任何限制的,即 k_x,k_y 在 $(-\infty,\infty)$ 中连续变化,但在 z 方向上,由于存在 $\psi(x,y,0)=\psi(x,y,a)=0$ 的边界条件,故波函数应含有 $\psi\sim\sin(k_z z)$ 的因子,即要求 k_z 只能取如下的分立值:

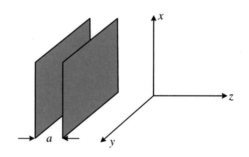

图 6.2.1

$$k_z = \frac{n\pi}{a} \quad (n=1,2,\cdots) \tag{6.2.1}$$

在板间的不同模式的光子能量可表示为(取 $c=\hbar=1$)

$$\omega_k^{(n)} = \sqrt{k_x^2 + k_y^2 + \left(\frac{n\pi}{a}\right)^2} \tag{6.2.2}$$

两板间的零点能 $E(a)$ 为

$$E(a) = 2A \sum_{n=1}^{\infty} \int \frac{1}{2} \omega_k^{(n)} \frac{\mathrm{d}^2 k}{(2\pi)^2} \tag{6.2.3}$$

上式右方的因子 2 来自两个极化矢量的贡献.

如定义

$$k = \sqrt{k_x^2 + k_y^2} \tag{6.2.4}$$

则对于确定的 n,有

$$\left[\omega_k^{(n)} \right]^2 = k_x^2 + k_y^2 + \left(\frac{n\pi}{a} \right)^2 = k^2 + \left(\frac{n\pi}{a} \right)^2 \tag{6.2.5}$$

由此可得

$$k \mathrm{d}k = \omega_k^{(n)} \mathrm{d}\omega_k^{(n)} \tag{6.2.6}$$

可将式(6.2.3)改写为

$$E(a) = \sum_{n=1}^{\infty} A \int \frac{k \mathrm{d}k \mathrm{d}\varphi}{(2\pi)^2} \omega_k^{(n)} = \sum_{n=1}^{\infty} A \int \frac{k \mathrm{d}k (2\pi)}{(2\pi)^2} \omega_k^{(n)}$$

$$= A \sum_{n=1}^{\infty} \frac{1}{2\pi} \int_{n\pi/a}^{\infty} \omega_k^{(n)} (\omega_k^{(n)} \mathrm{d}\omega_k^{(n)}) \tag{6.2.7}$$

虽然推演到这里都是在重复已有的有关 Casimir 效应的论述,然而有一点必须提出:上面的推导中仍然是遵循以往的观点,把 $| \mathbf{k}\lambda \rangle^{(1)}$ 作为完备基来对待的.换句话说,没有考虑到谱密度因子 $f(k) = f(\omega_k^{(n)})$ 的存在.现在将这一因素考虑进来时,应把式(6.2.7)改表示为

$$E(a) = A \sum_{n=1}^{\infty} \frac{1}{2\pi} \int_{n\pi/a}^{\infty} f(\omega_k^{(n)}) \omega_k^{(n)} (\omega_k^{(n)} \mathrm{d}\omega_k^{(n)}) \tag{6.2.8}$$

也即板上单位面积上的零点能为

$$\frac{E(a)}{A} = \sum_{n=1}^{\infty} \frac{1}{2\pi} \int_{n\pi/a}^{\infty} f(\omega_k^{(n)}) \omega_k^{(n)} (\omega_k^{(n)} \mathrm{d}\omega_k^{(n)}) \tag{6.2.9}$$

有趣的是,过去在讨论 Casimir 效应的过程中,当导出式(6.2.7)时,由于看到式(6.2.7)的积分是发散的,因而引入一个正常化因子,让中间过程成为可积的,然后再用重整化的办法,最终得到有限的物理结果.需要指出的是,现在的做法和观点与原

来的重整化的方法是不同的:

① 现在的 $f(\omega_k^{(n)})$ 不是重整化方法中的正常因子,它不是人为引入和最后要去掉的非物理实在的数学工具,现在的 $f(\omega_k^{(n)})$ 是在真实物理中必须考虑进来的因子.

② 过去引入的正常化因子的数学形式是多种多样的,虽然这样的人为的形式可以各不相同,但不影响最后的结果,它们最后都会被消掉;而现在的 $f(\omega_k^{(n)})$ 是真实的物理因子,它的形式和所含的参量应该是确定的.

③ 我们的任务就是依据这些物理问题的结果找出 $f(\omega)$. 从 Casimir 的实验结果,我们猜想 $f(\omega)$ 的数学形式是

$$f(\omega) = \mathrm{e}^{-\sigma\omega} \tag{6.2.10}$$

其中 σ 是待定的量. 这一猜想首先确定了 f 的函数形式,而且很容易看出它会保证式(6.2.8)的可积性. 至于对 $f(\omega)$ 的猜想是否正确,我们在下面将用它去计算理论的结果,然后和实验作比较,看两者是否符合来判断猜想的正确与否.

将式(6.2.10)代入式(6.2.9),得

$$\begin{aligned}
E(a) &= \frac{A}{2\pi} \sum_{n=1}^{\infty} \int_{n\pi/a}^{\infty} \mathrm{e}^{-\sigma\omega} \omega^2 \,\mathrm{d}\omega \\
&= \frac{A}{2\pi} \frac{\mathrm{d}^2}{\mathrm{d}\sigma^2} \sum_{n=1}^{\infty} \int_{n\pi/a}^{\infty} \mathrm{e}^{-\sigma\omega} \,\mathrm{d}\omega \\
&= \frac{A}{2\pi} \frac{\mathrm{d}^2}{\mathrm{d}\sigma^2} \sum_{n=1}^{\infty} \frac{1}{\sigma} \mathrm{e}^{-n\pi/\sigma} \\
&= \frac{A}{2\pi} \frac{\mathrm{d}^2}{\mathrm{d}\sigma^2} \left(\frac{1}{1 - \mathrm{e}^{-\sigma\pi/a}} - 1 \right)
\end{aligned} \tag{6.2.11}$$

得到上式的结果用到了

$$(\mathrm{e}^x - 1) \sum_{n=1}^{\infty} \mathrm{e}^{-nx} = 1$$

$$\frac{1}{1 - \mathrm{e}^{-\sigma\pi/a}} - 1 = \frac{\mathrm{e}^{-\sigma\pi/a}}{1 - \mathrm{e}^{-\sigma\pi/a}} = \frac{1}{\mathrm{e}^{\sigma\pi/a} - 1}$$

再利用如下的展开式:

$$\frac{1}{1 - \mathrm{e}^{-x}} = -\sum_{n=0}^{\infty} B_n \frac{x^{n-1}}{n!} \tag{6.2.12}$$

其中 B_n 是伯努利数,将式(6.2.12)代入式(6.2.11),得

$$\frac{1}{A}E(a) = -\frac{1}{2\pi}\frac{\mathrm{d}^2}{\mathrm{d}\sigma^2}\frac{1}{\sigma}\left[1 + \sum_{n=0}^{\infty}B_n\frac{\left(-\dfrac{\sigma\pi}{a}\right)^{n-1}}{n!}\right]$$

$$= \frac{1}{2\pi}\frac{\mathrm{d}^2}{\mathrm{d}\sigma^2}\left(-\frac{1}{\sigma} + B_0\cdot\frac{a}{\pi\sigma^2} - B_1\cdot\frac{1}{\sigma} + B_2\cdot\frac{\pi}{2a}\right.$$

$$\left. - B_3\cdot\frac{\pi^2\sigma}{6a^2} + B_4\cdot\frac{\pi^3\sigma^2}{24a^3} - B_5\cdot\frac{\pi^4\sigma^3}{120a^4} + \cdots\right)$$

$$= 3B_0\frac{a}{\pi^2\sigma^4} - (1+B_1)\frac{1}{\pi\sigma^3} + B_4\frac{\pi^2}{24a^3} - B_5\frac{\pi^3\sigma}{40a^4} + \cdots \quad (6.2.13)$$

在两板间的距离有限时,两板之前的空间并不是处于真空的状态,而是异于真空的另一个物理状态.只有当两块板不存在或等价于两块板移到无穷远($a \to \infty$)时,原来两块板间的那部分空间才居于真空态,此时这部分空间的单位面积上的能量可以由令式(6.2.13)中的 $a \to \infty$ 得到:

$$\frac{E_v(a)}{A} = \lim_{a\to\infty}\frac{E(a)}{A} = 3B_0\frac{a}{\pi^2\sigma^4} - (1+B_1)\frac{1}{\pi\sigma^3} \quad (6.2.14)$$

由于我们总是把真空态的能量选为能量零点,故板间的单位面积上观测到的能量为

$$\frac{E_{ef}(a)}{A} = 3B_0\frac{a}{\pi^2\sigma^4} - (1+B_1)\frac{1}{\pi\sigma^3} + B_4\frac{\pi^2}{24a^3} - B_5\frac{\pi^3\sigma}{40a^4}$$

$$+ \cdots - 3B_0\frac{a}{\pi^2\sigma^4} + (1+B_1)\frac{1}{\pi\sigma^3}$$

$$= B_4\frac{\pi^2}{24a^3} - B_5\frac{\pi^3\sigma}{40a^4} + B_6\frac{\pi^4\sigma^2}{120a^5} + \cdots \quad (6.2.15)$$

对 a 求导,便得到板的单位面积上受到的力为

$$\frac{1}{A}F = \frac{\partial}{\partial a}\left(\frac{E_{ef}(a)}{A}\right) = -\frac{B_4\pi^2}{8a^4} - \frac{B_6\pi^4\sigma^2}{24a^6} + \cdots \quad (6.2.16)$$

讨论至此,可以得到的结论如下:① 由设定的 $f(\omega) = \mathrm{e}^{-\sigma\omega}$ 确实得到 $\dfrac{F}{A} \sim \dfrac{1}{a^4}$,即板上单位面积受到的力与板的距 a 的负四次方成比例的结果与实验符合.② 由于 σ 值

量子物理若干基本问题
Some Fundamental Problems in Quantum Physics

的确定依赖于式(6.2.16)以后的高阶项与实验的异于 $\frac{1}{a^4}$ 的精确修正之间的比较,但是目前实验给不出较为精确的高阶修正,不足以确定 σ 的值,所以我们只能再寻求别的物理问题来确定.

6.3 谱密度和 Lamb 能移

前面我们用 Casimir 效应来确定光子谱的谱密度的函数形式,得到 $f(k)=\mathrm{e}^{-\sigma k}$ 的函数形式,其中 σ 从目前 Casimir 效应的实验精度无法确定,所以我们在这一节用另一个熟知的重要的 Lamb 能移的实验结果来确定 σ.

1. 能移的来源与结果

对于能移问题已有许多理论工作讨论过,这里用 Marlan Orvil Scully 和 Mubammad Suhail Zubairy《量子光学》[①]一书中的推导方法来讨论这一问题.

所谓的能移实质是最初原子物理的量子理论只考虑了原子中的电子在核的库仑势作用下形成的能级(定态),这时并没有考虑真空中电磁场的涨落的影响,当我们考虑进这一因素后,原来的电子位置 r 会因为电磁场的涨落而偏离原来的位置 $r \rightarrow r + \delta r$,不过电磁场的涨落引起的 δr 不是固定的,而是一个变化着的位移.其结果是实际上电了受到的位势作用从原来的

$$V = -\frac{ze^2}{4\pi\varepsilon_0}\frac{1}{r} \tag{6.3.1}$$

变成

$$\langle V \rangle = -\frac{ze^2}{4\pi\varepsilon_0}\left\langle \frac{1}{r+\delta r} \right\rangle \tag{6.3.2}$$

式(6.3.2)中表示为平均值 $\langle V \rangle$ 是因为 δr 是变动着的,所以表现出来的是平均效应.

---

① Scully M O, Zabairy M S. Quantum Mechanics[M]. London: Cambridge University Press, 1997.

2. 位势的变化

对于任何一个位势 $V(r)$，当 r 变到 $r + \delta r$ 时，位势的变化量 ΔV 为

$$\Delta V = V(r + \delta r) - V(r)$$
$$= \delta r \cdot \nabla V(r) + \frac{1}{2}(\delta r \cdot \nabla)^2 V(r) + \cdots \tag{6.3.3}$$

当 δr 具有涨落，且其涨落是各向同性的（电磁场的真空涨落就是各向同性的）情形时，有以下的结果：

$$\langle \delta r \rangle_{\text{vac}} = 0 \tag{6.3.4}$$

$$\langle (\delta r \cdot \nabla)^2 \rangle_{\text{vac}} = \frac{1}{3} \langle (\delta r)^2 \rangle \nabla^2 \tag{6.3.5}$$

及

$$\langle \Delta V \rangle = \frac{1}{6} \langle (\delta r)^2 \rangle \left\langle \nabla^2 \left(\frac{-e^2}{4\pi\varepsilon_0 r} \right) \right\rangle \tag{6.3.6}$$

注意式(6.3.4)～(6.3.6)都是在取平均的意义下计算的. 因为现在是在讨论电磁场涨落的影响以及氢原子的情形，所以在得到上面的结果时取 $z = 1$.

电磁场的涨落由各种电磁波的贡献组成，每一电磁波的振幅随时间波动，它对电子的影响就是让电子的位移随时间振荡，其经典的运动方程从一个确定的频率（波矢）的电磁波来看就是

$$m \frac{\mathrm{d}^2}{\mathrm{d}t^2}(\delta r)_k = -eE_k \tag{6.3.7}$$

上面已说过，δr 随 t 以频率 ν 在振动，故 E_k 表示如下：

$$E_k = \varepsilon_k (a_k \mathrm{e}^{\mathrm{i}k \cdot r - \mathrm{i}\nu t} + \text{c.c}) \tag{6.3.8}$$

其中 $\nu = c|k|$.

将式(6.3.8)代入式(6.3.7)，可得

$$(\delta r)_k = \frac{e}{mc^2 k^2} E_k \tag{6.3.9}$$

量子物理若干基本问题
Some Fundamental Problems in Quantum Physics

证明如下：

$$m \frac{\mathrm{d}^2}{\mathrm{d}t^2}(\delta \boldsymbol{r})_k = \frac{e}{c^2 k^2} \frac{\mathrm{d}^2}{\mathrm{d}t^2} \big[\varepsilon_k (a_k \mathrm{e}^{\mathrm{i}k \cdot r - \mathrm{i}\nu t} + \mathrm{c.c}) \big]$$

$$= \frac{e}{c^2 k^2}(-\nu^2) \big[\varepsilon_k (a_k \mathrm{e}^{\mathrm{i}k \cdot r - \mathrm{i}\nu t} + \mathrm{c.c}) \big]$$

$$= -e \big[\varepsilon_k (a_k \mathrm{e}^{\mathrm{i}k \cdot r - \mathrm{i}\nu t} + \mathrm{c.c}) \big] = -e \boldsymbol{E}_k$$

得到的结果表明式(6.3.9)是正确的,满足式(6.3.7).

以上讨论是针对电子在原子中除了受到库仑势的作用外,还受到一个单频电磁波作用时其位置受影响的情况.讨论到这里都是在经典理论框架下进行的,我们现在面对的是真空状态,应把各种频率的电磁场的影响都考虑进来,同时要应用量子理论来处理.加入这些考虑后,便有

$$\langle (\delta \boldsymbol{r})^2 \rangle_{\mathrm{vac}} = \sum_k \left(\frac{e}{mc^2 k^2} \right)^2 \langle 0 | (E_k)^2 | 0 \rangle$$

$$= \sum_k \left(\frac{e}{mc^2 k^2} \right)^2 \left(\frac{\hbar c k}{2E_0 \Omega} \right)$$

$$= 2 \frac{\Omega}{(2\pi)^3} 4\pi \int \mathrm{d}k k^2 \left(\frac{e}{mc^2 k^2} \right)^2 \left(\frac{\hbar c k}{2E_0 \Omega} \right)$$

$$= \frac{1}{2\varepsilon_0 \pi^2} \left(\frac{e^2}{\hbar c} \right) \left(\frac{\hbar}{mc} \right)^2 \int \frac{\mathrm{d}k}{k} \tag{6.3.10}$$

对上式作如下一些说明：

① 经典的量$(\delta \boldsymbol{r})^2$变到量子理论时,它成为算符.这一物理量也随之成为在 定态(真空态)下的期待值,即$(\delta \boldsymbol{r})^2 \rightarrow \langle (\delta \boldsymbol{r})^2 \rangle_{\mathrm{vac}}$.

② 第一等式的右方对各种k求和.

③ $\langle 0 | (E_k)^2 | 0 \rangle$是电场算符的平方在真空态下的期待值.

④ 真空中电磁场的能量并不为零,它的零点能是$\sum_k \dfrac{\hbar c k}{2\varepsilon_0 \Omega} = \sum_k \dfrac{\hbar \nu}{2\varepsilon_0 \Omega}$,其中$\Omega$是为了讨论方便引入的有限的大体积,它使连续$k$离散化,这一做法可见于任一本量子电动力学书.

⑤ 由于电磁场能量虽然是由$(E_k)^2$,$(B_k)^2$组成的,但磁场部分贡献太小,故$\langle 0 | (E_k)^2 | 0 \rangle$就近似等于真空中的电磁场能量.从而有上式中的第二等式.

现在再来讨论式(6.3.6)中的第二个因子$\left\langle \nabla^2\left(-\dfrac{e^2}{4\pi\varepsilon_0 r}\right)\right\rangle$.这里要特别指出,这个期待值的意义是$\nabla^2\left(-\dfrac{e^2}{4\pi\varepsilon_0 r}\right)$这个算符在原子中的某一状态中取期待值.故如该状态的波函数是$\psi(r)$,则有

$$\left\langle \nabla^2\left(-\frac{e^2}{4\pi\varepsilon_0 r}\right)\right\rangle = -\frac{e^2}{4\pi\varepsilon_0}\int \mathrm{d}r \psi^*(r)\nabla^2\left(\frac{1}{r}\right)\psi(r)$$

$$= -\frac{e^2}{4\pi\varepsilon_0}\int \mathrm{d}r \psi^*(r)\left[-4\pi\delta(r)\right]\psi(r)$$

$$= \frac{e^2}{\varepsilon_0}\left|\psi(0)\right|^2 \tag{6.3.11}$$

3. 氢原子中的 Lamb 能移

在没有考虑真空中的电磁场对原子中的电子的影响时,如只考虑电子受到核的库仑力的作用,则氢原子中的 2s 和 2p 态能量相等,是简并的.但如考虑进真空电磁场的作用,则因

$$\left|\psi_{2\mathrm{p}(0)}\right| = 0 \tag{6.3.12}$$

而

$$\psi_{2\mathrm{s}(0)} = \frac{1}{(8\pi a_0^3)^{1/2}} \tag{6.3.13}$$

其中

$$a_0 = \frac{4\pi\varepsilon_0\hbar^2}{me^2} \tag{6.3.14}$$

是玻尔半径,因此得到的结论是 2p 态不受真空电磁场涨落的影响,能级没有改变,而 2s 态能量的改变量$\langle\Delta V\rangle_{2\mathrm{s}}$不为零.

那么$\langle\Delta V\rangle_{2\mathrm{s}}$等于什么值呢?原则上按照式(6.3.6)的意义,将式(6.3.10)和式(6.3.11)的结果代入式(6.3.6)即可,但是式(6.3.10)中的积分是发散的.积分既有红外发散,亦有紫外发散.对于红外发散,已由物理的考虑得出式(6.3.10)中的下限不是 0,而应是$\dfrac{\pi}{a_0}$.但是对于上限,以往的理论是依据重整化理论去解决,或者简单的

等效做法是取上限 $\dfrac{mc}{\hbar}$. 有了这些考虑后，式(6.3.10)成为可积的：

$$
\begin{aligned}
\langle (\delta r)^2 \rangle &= \frac{1}{2\varepsilon_0 \pi^2} \left(\frac{e^2}{\hbar c} \right) \left(\frac{\hbar}{mc} \right)^2 \int_{\pi/a_0}^{mc/\hbar} \frac{\mathrm{d}k}{k} \\
&= \frac{1}{2\varepsilon_0 \pi^2} \left(\frac{e^2}{\hbar c} \right) \left(\frac{\hbar}{mc} \right)^2 \ln \frac{4\varepsilon_0 \hbar c}{e^2}
\end{aligned}
\tag{6.3.15}
$$

然后将式(6.3.11)、式(6.3.13)和式(6.3.15)代入式(6.3.6)，得

$$
\begin{aligned}
\langle \Delta V \rangle_{2s} &= \frac{4}{3} \frac{e^2}{4\pi\varepsilon_0} \frac{e^2}{4\pi\varepsilon_0 \hbar c} \left(\frac{\hbar}{mc} \right)^2 \frac{1}{8\pi a_0^3} \ln \frac{4\varepsilon_0 \hbar c}{e^2} \\
&= \alpha^5 mc^2 \frac{1}{6\pi} \ln \frac{1}{\pi\alpha}
\end{aligned}
\tag{6.3.16}
$$

其中 $\alpha = \dfrac{e^2}{4\pi\varepsilon_0 \hbar c}$ 是精细结构常数.

这里还需要说明一下，按照量子理论，上述推导仍然只是一种低阶近似，不过对于我们要讨论的目的来讲，这样的精准度是足够的. 这里要着重指出，式(6.3.15)的计算依据重整化理论，而我们在这一章里要谈的正是不用重整化理论来消除发散. 因此下面重新讨论式(6.3.16)的获得.

4. 利用 Lamb 能移定出参量 σ

在本节里不用传统的重整化理论，改用考虑了谱密度因子后的新理论来讨论. 根据前面讨论自由空间电磁场的本征态矢集的精神，采取的做法应当是：式(6.3.15)中的积分除下限保持 $\dfrac{\pi}{a_0}$ 不变外，上限不是取截断值 $\dfrac{mc}{\hbar}$，而是取 ∞，同时在积分中将谱密度因子 $f(k) = \mathrm{e}^{-\sigma k}$ 包含进来，即应将 $\int_{\pi/a_0}^{mc/\hbar} \dfrac{\mathrm{d}k}{k}$ 改为 $\int_{\pi/a_0}^{\infty} f(k) \dfrac{\mathrm{d}k}{k} = \int_{\pi/a_0}^{\infty} \mathrm{e}^{-\sigma k} \dfrac{\mathrm{d}k}{k}$. 由于式(6.3.15)的最后结果或式(6.3.16)的结果与实验在相当的精度下是吻合的，因此我们只要找到满足以下等式的 σ：

$$
\int_{\pi/a_0}^{\infty} \mathrm{e}^{-\sigma k} \frac{\mathrm{d}k}{k} = \ln \frac{4\varepsilon_0 \hbar c}{e^2}
\tag{6.3.17}
$$

则求得的 σ 就是一定精度下应有的物理值. 上式左方的积分不能表示为一个简单的

解析形式,但可表示为解析的展开.

先作形式的展开:

$$\int e^{-\sigma k}\frac{dk}{k} = \int e^{-\sigma k}d(\ln k)$$

$$= \int e^{-\sigma k}d\left[\sum_{n=1}^{\infty}(-1)^{n+1}\frac{(k-1)^n}{n}\right]$$

$$= \int e^{-\sigma(k_1+1)}d\left[\sum_{n=1}^{\infty}(-1)^{n+1}\frac{k_1^n}{n}\right]\quad(k_1 = k-1)$$

$$= e^{-\sigma}\int e^{-\sigma k_1}\left[\sum_{n=1}^{\infty}(-1)^{n+1}k_1^{n-1}\right]dk_1$$

$$= e^{-\sigma}\sum_{n=2}^{\infty}\int e^{-\sigma k_1}(-1)^{n+1}k_1^{n-1}dk_1 \qquad (6.3.18)$$

已知有以下的积分式:

$$\int x^m e^{-\sigma x}dx = e^{-\sigma x}\left[\frac{x^m}{-\sigma} + \sum_{L=1}^{m}\frac{m(m-1)\cdots(m-L+1)}{(-\sigma)^{L+1}}x^{m-L}\right] \quad (6.3.19)$$

将式(6.3.19)代入式(6.3.18),得

$$\int e^{-\sigma k}\frac{dk}{k} = e^{-\sigma}\sum_{n=2}^{\infty}(-1)^{n+1}e^{-\sigma k_1}\left[-\frac{k_1^{n-1}}{\sigma}\right.$$

$$\left. + \sum_{L=1}^{\infty}\frac{(n-1)(n-2)\cdots(n-L)}{(-\sigma)^{L+1}}k_1^{n-1-L}\right]$$

$$= e^{-\sigma}\sum_{n=2}^{\infty}(-1)^n e^{-\sigma k_1}\left[\frac{k_1^{n-1}}{\sigma}\right.$$

$$\left. + \sum_{L=1}^{\infty}(-1)^L\frac{(n-1)(n-2)\cdots(n-L)}{\sigma^{L+1}}k_1^{n-1-L}\right] \qquad (6.3.20)$$

将式(6.3.20)代入式(6.3.17)并记住 $k_1 = k-1$,故有

$$\left[e^{-\sigma}\sum_{n=2}^{\infty}(-1)^n e^{-\sigma k_1}\left[\frac{k_1^{n-1}}{\sigma} + \sum_{L=0}^{n-1}(-1)^L\frac{(n-1)\cdots(n-L)}{\sigma^{L+1}}k_1^{n-1-L}\right]\right]_{\pi/a_0-1}^{\infty}$$

$$= e^{-\sigma}\sum_{n=2}^{\infty}(-1)^n e^{(1-\pi/a_0)\sigma}\left[\frac{(-1+\pi/a_0)^{n-1}}{\sigma}\right.$$

$$\left. + \sum_{L=0}^{n-1}(-1)^L\frac{(n-1)\cdots(n-L)}{\sigma^{L+1}}\left(-1+\frac{\pi}{a_0}\right)^{n-1-L}\right]$$

量子物理若干基本问题
Some Fundamental Problems in Quantum Physics

$$= \ln \frac{4\varepsilon_0 \hbar c}{e^2} \tag{6.3.21}$$

5. σ 值的合理性

按式(6.3.21)和能移的比较结果,得

$$\sigma = 1.37 \times 10^{-26} \text{ s} \tag{6.3.22}$$

这里要附带指出的是,除了论证谱密度因子的存在使得原来在能移的物理问题中从一开始就不发散,无须重整化处理外,我们还需要考虑另一个因素,即求得的 σ 在多大范围内还应当给出 $f(k) \approx 1$ 的结果,因为在我们过去常用到的电磁波的实用范围(微波、可见光波、X 射线、γ 射线)内,并没有观测到不同波长(频率)的谱密度不同带来的明显不同的物理效应.式(6.3.22)给出的 σ 告诉我们,只有高到一定频率才会显现出 $f(k)$ 的作用.这是具有频率谱密度这一论证的另一个合理之处.为此下面我们再讨论一下黑体辐射的问题.式(6.3.22)给出的 σ 值对目前实验得到的黑体辐射的谱分布是没有问题的,换句话说,这就是一个对一般频率的光波没有影响的例证.不过,随着实验技术的发展,更高频率的黑体辐射谱能得到时,就能确切地判断式(6.3.22)正确与否了.

6. 关于发散和重整化

近年来在凝聚态领域里有不少工作讨论 Rabi 模型中的非旋波近似求解问题,当然这样的讨论亦不局限于 Rabi 模型,同样适用于 Dicke 模型或 Holstein 模型等更为繁杂的模型.其实质是取旋波近似时忽略了中间的不在质量壳上的虚粒子的作用,而采用非旋波近似就是恢复考虑进包含中间虚粒子的高阶费曼图的贡献.值得注意的是,在 QED 框架下这样的计算都会遇到发散问题,需要经过重整化的处理,才能得到真实的有限的物理结果.然而近年上述的这一方面的研究并没有遇到相似的发散及需要重整的情况.之所以出现这样的不同不外乎有如下两个原因:一是 QED 中的中介粒子是自由空间光子,Rabi 模型中的是不同的腔中的受约束的光子;二是这些研究大多不用微扰论的方法.这种情形至少启示我们,不是所有的问题都存在表观的发散.既然如此,反过来便可以理解,对于 QED 来说,其出现发散和需要重整只是因为一开始把表征不同频率的光子谱密度因子误认为始终不随频率变化.

6.4　光场与物质粒子

我们在本章里谈了量子理论中物理量的离散谱和连续谱间的比较,并着重讨论了光场的连续谱中的谱密度因子的问题,为了比较,一开始举了粒子的数本征态和位置、动量本征态的例子.在本章的最后,我们想用不长的一点篇幅来谈谈光场与物质粒子的比较,特别是在量子理论范畴内.物质粒子,如电子、质子、中子、重子等称为粒子,而我们亦惯用光子来表述光场.这两种表述的含义是一样的吗? 下面我们试图列出一些论述来阐明.

(1) 从经典物理出发来看,这两者是完全不一样的.物质粒子是指物质的原子、分子,而光场即电磁场以场的形式存在,在经典物理里,物质的粒子性和光场的波动性的不同是显然的.

(2) 现在从量子物理的角度来看两者的异同.量子理论由若干基本原理构成:存在态矢与算符两个要素、态叠加原理、动力学方程、不确定性关系,等等.这是一个量子系统的普遍性质.对于一个具体的物理量子系统而言,则需给定这一系统具有的若干对正则物理量(算符)与这些算符组成的 Hamiltonian.

按照上面分析,对于一个最简单的物质粒子的量子系统,它有一对正则量 $(\hat{x}, \hat{p})$,而光场的一对正则量是 $(\hat{E}, \dot{\hat{E}})$,E 是电场强度.从这里看出,作为量子系统,它们的基本正则量是不相同的.

(3) 从守恒定律的角度来看,我们知道对于物质粒子,粒子数的守恒律是熟知的,更具体一点讲,有轻子数守恒和重子数守恒;而在光场方面没有对应的守恒律,而且我们十分熟悉的原子中的电子在不同的能级间跃迁时必然会发射和吸收光,如图 6.4.1 所示.在这种物理过程中光场可以由无到有地产生,亦可由有到无地湮灭,但粒子数不会改变.

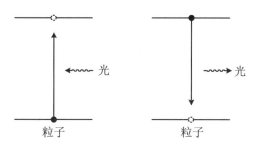

图 6.4.1 光场的产生与湮灭

（4）本章前面的内容是围绕量子系统的完备性在讨论，在光场的情形下，由于其本征态矢集是连续分布的，引出了谱密度因子.这里要强调的是，完备性是一个普遍的问题，不论一个量子系统的正则量是什么，如果它的态矢空间中的态矢需要选择一组基态是连续分布的，则同样有谱密度因子的问题.事实上，任何连续的态矢集都有它的分布致密性是否均匀的问题，这不是光场特有的性质.

（5）物质粒子还有一个明显的性质，那就是它具有动量，随着动量的不同，粒子的总能量不同，在一些叙述中有这样的误解，认为光子是没有静质量的粒子，这样的看法是不恰当的.因为没有动量的光，或者说其波矢 k（或频率 ν）为零时事实上光场已不存在，根本谈不上有无静质量[①].准确地讲，理论上预期的无静止质量的物理粒子是 Weyl 粒子，对 Weyl 粒子我们在第 1 章中讨论过.

（6）经常看到这样的说法："一个频率为 ν 的光子的能量为 $h\nu$."我们要问：这种说法的真正含义是什么？首先要指出的是，这不是一种严谨的表述，理由如下：第一，即使在量子理论的意义下，一个频率完全确定的光场只能是平面波的形式，它弥漫于整个空间，完全没有粒子的图像；第二，说它的能量为 $h\nu$ 更没有意义，因为这样的量子状态是不能归一的，一个不能归一的状态的所有物理量都无法确定，自然亦谈不上具有确定的能量值了.

下面仔细分析一下一般情形下光子的确切含义.

为简单计，我们用一维空间来讨论.考虑如下的一个由不同波矢 k 组成的波包，为了具体计算的方便，同时亦不影响物理的实质，我们取高斯型波包：

$$| \rangle = N \int e^{-\sigma(k-k_0)^2} | k \rangle \mathrm{d}k \tag{6.4.1}$$

---

① 汪克林，曹则贤.光子真是简单的无质量粒子吗？光子概念再剖析[J].物理，48(11)，2019：726-732.

这一波包的态矢是由不同的 $|k\rangle$ 组成的，波包以 k_0 为中心，参量 σ 的值标志波包展宽的程度. 式(6.4.1)的态矢的性质讨论如下：

① 归一常量 N：

$$\langle\,|\,\rangle = 1$$

$$= N^2 \int e^{-\sigma(k-k_0)^2} e^{-\sigma(k_1-k_0)^2} \langle k\mid k_1\rangle \mathrm{d}k\,\mathrm{d}k_1$$

$$= N^2 \int e^{-\sigma(k-k_0)^2} e^{-\sigma(k_1-k_0)^2} \delta(k-k_1)\mathrm{d}k\,\mathrm{d}k_1$$

$$= N^2 \int e^{-2\sigma(k-k_0)^2} \mathrm{d}k$$

$$= N^2 \int e^{-2\sigma k'^2} \mathrm{d}k' = N^2 \sqrt{\frac{\pi}{2\sigma}} \tag{6.4.2}$$

故有

$$N = \left(\frac{2\sigma}{\pi}\right)^{1/4} \tag{6.4.3}$$

② 光场的 Hamiltonian 为 $(c=1)$

$$H = \int \mid k\rangle \hbar k \mid \langle k \mid \mathrm{d}k \tag{6.4.4}$$

③ 波包的能量平方期待值为

$$\langle\,\mid H^2 \mid\,\rangle = N^2 \int e^{-\sigma(k-k_0)^2} e^{-\sigma(k_1-k_0)^2} \langle k \mid (\mid k'\rangle \hbar k' \mid \langle k' \mid)$$

$$\bullet\,(\mid k''\rangle \hbar k'' \mid \langle k'' \mid) \mid k_1\rangle \mathrm{d}k\,\mathrm{d}k'\,\mathrm{d}k''\mathrm{d}k_1$$

$$= N^2 \int e^{-2\sigma(k-k_0)^2}(\hbar^2 k^2)\mathrm{d}k$$

$$= N^2 \int e^{-2\sigma(k')^2} \hbar^2 (k'+k_0)^2 \mathrm{d}k$$

$$= N^2 \hbar^2 \int e^{-2\sigma(k')^2}(k'^2 + 2k_0 k' + k_0^2)\mathrm{d}k'$$

$$= N^2 \hbar^2 \int e^{-2\sigma(k')^2}(k'^2 + k_0^2)\mathrm{d}k'$$

$$= N^2 \hbar^2 \left(\frac{1}{2\sigma} + k_0^2\right)\sqrt{\frac{\pi}{2\sigma}}$$

$$= \hbar^2 \left(\frac{1}{2\sigma} + k_0^2\right) \tag{6.4.5}$$

上式的结果告诉我们只要 $2\sigma \gg \dfrac{1}{k_0^2}$，就有

$$\langle \mid H^2 \mid \rangle \approx \hbar^2 k_0^2 \tag{6.4.6}$$

于是在 σ 满足上述不等式时，这样一个光脉冲（波包）的能量近似为 $\hbar k_0$，才可以在这种角度下称作一个"光子". 这个光脉冲在空间中的分布如下：

$$\begin{aligned}
\psi(x) &= N\int \mathrm{e}^{-\sigma(k-k_0)^2}\mathrm{e}^{\mathrm{i}kx}\mathrm{d}k \\
&= N\int \mathrm{e}^{-\sigma(k-k_0)^2}(\cos kx + \mathrm{i}\sin kx)\mathrm{d}x \\
&= N\int \mathrm{e}^{-\sigma k'^2}\left[\cos(k'+k_0)x + \mathrm{i}\sin(k'+k_0)x\right]\mathrm{d}k' \\
&= N\int \mathrm{e}^{-\sigma k'^2}(\cos k'x\cos k_0 x - \sin k'x\sin k_0 x \\
&\qquad + \mathrm{i}\sin k'x\cos k_0 x + \mathrm{i}\sin k'x\sin k_0 x)\mathrm{d}k' \\
&= N\int \mathrm{e}^{-\sigma k'^2}(\cos k'x)\mathrm{e}^{\mathrm{i}k_0 x}\mathrm{d}k' \\
&= N\mathrm{e}^{\mathrm{i}k_0 x}\sqrt{\frac{\pi}{\sigma}}\mathrm{e}^{-x^2/4\sigma} \\
&= \left(\frac{\pi}{\sigma}\right)^{1/4}\mathrm{e}^{-x^2/4\sigma}\mathrm{e}^{\mathrm{i}k_0 x}
\end{aligned} \tag{6.4.7}$$

从上式看出，它确实是一个在空间中的有限的脉冲，σ 越大，脉冲越短，并且在一个局域的范围内具有 k_0 的波动性.

可以得出结论，除了最后这样的短脉冲给我们一个类似粒子的图像外，所谓的"光子"的含义正如前面指出的那样，它并不具有和物质粒子类似的内涵.

第 7 章

关于时空的思考

7.1 EPR 讨论引发的对时空的思考

首先说明,我们在这里讨论时空本性的角度与相对论不同,那里着重讨论的是不同参考系间的时空变换关系,这里要讨论的第一部分是量子测量原理引发的对于时空本性的思考,第二部分是时间的标度问题.

今天的物理研究者一致认为,从实验去检验 EPR 的质疑至今并没有实现.因此面对 EPR 提出的质疑,我们至今还无法回答量子理论是否包含了超距作用.但循着这一思路想下去,仔细看量子理论中的测量原理时会发现,尽管 EPR 命题里一个量子系统被分开成两个子系统后,对一个子系统的定域测量会瞬时驾驭另一子系统状态的结果,但是测量原理对一个量子系统的整体进行测量的论断在量子理论中还是早已确定的.那么我们现在就来对测量原理作仔细一点的考察,看看在它的论断中是否亦有 EPR 担心会出现的超距作用.这里我们以大家熟知的谐振子系统为例具体说明.

谐振子的量子系统和氢原子是大家熟知的并可以完全解析求解的例子.这一系统的 Hamiltonian 表示如下:

$$H = \frac{\hat{p}^2}{2\mu} + \frac{1}{2}\mu\omega_0^2 x^2 \tag{7.1.1}$$

其中 μ 为振子的质量,$\hat{p}$ 是动量算符,ω_0 是频率.

能量本征态集的能量本征值为

$$E_n = \left(n + \frac{1}{2}\right)\hbar\omega \tag{7.1.2}$$

对应于能级 E_n 的状态 $|n\rangle$ 的波函数为

$$\psi_n(x) = N_n \mathrm{e}^{-\alpha^2 x^2/2} H_n(\alpha x) \tag{7.1.3}$$

其中 $\alpha = \sqrt{\dfrac{\mu\omega_0}{\hbar}}$,$H_n$ 是 Hermitian 多项式.

另一方面,量子理论的叠加原理告诉我们,谐振子的量子系统的任一状态总是可以用能量本征态展开:

$$|A\rangle = \sum_n f_n |n\rangle \tag{7.1.4}$$

或者说这一状态的波函数 $\psi_A(x)$ 可以展开为能量本征态波函数的叠加:

$$\psi_A(x) = \langle x|A\rangle = \langle x|\sum_n f_n|n\rangle = \sum_n f_n\psi_n(x) \tag{7.1.5}$$

其中 $\psi_n(x) = \langle x|n\rangle$.

为了简化讨论,选取最简单的由两个能量本征态叠加而成的状态,即

$$\psi_A(x) = f_1\psi_1(x) + f_2\psi_2(x) \tag{7.1.6}$$

由于 $\psi_1(x),\psi_2(x)$ 是归一正交的,如要求 $\psi_A(x)$ 亦是归一的,则有

$$|f_1|^2 + |f_2|^2 = 1 \tag{7.1.7}$$

现在我们按照量子理论的测量原理对 $|A\rangle$ 作能量的测量,测量原理告诉我们,测量的结果分为两类:

① 测量后系统有 $\rho_a = |f_1|^2$ 的概率塌缩到 $n=1$ 的能量本征态.

② 测量后系统有 $\rho_b = |f_2|^2$ 的概率塌缩到 $n=2$ 的能量本征态.

如果我们在作了第一次能量测量后立即作位置的测量,按测量原理,我们应当得到如下结果:

① $n=1$ 的能量本征态的系统在空间 x 处出现的概率为

$$\rho_a^{(1)}(x) = |\psi_1(x)|^2 \tag{7.1.8}$$

② $n=2$ 的能量本征态的系统在空间 x 处出现的概率为

$$\rho_b^{(2)}(x) = |\psi_2(x)|^2 \tag{7.1.9}$$

我们把 $\psi_1(x)$ 和 $\psi_2(x)$ 都表示在图 7.1.1 中,并来分析一下我们这样的测量得到结果的含义:

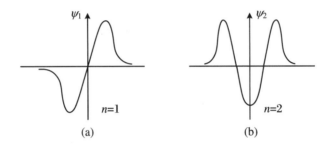

图 7.1.1　谐振子的两个能量本征态波函数的空间分布

① 按照测量原理,测量的塌缩是瞬时发生的,第一次测量后作第二次测量可以是瞬时发生的事件.

② 原始的状态 $|A\rangle$ 以及它的波函数由式(7.1.6)表示并不表示系统的空间分布就是

$$\rho_a^{(1)}(x) = |f_1\psi_1(x) + f_2\psi_2(x)|^2 \tag{7.1.10}$$

不能这样认为的理由是我们并未对 $|A\rangle$ 作位置测量,而且式(7.1.6)只意味着 $|A\rangle$ 用位置本征态 $|x\rangle$ 展开时的展开系数是 $\psi_A(x)$. 如果我们将 $|A\rangle$ 用动量本征态来展开,则显然亦可说 $|A\rangle$ 在动量空间的概率如何. 这两种说法是矛盾的,故不作测量时谈系统的位置概率是没有意义的.

③ 但是当我们对 $|A\rangle$ 作了两次测量后,再谈它的位置时便有了明确的意义,因为

第二次测量就是位置测量.

④ 从这样一个最简单的例子中,我们看到了类似 EPR 疑问的出现.这就是从同一个 $|A\rangle$ 状态出发,瞬时的测量后得到的位置空间分布要么是 $\rho_a^{(1)}(x)$,要么是 $\rho_b^{(2)}(x)$ 的结果.于是,我们要问:不论微观的量子系统尺寸是多么小,这种瞬时的 $\rho_a^{(1)}(x)\leftrightarrow\rho_b^{(2)}(x)$ 之间的转换如何能发生? 即无论物理的机制作怎样的解释,这样的结果是否都应当认为是一种超距现象?

对于这样一个由量子理论的测量原理引出的类似 EPR 的疑问,答案可以循两种途径得到:一是量子测量原理需要修正;二是如果认为测量原理是确立的,则我们自然就要问在微观尺度下时空的经典概念是否还适用.

面对这样的问题,也许我们会想到在微观的尺度下时间的连续分布是否还成立.如果时间在这种范畴里已不具有连续变化的性质,在一定的尺度下时间是断续的,或者说时间是量子化的,$\rho_a^{(1)}(x)\leftrightarrow\rho_b^{(2)}(x)$ 转化所需的经典时间间隔在修正后的微观时间上属于同一个时间点,则超距作用的概念就不复存在.

综上所述,从这一问题的提出到试图去解决这一疑问,我们得到了两个启示:一是历史上 Heisenberg 提出的时间、空间具有一个最小尺度的分立取值的思想是否来自上述问题的类似思考;二是对时间标度的思考,从上述问题来看,用时间在微观尺度下的分立取值来解决上述疑问,反映出时间和空间存在着某种固有的不同性质.下面我们还要仔细地讨论时间的标度问题,在标度问题上进一步反映出时空确实有着本质的不同.

7.2 时间标度

1. 标准时间问题

首先问一个问题:标准时钟是如何确定的? 或许初闻这样的提问会认为这是一个平庸的问题,但稍微仔细地思考一下就会发现,这一问题并不容易回答.有的人可能会回答,铯原子钟就是标准时钟,因为它的振动频率最稳定.不过我们如果再问,时间标度准则都还没有建立起来时,有什么理由断定铯原子的振动频率是最稳定的?

假设有一只猫和一条狗在那里就地打转,它们打转的快慢一般是不同的.如果我们用猫转一圈作为计时的单位(已隐含猫转的频率是稳定的),则我们会说狗转圈的频率不是稳定的.因为我们看到在猫转一圈时,狗有时转 $\frac{1}{2}$ 圈多,有时又转 $\frac{1}{2}$ 圈少一些.反之,以狗转一圈作为计时的单位,则会看见在狗转一圈时,猫有时转两圈多,有时又转不到两圈.按把这样的想法推广来讲,把任何一个事物的往复运动或一种事件的重复发生一次作为时间单位都是允许的,并且当我们选定一种计时单位并约定后,其他的往复运动和重复事件的频率就常常是不稳定的了.我们没有理由认为哪一种计时办法优于其他办法,因此在没有给出一个有理的准则之前,无法判断哪种才是标准的时间标度.为了更清楚地说明这一问题的实质并从中获得启示,下面先来谈谈物理学中的一个相似的问题.

2. 温度与温标

在这里讨论一下温度和温标,它有助于我们对时间标度的理解.热力学第零定律告诉我们,孤立的物理系统达到热平衡时有以下一些规律:

(1) 宏观的物理量(用任何计时办法来观测)不随时间改变.

(2) 将两个达到平衡的物理系统接触,会出现两种情形,第一种情形是两个系统的物理量保持原来的值没有改变,或者说它们间没有能量的交换,则称两个系统居于同一类.

(3) 第二种情形是两系统接触后,两者的物理量都会改变,则称两个系统分居于两个不同的类.

(4) 于是原则上可以按照以上办法将所有的物理系统归属于不同的类.同类的系统接触仍是热平衡的,不同类接触时将打破热平衡并有能量在它们之间输送,我们便称输出能量的系统所居的类高于输入能量的系统所居的类.这样所有的物理系统不仅都能归属于一种热平衡类,而且不同的热平衡类的排序亦有了准则.

针对上述关于物理系统的热平衡态的规律以及为了更准确与定量地对规律表述,物理学引入了温度的概念,用来标志不同的热平衡态的类.不过当我们要对不同类给一个具体的温度值时,显然依靠上面叙述的规律是不够的,因为单凭这些规律我们只能确定不同热平衡态类的顺序,确定不了它们对应的温度值,这样的情形可以从图 7.2.1 看得清楚.例如,我们取两种赋予热平衡态类的温度计 θ 与 θ',从图中可知两种温度赋值体系都是允许的,因为它们的温度赋值没有破坏类的顺序.

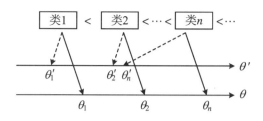

图 7.2.1　温度如何标度

因此,从上面的讨论中,我们自然理解为什么历史上曾出现过各种各样的经验温标,事实上只要依据温标赋予的温度值同平衡态类的顺序关系是单调对应的就可以.这样的情形便导致了如下的结论,就是要用数值描绘一个物理系统的温度高低,用什么样的经验温标都是允许的.

现在我们再从另一角度来讨论这一问题.如果在现在的情况下我们要讨论热学中的一种基本规律的话,则用不同的温标来表述该规律时得到的数学表述式一定互不相同.显然这不是一个有利于热力学研究进一步深入的局面,于是会想到在众多的温标中必然会有并只有一种表述是最简洁和最能反映出该物理规律的实质含义的.于是,按照这一原则,我们就可从中选出一种来作为标准温标.热力学发展史上选定的这一规律就是表征热力学第二定律的可逆热机效率公式:

$$\eta = 1 - \frac{T_2}{T_1} \quad (T_2 \leqslant T_1) \tag{7.2.1}$$

其中 η 是热机效率,T_1,T_2 分别是标准温度计(标准温标)给出的高温热源和低温热源的温度数值.标准温标又称为绝对温标.换句话说,用绝对(标准)温标,才会有式(7.2.1)那样的表示式,如用任一其他经验温标,式(7.2.1)就不会表示成那样简捷的形式.后来,黑体辐射公式提供了绝对温标,绝对温标下的绝对温度同黑体辐射分布的峰值频率有线性关系.

本节的讨论可归结为一句话:选择一个基本的物理规律作为准则才能决定绝对(标准)温标.

3. 时间与时间标度

有了以上的温度与温标的讨论后,我们将比较容易对照上面的讨论方式来阐明时间、时间标度及标准时间标度三个概念了.首先要强调的一点是,我们讨论的三个概念都是在一个选定的参照系中来讨论的.对照上面的讨论,在一个参照系中所有事件也可归属于不同的类,两个事件间如果存在因果关系,即只有第一事件发生才会有第二事件发生,则称第一事件为因,第二事件为果.凡是两个事件间不存在因果关系的,称这两事件是同时的,它们属于同一时间类.这样一来,在一个确定的参照系中,可以将所有事件归属于各种不同的同时类中.两个不同的同时类作比较时,总会在其中一类中找到一个事件,它是另一个同时类中的一个事件的因,则我们称第一类在时间上早于第二类.这样便引入了时间的概念,所有的同时类可以在引入时间概念后排列成有先后的等时类序列.

按照以上的因果关系将时间概念引入,并把不同的同时类排序以后,要对某一同时类赋予一个时间数值时,同样会遇到温度赋值时一样的标度不确定性问题.这亦是在时间标度问题中存在使用各种方法来计时的"经验时标"的历史原因.例如,我们曾使用过的铜壶滴漏等.并且和从经验温标到绝对温标的过程一样,我们选定一个标准的时标时,需要选定一个基本的物理规律来提供标准的准则.其实历史上这个基本和重要的问题许多物理学家都已经考虑过.例如,Euler、Einstein 等都提出过由一个物理基本规律来提供制定标准时标的准则的想法.只有在标准的时标准则确定后,再来谈铯原子钟是目前世界上最好的时钟或者说铯原子的振动频率是最稳定的才有意义.以上讨论的内容其实都只是在对过去历史中已有的对时间和时标的理解这些内容重新作一回顾并作一个系统一些的阐释,对于时间和时标的进一步思考才是我们下面要讨论的内容.

4. 标准时标的唯一性问题

(1) 基本物理规律的选择.

从上面的讨论已知,标准时标的准则来自选定的一个基本的物理规律,但是物理规律很多,因此我们自然会问:如果选定不同的规律就会得到不同的标准时标,那还能谈"标准和不标准"吗? 这个问题实际上要和我们对自然的认识联系起来.物理学对自然规律的理解中有一个大家默认的观点,即存在一个最根本的动力学规律,由它再导出各种规律来,所以所谓的基本物理规律指的是在人们的思考中这个基本规律只会有一个.对此,我们在这里还要提出两点进一步的思考:

一是在过去人们常提出这样的问题:为什么我们总结出的物理规律的数学表达式常是简洁明了的? 不少物理学家认为这是自然界的和谐所致.其实从对温度和温标与时间和时标的讨论中已可看出,这和人们在建立物理学的理论体系时的思维有关. 以绝对温标为例, 因为我们选择了绝对温标, 所以才有 $\eta = 1 - \dfrac{T_2}{T_1}$ 的简单形式, 从而其他导出的热学规律亦会简单, 但如果用的是其他的温标, 则这一公式和由此导出的其他热力学规律都会复杂起来.

二是我们要考虑的中心问题: 自然是否真的只有唯一的基本物理规律? 从我们以往的理解来讲, 共识是物理系统遵循的动力学规律 (方程) 是最基本的规律, 其他的规律都是由它导出的结果. 在经典物理中, 这一基本的动力学规律就是 Newton 第二定律 $F = ma$; 在量子物理中, 就是 Schrödinger 方程 $\mathrm{i}\hbar\dfrac{\mathrm{d}}{\mathrm{d}t}\Psi = H\Psi$. 如果真的只有唯一的基本规律, 则标准时标的唯一性便没有问题. 不过事情并没有这样简单. 我们将在下面提出需要对这一问题作进一步思考的理由及因此而引出的一些可能的有趣的结果.

(2) 基本规律的完整含义.

如前所述, 要是不采用标准时标而用经验时标来表述, 则 Newton 第二定律将不是如下的简单形式:

$$F = m\,\frac{\mathrm{d}^2 x}{\mathrm{d}t^2} \tag{7.2.2}$$

而可能会是

$$F = m\sum_n f_n(t)\,\frac{\mathrm{d}^n x}{\mathrm{d}t^n} \tag{7.2.3}$$

那样的复杂形式, 所以自然的基本规律以及派生规律取简单形式的完整理解应当是: 一方面人们的理论体系有意作了特定的选取, 另一方面和谐的自然亦为理论体系提供了这种选取的可能性.

其次, 我们要提出一个更有意义的问题: Maxwell 的电磁理论是不是另一个基本规律? 它和 Newton 第二定律不是互相独立的吗? 难道我们能从 Newton 第二定律导出 Maxwell 的电磁理论? 回答这个问题要回到我们对动力学基本规律的准确理解上来. 简单地说, 在经典物理中动力学基本规律就是 Newton 第二定律其实是不完整的. 原因是式 (7.2.2) 只是一个形式的表示式. 它的左方的力 (F) 是什么并没有作界定. 这就是说, 只有把力明确后它才是完整的动力学规律. 从这个意义上讲, 只有将 Newton 第二定律的形式加上 Maxwell 的电磁理论以后它才是一个完整的动力学基本规律, 后者把式 (7.2.1) 左方的力的作用界定清楚了. 于是我们可以说, 由这样一个完整的动力学规律才能保证标准时标的唯一性.

(3) 统一场论和标准时标.

从上面的讨论中立即会引起下一个问题.在上一小节里只把力和电磁作用联系起来,但是我们知道相互作用不只是电磁相互作用,现在已明确知道的相互作用有引力、电磁相互作用、弱作用和强作用四种作用.按照前面所讲,每种作用都应该对应一种形式的动力学方程(与 Newton 第二定律或 Schrödinger 方程相结合),于是我们自然认为,在这样的论证下会导致四种基本的物理规律及四种标准时标.不过幸运的是,量子理论的统一场论已替我们回答了这个问题.统一场论把电磁相互作用、弱作用和强作用三者统一了起来,所谓的三种作用其实只是一种,那么它们和形式的动力学方程在一起只构成一个基本的动力学规律,因而对应的标准时标仍然只有一个.

不过,我们还会想到,直至现在仍然没有一种理论能把引力和其他三种作用统一到一起成为唯一的一种作用.Einstein 晚年专注于建立起将四种作用统一在一起的大统一场论.过去人们都认为他这样做的内在驱动是出于自然是和谐美好的信念,现在来看,他晚年这样的努力也许还怀有对标准时标只有一个的期待.这里有两种可能性,一种是最终人们能从理论上成功构造出一个大统一的场论,把四种相互作用统一为一种基本作用,于是标准时标是唯一的;另一种可能是引力和其余三种相互作用统一不起来,因而存在两种基本的相互作用并由此导致两种标准时标的存在.那么我们会问:后一种可能性的存在和已经建立起来并确立的物理规律会不会产生矛盾? 两种标准时标的存在会带来一些什么样的后果?

5. 两种标准时标的含义及与早期宇宙现象的关系

(1) 两个标准时标间的关系.

如果真的有两种标准时标,我们便会问:如何在实际的物理规律中体现出来? 此外,我们亦会问:两种不同的标准时标存在的准确含义是什么? 下面先来讨论第二个问题.因为有两种标准时标,可记与引力的动力学规律对应的时标为 t_g,与电磁、弱和强作用的动力学规律对应的时标为 t_e.它们是不同时标的含义是:对任意两个不等时的事件,用两个时标表示这两个事件之间的时间间隔分别为 $t_g(1) - t_g(2)$,$t_e(1) - t_e(2)$,而且一般应有

$$t_g(1) - t_g(2) \neq t_e(1) - t_e(2) \tag{7.2.4}$$

如果它们虽然不等,但是仍有

$$t_g(1) - t_g(2) = \alpha[t_e(1) - t_e(2)] \tag{7.2.5}$$

（其中 α 是常量）这样的线性关系，则我们仍然可以通过调整两个时标单位使两个时标的时间间隔一致，换句话说，实质上它们仍然是同一时标，故对同一事件的时间标志 t_g 和 t_e，一定要有以下的关系：

$$t_g = f(t_e) \tag{7.2.6}$$

只有当 f 是一个非线性的函数时，才能讲它们是不同的标准时标.

至少在现阶段来看，f 应当是一个缓慢变化的函数，所以在现阶段相当长的一个时段里，可以通过单位的调整将两种时标的单位变成一样的，而且在足够长的时段里，看不出两种不同时标的存在，理由是在现代以及相当长的一段时间中，我们没有察觉出存在任何两种时标的效应！那么我们要问：存在两种时标有没有效应呢？

（2）我们假定这两种时标的差异在早期宇宙时期是显著的，因此时标不同的效应会在早期宇宙的物理规律中显现出来，而且恰巧是这种效应能够自然合理地解决一些早期宇宙中的疑难.

6. 两种时标在早期宇宙中的效应

（1）如果前面讨论的两个时标的关系为

$$t_e = \varphi(t_g) \tag{7.2.7}$$

而且这样的函数关系大体如图 7.2.2 所示，其走向分为两段：从现在回溯到相当长一段时间的过去，t_e 和 t_g 在单位调整下几乎是完全相同的，但在过去某一时刻前，两者的差别变得显著起来.按照这样的两种时标的函数关系，下面我们依次阐述它可以合理解释若干存在于早期宇宙现象中的疑难.

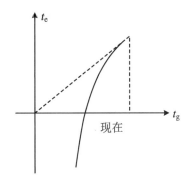

图 7.2.2　两个时标的关系

(2) 两个时标的假定能解决的第一个疑难是"宇宙的起点"问题.目前的宇宙模型认为宇宙诞生于一百多亿年前,如果是这样,很容易产生的疑问是在宇宙诞生前宇宙处于什么状态,还有没有自然和自然规律的存在.图 7.2.2 告诉我们,从 t_g 来看貌似宇宙有起点,但从 t_e 来看不但没有,而且所谓的宇宙诞生后的短时间从 t_e 角度看是无限的.这是因为在图 7.2.2 中,如果认为两种时标是一致的,则 t_e 和 t_g 的关系如虚线所示.宇宙的确有起点,而如 t_e 与 t_g 在早期宇宙中差别很大,两者的关系如图中的实线所示.则在 $t_g \rightarrow 0$ 时,t_e 趋于负无穷,没有起点.

(3) 视界疑难.

天体物理中的视界疑难是在我们认为标准时标只有一个 t_g 之下产生的.宇宙真实有多大我们并不知道,天体物理的大爆炸理论告诉我们宇宙从诞生到今天有一个有限的寿命,以及由于光速一定,所以如图 7.2.3(a)所示,下面的视界线是我们在宇宙发展的每个时刻能看到的宇宙的部分.在今天这个时间点,视界的尺度就是我们观测到的那部分宇宙.

退回去看,视界是一个以光速为斜率的下降曲线,即图 7.2.3(a)中的下面那根直线,而今天观测到的宇宙部分固然按照宇宙在膨胀的观点来看,在宇宙的发展历史中越向后推移其尺度会越小,但从任何速度小于光速来考虑,往后回溯时它一定比视界减小得慢.于是结论是除了今天这个时刻两者相合外,以前的任何时刻观测到的宇宙的尺度始终在视界之上,于是这一关系导致了均匀性的困难.在宇宙诞生的极短时段中视界远小于观测宇宙的尺度.从另一方面考虑,由于任何作用能够达到的范围是在视界之内(因为任何作用的传播速度小于光速),所以观测到的宇宙不可能被作用搅匀,以后因为视界始终小于观测宇宙,所以一直起不到搅匀观测宇宙的作用.然而我们今天观测到的宇宙却是均匀的,这样的矛盾如何解释?

在天体物理理论的发展中,为了解释这一现象提出了暴胀模型的理论.这一理论认为,实际的情况是在宇宙诞生后的 10^{-33} s 这个时段中,观测宇宙远小于视界的尺度,所以它是可以被搅匀的.在 10^{-33} s 时刻,这个已经达到均匀状态的观测宇宙突然暴胀到大过视界的尺度,如图 7.2.3(b)所示,并保持其均匀的状态.

如果实际上存在两种时标的话,这一疑难根本就不存在.因为所谓的宇宙诞生后的相当长一段时段按照时标 t_g 来看似乎是不长的一段时间,但我们从在宇宙诞生后相当长一段时间里两种时标的关系来看(图 7.2.2),这一时段用 t_e 度量则不是一个短的时段.在这一时间段中实际上有充分时间搅匀观测宇宙,因为将宇宙搅匀的作用正是电磁、弱和强的作用.它的动力学规律应该由时标 t_e 来量度.按 t_e 量度这是一段很长的时间段.

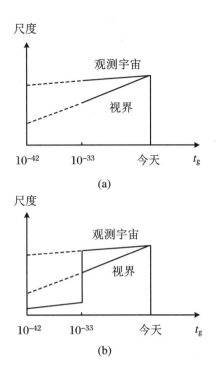

图 7.2.3　宇宙视界的疑难和解决方案

（4）宇宙的加速膨胀和负压.

宇宙在加速膨胀的结论来自超新星红移的观测,为此我们先回顾一下光的多普勒效应.一个以速度 v 向观测者运动而来的光源,当它发出频率为 ν 的光时,接收者接收到的光的频率 ν' 为

$$\nu' = \left(1 + \frac{v}{c}\right)\nu \tag{7.2.8}$$

如光源是以速度 v 离观测者而去,则接收到的频率 ν' 为

$$\nu' = \left(1 - \frac{v}{c}\right)\nu \tag{7.2.9}$$

其红移量 $\Delta\nu$ 为

$$\Delta\nu = \nu - \nu' = \frac{v}{c}\nu \tag{7.2.10}$$

现在用如图 7.2.4 所示的例子来说明如何从超新星发出的光的红移来说明宇宙膨胀.假定地球、星 A、星 B 三者在一条直线上,星 A 距离地球为 d,星 B 距离地球为 $2d$,现在分别用一种时标和用两种时标讨论,如何利用星体发出的光的红移来判断宇宙膨胀的情况.

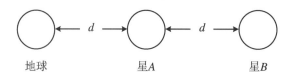

图 7.2.4　光的红移

认为只有一种时标的分析:

首先,我们需要清楚地知道,今天我们同时收到星 A 及星 B 的光,实际上星 B 的光的发射时间比星 A 的光的发射时间早,因为星 B 和地球相距 $2d$,星 A 和地球相距 d.其次,为清楚起见,分别考虑宇宙膨胀的三种情形:

① 等速膨胀:如果宇宙膨胀的速度不变,则不论什么时候,距我们为 $2d$ 的星 B 离我们的速度 v_B 是星 A 离我们的速度 v_A 的 2 倍.

② 减速膨胀:由于星 B 发光的时间早于星 A 发光的时间,故它们发光时离我们的速度满足 $v_B > 2v_A$.

③ 加速膨胀:情形和减速相反,$v_B < 2v_A$.

按上面的分析,两星发出的同样频率 ν 的光到达地球时,光的频率的红移率分别为

$$(\Delta \nu)_A = \frac{v_A}{c}\nu, \quad (\Delta \nu)_B = \frac{v_B}{c}\nu \tag{7.2.11}$$

在上述三种宇宙膨胀的情形下,它们的比值分别是

$$\frac{(\Delta\nu)_B}{(\Delta\nu)_A} = 2 \quad (\text{对应于匀速膨胀})$$

$$\frac{(\Delta\nu)_B}{(\Delta\nu)_A} > 2 \quad (\text{对应于减速膨胀}) \tag{7.2.12}$$

$$\frac{(\Delta\nu)_B}{(\Delta\nu)_A} < 2 \quad (\text{对应于加速膨胀})$$

由于实际的观测结果是第三种情形,所以在一种时标的理论框架下会得出加速膨胀的结论.

认为存在两种时标的分析:

如果存在两种时标,则由于我们接收到的超新星的光的发射时间是在很早以前,这时两种时标的差异是显著的,红移属于电磁作用的现象,应当用 t_e 来量度.而星 B 的光的发射时间更早,那时的时间间隔比 $\left(\dfrac{\Delta t_e}{\Delta t_g}\right)_B$ 比星 A 的光发射时的 $\left(\dfrac{\Delta t_e}{\Delta t_g}\right)_A$ 要大,由于这个原因,可能观测到 $\dfrac{(\Delta \nu)_B}{(\Delta \nu)_A}<2$.这种情形下就不一定是宇宙在加速膨胀,而有可能是匀速膨胀,甚至是减速膨胀.

最后还要提到的是,如果不考虑两个时标的因素,天体物理根据引力的性质只能得出宇宙减速膨胀的结论,明显和观测结果矛盾.为了进一步说明理论与这一观测现象的矛盾,我们来看宇宙模型给出的物态方程:

$$\frac{\ddot{a}}{a} = -(\rho + 3p) \tag{7.2.13}$$

其中 a 是宇宙的尺度因子,ρ,p 分别是密度与压强.在加速膨胀的情形下 $\ddot{a}>0$.同时,因为 $\rho>0$,便导致压强 $p<0$ 的结论,但这是明显违背热力学的平衡判据.如果认为有两个时标存在,这样的矛盾就不会发生.

(5)精细结构常数问题.

一些天体现象的观测告诉我们,宇宙早期的精细结构常数比现代值要小,为此有许多工作对这一观测结果作了推测与论断.较多的看法倾向于认为,应当是电荷值在早期宇宙时期较小,光速不变.如果从两个时标存在的情形来看,在 t_e 时标的量度下,e 的值及 c 的值都是不变的;但从 t_g 时标的量度看,$\dfrac{\Delta t_e}{\Delta t_g}>1$,光速 c 的表观值增大,自然精细结构常数 α 的表观值就会减小.

(6)从以上分析讨论中可以得出几点结论:

① 上面列出的几个疑难问题在两个时标存在的假定下都会得到自然和合理的解决.

② 所有的解决方案都基于相同的如图 7.2.2 所示的两种时标间的关系.因此可以得出结论:每种问题的解决对时标关系的要求是一致的.

③ 从解决天体物理中一些疑难的两种途径来看,以上两种时标的假定没有违反物理的任何基本原则.而在已有的那些解决疑难的天体物理的理论方案中,存在诸如

违背热力学基本原则和留下宇宙暴胀的根由从何来等这样或那样的问题. 如果存在两种时标, 则这些遗留的问题自然亦就不存在. 不过亦需要承认, 两个时标的存在亦还只是假定, 需要进一步的证据.

④ 两种时标和标准时标的讨论内容是否和相对论的原则相抵触? 这是我们下面要讨论的内容.

7. 时标问题与相对论

总的来说, 相对论讨论的主要是不同参考系间的时空转换关系, 而时标问题讨论的是在一个固定的参照系中时间如何标度的问题, 两者关注的内容不同, 两者应该是不矛盾的. 不过如果存在两种时标的话, 则再从相对论的角度来审视会是什么样的情形, 会不会出现新的现象, 会不会和相对论的原则相冲突, 这些问题需要仔细一点的分析.

(1) 按照 t_e 时标来看, Maxwell 的理论在参照系变换时规律不应改变, 所以一切都以 t_e 来讨论, 狭义相对论讨论的内容完全保持, 参照系间的时空变换关系就是洛伦兹变换关系.

(2) 如果以 t_g 时标来量度, 则因 t_g 和 t_e 间不是简单的线性函数关系, 结合 t_g 和 t_e 之间的函数关系与 t_e 作标度的时空里参照系间的洛伦兹变换, 可知这时用 t_g 作标度的时空里参照系间的变换不会也是同样数学形式的变换关系. 这个 t_g 在不同参照系间的变换关系和 t_e 与 t_g 间的变换关系紧密联系在一起, 在没有找到它们间的具体变换的数学表示式前是无法回答的.

(3) 关于相对性原理, 如果只考虑狭义相对性原理, 则用 t_e 来量度时间, 电磁、弱和强作用的动力学规律在任何参照系中都相同, 同样地, 以 t_g 来量度时间, 则引力的动力学规律在任何参照系中都相同, 因此狭义相对性原理是不被触动的.

(4) 当我们考察广义相对性原理时, 情况就不一样了. 因为就在同一参照系里有两个时标的表示, 我们用不同的 t_g、t_e 来度量时间时, 同一动力学规律从很长的时间段来考察都不会是一样的, 何况在不同参照系中. 广义相对性原理的任何物理规律在不同的参照系中都是一样的论断在有两种时标的前提下是没有确切的含义的, 需要在两种时标存在的前提下重新考察.

特别要提到的是, 广义相对论的引力质量和惯性质量相合的论断有可能需要作一些修改. 如果我们只考虑引力的动力学问题而且用 t_g 来度量时间, 则原来的结论维持不变. 但是如果考虑的不是纯粹引力的动力学过程, 而是包含电磁、弱和强作用, 不论用 t_g 还是 t_e 度量时间, 物质的惯性质量和引力质量间的关系便不一定是线性关系了. 其实广义相对性原理一直亦只是一种猜想, 并不是一个不容置疑的原则.

第 8 章

一些量子理论基本原理的讨论

量子力学创建于 20 世纪初. 到 20 世纪中叶, 随着量子理论的原理在物理学各个领域的应用成功, 且若干重要量子理论的预期得到证实, 人们获得了这样的印象, 即它的理论体系似乎已得到了全面的肯定, 几乎所有的教科书都大同小异地在一个相同的表述体系下阐释量子理论的内容.

最近一些时候, 人们开始感到量子理论除了那些辉煌的成就外, 其实还有一些含混的地方并未得到澄清. 例如, 在量子理论的测量原理问题上就有不少人抱有怀疑的态度, 其中最有代表性的是 Weinberg 对这一原理的尖锐批评. 除此之外, 近年来对量子理论其他表述的不同看法的讨论亦热烈起来. 在过去的近一个世纪里, 量子理论不是已获得了显著的成功吗? 怎么最近反而批评的声音逐渐高涨了? 其实这两者并不矛盾. 在这里我们引用 Ballentine 在他的总结性文章 (Rev. of Mod. phys., 1970, 42) 中的精辟论点, 就清楚为什么两者并不矛盾了. 他的论点如下:

① 量子理论中只有一个原理让所有的物理学家信服, 那就是不确定性关系和互

补性才是量子力学架构的实质部分.

② 量子理论被实际测量证实的一个主要内容是测量的统计解释.

③ 哥本哈根理论体系中的多余假定对量子理论的应用并不起作用.

他的以上观点自然不会为所有人同意,不过至少他的论证说明上述两种情况是可以并存的.事实上,人们对现有的量子理论中的一些原理有不同的理解,甚至有质疑的讨论是有意义的事,它会推动我们对量子理论的理解深入一步.

8.1 量子理论的表述问题

首先要说明的是,为了简化讨论及使脉络更为清楚,下面的讨论没有把量子系统的内部自由度包括进来,只讨论系统的外部自由度,而且常讨论的是一维空间,目的亦是为了简洁明了.

在量子理论创建阶段以后相当长的时期中,量子理论的表述方式都是选择动量和位置算符的本征态矢集作为态矢空间中的基态矢集.这样的做法看起来似乎是自然和合理的,因为在经典力学中动量和位置是力学的基本物理量,同时其他物理量可以用它们的一定组合来表示,特别是对于用位置本征态矢集作为基矢集的位置表象,任一态矢在基矢集上的展开"系数"被称作这一态矢的波函数,其模平方解释为系统在该位置出现的概率.这样表述方式的物理图像易于理解,故从量子理论创建至今,几乎所有的教科书都是从这一表述形式出发并将其贯穿始终.

尽管传统的量子理论的表述形式有清晰的图像、易于理解,且在计算各种具体问题时又行之有效,所以被沿用至今,不过实际上一直有质疑这种做法的观点存在.首先回顾一下数学家们的批评意见,可归纳为两点:一是位置、动量的本征态矢的本征值是连续谱,其本征态矢不能归一,为此物理学家在位置、动量算符的对易式中引入了 δ 函数,对于这样的做法数学家是不认可的.具体地,δ 函数的定义的第一部分是

$$\delta(x - x_0) = \begin{cases} \infty & (x = x_0) \\ 0 & (x \neq x_0) \end{cases} \tag{8.1.1}$$

δ 函数定义的第二部分是

$$\int \delta(x - x_0)\mathrm{d}x = 1 \tag{8.1.2}$$

数学家认为定义的两部分是不协调的,理由一是 $\lambda\delta(x - x_0)$(λ 为任意数)亦满足第一部分的定义,但显然

$$\int \delta(x - x_0)\mathrm{d}x \neq \int \lambda\delta(x - x_0)\mathrm{d}x \tag{8.1.3}$$

二是在这一表述中任一态矢 $|\rangle$ 都可表示为以下形式:

$$|\rangle = \int \psi(x) \, |x\rangle\mathrm{d}x \tag{8.1.4}$$

其中态矢 $|x\rangle$ 是本征值为 x 的位置本征态矢.在以往具体的计算中常脱离 $|x\rangle$ 直接用 $\psi(x)$ 来运算,但从实质上看,应是 $\psi(x)|x\rangle$ 在一起的数学操作,其中 $|x\rangle$ 是发散而不能归一的,因此在运算中这一部分的数学操作是完全不清楚的.所以脱离了 $|x\rangle$ 只对 $\psi(x)$ 作运算和对整体 $\psi(x)|x\rangle$ 的运算之间的等价性从数学的角度看是存疑的.

我们再从物理的角度来审视现有的表述方式.一个物理系统的 Hilbert 空间由这一系统的真实物理状态的态矢之全体所组成,这一空间中存在态叠加原理,因此用位置本征态矢集 $\{|x\rangle\}$ 作为基态矢.这样的表述从物理角度来看有两个不合理的地方:一是 $|x\rangle$ 是一个不能归一的态矢,故它不是一个真实的物理状态态矢,由它们组成的基态矢集本身就不在物理的 Hilbert 空间中,不合乎作为基态矢集的条件;二是把一个真实的物理态矢用非物理的基态矢集来展开其实和态叠加原理也是不符合的,故其合理性当然值得怀疑.

在实际的教学实践中,几乎所有的教学者都会意识到上述两点在物理上的不合理性,但长期以来人们已习惯于这一状况.要是不采用这一传统的方式,是否能找到一种别的表述方式,在数学和物理两种角度下都没有值得质疑的地方? 这就是在本章中要讨论的第一个内容.

1. 另一种表述

从以上的讨论知道,一个在数学和物理两方面都不存疑的表述必须满足的一些基本要求是,这一态矢集必须是系统的 Hilbert 空间中的态矢,因此自然会是归一的和相互正交的,使得所有的物理量算符可以在上面作运算.近年来在许多研究工作中

已有不少这样做的例子,其基本精神是将动量和位置算符用一对互为共轭、玻色的产生和湮灭算符来代替.其中最早和最突出的例子是在一维谐振子系统中的应用,一维谐振子系统的 Hamiltonian 为

$$H = \frac{\hat{p}^2}{2m} + \frac{k\hat{x}^2}{2} \tag{8.1.5}$$

引入振子的圆频率 $\omega = \sqrt{\dfrac{k}{m}}$,许多教科书中对这一问题作了如下的算符变换:

$$\hat{x} = \sqrt{\frac{\hbar}{2m\omega}}(a + a^\dagger), \quad \hat{p} = \mathrm{i}\sqrt{\frac{m\omega\hbar}{2}}(a^\dagger - a) \tag{8.1.6}$$

于是 H 变换成

$$H = \hbar\omega\left(a^\dagger a + \frac{1}{2}\right) \tag{8.1.7}$$

使得谐振子系统的求解问题通过这样的变换得到直接的、简捷的答案.现在把这一问题和我们这里要考虑的表述问题结合起来作讨论.

① 这里的 a, $a^\dagger$ 是互轭的玻色的湮灭和产生的算符,它们满足如下的对易关系:

$$[a, a] = [a^\dagger, a^\dagger] = 0, \quad [a, a^\dagger] = 1 \tag{8.1.8}$$

② 式(8.1.6)变换的正确性可由式(8.1.6)及式(8.1.8)导出

$$[\hat{x}, \hat{p}] = \mathrm{i}\hbar \tag{8.1.9}$$

来证明.

③ 式(8.1.6)中的变换式前的 $\sqrt{\dfrac{\hbar}{2m\omega}}$ 及 $\sqrt{\dfrac{m\omega\hbar}{2}}$ 是有量纲的量,它们分别具有 $\hat{x}$ 和 $\hat{p}$ 的量纲,故 a, $a^\dagger$ 是无量纲量.

④ 历史上,作式(8.1.6)中变换的目的在于通过这一变换直接就能使 Hamiltonian 对角化,而不像过去用波函数去求解那样繁杂.当我们结合现在讨论的表述问题来看时,这正是一个典型的表述形式的变换问题,即在这一量子系统中是将以 $\hat{x}$, $\hat{p}$ 的本征态矢集作基态矢集改为以 $a^\dagger$, a 的本征态矢集作基态矢集的一个表述形式变换的例子.

2. 表述变换的表观不唯一性

在最近一些年里,有不少研究工作用了这样从 $\hat{x}, \hat{p}$ 变换到 $a, a^{\dagger}$,然后再以 $a^{\dagger}, a$ 的本征态集作为基矢集的表述形式的方法去求解.这就使我们联想到我们能否把这一做法提升为一种系统的理论,即把它看作一个解决原有表述形式疑问的合乎量子理论基本原理的新表述形式.从上面①~④的分析看,后一种表述形式的确满足基本原理的要求,但是当我们再仔细一点审视后会发现,这种表述的变换存在一个表观的不唯一性.现在将这种任意性阐述如下:

回头去看算符变换式(8.1.6).如果代替式(8.1.6)而采用如下的变换:

$$\hat{x} = \frac{1}{\Delta}\sqrt{\frac{\hbar}{2m\omega}}(a + a^{\dagger}), \quad \hat{p} = i\Delta\sqrt{\frac{m\omega\hbar}{2}}(a^{\dagger} - a) \tag{8.1.10}$$

其中 Δ 是任意的一个数值.

① 式(8.1.10)的变换和式(8.1.6)的变换有相同的性质, Δ 是无量纲的,故 $a, a^{\dagger}$ 一样不具有量纲; $a, a^{\dagger}$ 同样满足式(8.1.8)的玻色基本对易关系成立,而且同样保证式(8.1.9)的对易关系成立,式(8.1.10)和式(8.1.6)一样符合量子理论的基本原理.

② 另一方面,将式(8.1.10)代入式(8.1.5)后,Hamiltonian 变成

$$H = \left(\frac{1}{4\Delta^2} - \frac{\Delta^2}{4}\right)\hbar\omega(a^2 + a^{\dagger 2}) + \left(\frac{1}{2\Delta^2} + \frac{\Delta^2}{2}\right)\hbar\omega\left(a^{\dagger}a + \frac{1}{2}\right) \tag{8.1.11}$$

于是问题就出现了,表观上 Δ 取不同值时得到的 Hamiltonian 的表示都不相同.如果由此得到的物理结果亦不同的话,这种不唯一性显然是不允许的.

③ 不过亦存在另一种可能,就是这种不唯一性实质上是表观的.表观的含义是虽然式(8.1.11)中 Δ 取不同值时,得到的 Hamiltonian 从形式上看起来是不相同的,但是由此得到的物理结果不因 Δ 取值不同而不同.回顾一下过去用式(8.1.6)来讨论谐振子系统,就是取了 $\Delta = 1$ 的特殊值,并且在以后很多情形下引用这一做法都未碰到不协调的,似乎已告诉我们这种不唯一性不是实质的.

3. 广义的正则变换

为了认清现在讨论的式(8.1.10)的变换的含义,先回顾一下熟知的正则变换 $(a, a^{\dagger}) \rightarrow (b, b^{\dagger})$.这种变换有以下性质:

① $(a, a^\dagger)$ 与 $(b, b^\dagger)$ 有相同的基本对易关系:

$$[a, a] = [a^\dagger, a^\dagger] = 0 = [b, b] = [b^\dagger, b^\dagger]$$
$$[a, a^\dagger] = 1 = [b, b^\dagger]$$

② $(a, a^\dagger)$ 与 $(b, b^\dagger)$ 都是无量纲量.

③ 量子理论认为,一个量子系统的态矢空间就是一个满足叠加原理的 Hilbert 空间,故 $(a, a^\dagger) \leftrightarrow (b, b^\dagger)$ 只是基的不同选择.如果量子理论是自洽的,则变换前后其物理规律应该不变.

现在我们来看式(8.1.10)的 $(\hat{x}, \hat{p}) \to (a, a^\dagger)$ 变换,将这种变换的性质和正则变换作比较.

① 变换前后的算符对的对易关系不同:

$$[\hat{x}, \hat{p}] = \mathrm{i}\hbar$$
$$[a, a^\dagger] = 1$$

② 变换前的 $(\hat{x}, \hat{p})$ 是有量纲的物理量,变换后的 $(a, a^\dagger)$ 是无量纲的物理量.

③ 从以上的比较来考虑,我们可以称式(8.1.10)为广义的正则变换.

核心的问题是,这样的变换是否仍然保持原来的物理规律不变.其实这一问题细分一下,还可分为两部分:一是在选定一个参量 Δ_i 后,作 $(\hat{x}, \hat{p}) \to (a_i, a_i^\dagger)$ 变换后用 $(a_i, a_i^\dagger)$ 表述的物理和用 $(\hat{x}, \hat{p})$ 表述的是否一样;二是采用不同的 Δ_i 得到的 $(a_i, a_i^\dagger)$ 和 $(a_j, a_j^\dagger)$ 表述的物理是否一样,即在更广泛的范围内量子理论的自洽性是否仍然成立.下面我们用具体的系统的计算来回答这一问题.

(1) 谐振子系统.

将广义的变换式(8.1.10)代入原始的 Hamiltonian 表示式(8.1.5)中,得

$$H = \frac{\hat{p}^2}{2m} + \frac{m\omega^2 \hat{x}^2}{2}$$
$$= \frac{\hbar\omega}{4}\left(\frac{1}{\Delta^2} - \Delta^2\right)(a^2 + a^{\dagger 2}) + \frac{\hbar\omega}{2}\left(\frac{1}{\Delta^2} + \Delta^2\right)\left(a^\dagger a + \frac{1}{2}\right)$$

从上式看出,Δ 不同时变换后的 Hamiltonian 的表观表示式的确是不相同的.为了证实这只是表观的不唯一性,下面我们从式(8.1.11)出发,在 Δ 取不同值时计算谐振子系统的物理性质,看 Δ 值不同时得到的物理结果是不是一样的.

（2）系统的能量本征态的本征值及态矢.

将能量本征态矢记为 $|\varphi\rangle$，并用 $a^\dagger a$ 的数本征态矢集 $\{|n\rangle\}$ 展开：

$$| \varphi \rangle = \sum_n a_n | n \rangle \tag{8.1.12}$$

将式(8.1.11)和式(8.1.12)代入定态方程

$$H | \varphi \rangle = E | \varphi \rangle \tag{8.1.13}$$

计算求出不同的定态的 $\{E_i\}$ 及相应态矢的系数集合 $\{a_n^{(i)}\}$. 这里需要指出一点，按式 (8.1.12)，它的右方对 $|n\rangle$ 的展开应当取 $n = 0,1,2,\cdots,\infty$，但实际的计算中，n 不可能展开到无穷，因此在 n 只取到一定的大数 M 时，物理结果与 Δ 值无关这一点只在 Δ 取值的一定范围内才成立. 超过该范围，结果会逐渐偏离应有的结果. 究其原因是真实的结果是 Hamiltonian(8.1.5)中的两项共同贡献的物理结果. 但在式(8.1.12) 的展开中，如果只取到有限的项，则 Δ 太大或 Δ 太小时都会使得两项的贡献无法平衡而得到正确的结果.

数值计算的结果如图 8.1.1 及图 8.1.2 所示. 当我们在具体的计算中分别将计算的截断项数取为 $M = 50$ 和 $M = 300$ 时，算出的谐振子某一能级的值分别如图 8.1.1 和图 8.1.2 所示. 从图中看出：

（a）图 8.1.1 显示出（当 $M = 50$ 时）Δ 在 $0.11 \sim 13$ 间取值时算出的 E_i 值相同和 i 能级的应有值完全相同，但 $\Delta < 0.11$ 和 $\Delta > 13$ 后得到的结果偏离应有值.

（b）图 8.1.2 显示出（当 $M = 300$ 时）Δ 在 $0.06 \sim 32$ 间取值时算出的 E_i 值是准确的，超出这一范围后结果偏离应有值.

（c）比较图 8.1.1 和图 8.1.2，可清楚表明增加 M 就会得到在更大的 Δ 的值域上的正确的结果. 因此原则上讲，我们得到变换后的结果与 Δ 取值无关.

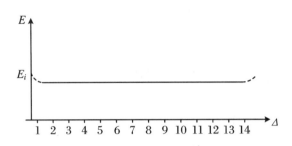

图 8.1.1 截断项数取 $M = 50$ 时算得的谐振子的某一能级的 E_i 随 Δ 的变化图

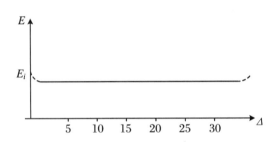

图 8.1.2 截断项数取 $M = 300$ 时算得的谐振子的某一能级的 E_i 随 Δ 的变化图

（3）谐振子的位置期待值及位置涨落.

为了说明表述变换与 Δ 无关，除了上面得到的能量本征态及本征态矢不依 Δ 的取值不同而不同外，下面再以位置期待值及位置涨落为例，来表明系统的物理性质亦一样不依 Δ 取值不同而不同. 值得注意的是，在上面计算定态时，得到的能量本征值与 Δ 无关，但算出的相应的定态态矢的展开系数 $\{a_n^{(i)}{}_{(\Delta)}\}$ 依赖于 Δ. 只有 $\hat{x}$ 的表示依 Δ 有变化，同时 $\{a_{n(\Delta)}^{(i)}\}$ 亦依 Δ 的不同有相应的变化，才保证 $\langle \hat{x} \rangle$ 及 $\langle \Delta x \rangle$ 与 Δ 取值无关，计算结果表明，在 Δ 取不同值时，算出的 $\langle \hat{x} \rangle$ 和 $\langle \Delta x \rangle$ 的确与 Δ 无关.

（4）具有高阶项的系统.

为了证实表述变换的唯一性，除了用谐振子系统为例来检验外，我们再以含有高阶项的量子系统为例来证实这样的结论，为此再选定如下的系统 Hamiltonian：

$$H = \frac{\hat{p}^2}{2m} + k\hat{x}^4 \tag{8.1.14}$$

量子物理若干基本问题
Some Fundamental Problems in Quantum Physics

作式(8.1.10)的算符变换后,Hamiltonian 变为

$$H = -\frac{\hbar\omega}{4}\Delta^2(a^2 + a^{\dagger 2}) + \frac{\hbar\omega}{2}\Delta^2\left(a^{\dagger}a + \frac{1}{2}\right)$$

$$+ \frac{\hbar k}{4m^2\omega^2\Delta^4}(a^{\dagger 4} + 4a^{\dagger 3}a + 6a^{\dagger 2}a^2 + 4a^{\dagger}a^3 + a^4) \qquad (8.1.15)$$

在上式中 ω 的引入不像在谐振子中与 m 和 k 有一定关系,在现在的系统中它只起使 $a,a^{\dagger}$ 无量纲的作用,因此它的值亦是未定的,故我们可将它和 Δ 在一起表示为 $\omega\Delta^2 \to \Delta^2$,于是式(8.1.15)可以改写为

$$H = -\frac{\hbar\Delta^2}{4}(a^2 + a^{\dagger 2}) + \frac{\hbar\Delta^2}{2}\left(a^{\dagger}a + \frac{1}{2}\right)$$

$$+ \frac{\hbar^2 k}{4m\Delta^4}(a^{\dagger 4} + 4a^{\dagger 3}a + 6a^{\dagger 2}a^2 + 4a^{\dagger}a^3 + a^4) \qquad (8.1.16)$$

为了说明这一模型的物理结果和 Δ 的取值无关,我们在具体计算时令 $2m = 1$,$k = 1$,同时取 $\Delta = \hbar^{1/6}(1+\delta)$,将 Hamiltonian 改写为

$$H = -\frac{\hbar^{4/3}}{2}(1+\delta)^2(a^{\dagger} - a)^2 + \frac{\hbar^{4/3}}{4(1+\delta)^4}(a^{\dagger} + a)^4$$

计算时 δ 分别取 0,0.98,1,1.5,5,得到的能谱如表 8.1.1 所示,不同的 δ 值算出的能谱完全相符.

表 8.1.1　计算时截断项数 $M = 500$

n	1	2	3	4	5	6	7	8	9	10	11
E_n	1.0604	3.7997	7.4557	11.6447	16.2618	21.2384	26.5285	32.0986	37.9230	43.9812	50.2563

(1)(2)(3)(4)四个小节中的计算均由刘雪莹完成.

4. 表述变换唯一性的普遍论证

尽管在前面已用了两个具体的物理系统计算验证了 $\hat{x}$,$\hat{p}$ 到 $a,a^{\dagger}$ 的表述变换的唯一性,但仍不能作出唯一性的完全论断.下面我们给出普遍的论证,为了简洁,我们将表达量纲的那些量略去,只保留一个任意变化的 Δ,即现在的 Δ 包括了应引进的保证量纲的参量和任意的无量纲参数.证明分为两步.

(1) 作一个确定的 $\hat{x}, \hat{p}$ 到 $a, a^\dagger$ 的变换：

$$\hat{x} = \frac{1}{\sqrt{2}}(a + a^\dagger)\sqrt{\frac{\hbar}{m\omega}}, \quad \hat{p} = \frac{\mathrm{i}}{\sqrt{2}}(a^\dagger - a)\sqrt{m\omega\hbar} \qquad (8.1.17)$$

这样的变换实质就是变换(8.1.6).作了变换后,一个系统原来的 Hamiltonian 从 $H(\hat{x}, \hat{p})$ 改表示为 $H(a, a^\dagger)$,由 $(a, a^\dagger)$ 决定系统的所有物理性质,并且是完全确定的.

(2) 现在我们再作一个变换,将 $(a, a^\dagger)$ 变换到 $(a_i, a_i^\dagger)$：

$$a_i = \frac{a - \delta_i a^\dagger}{\sqrt{1 - \delta_i^2}}, \quad a_i^\dagger = \frac{a^\dagger - \delta_i a}{\sqrt{1 - \delta_i^2}} \qquad (8.1.18)$$

$$a = \frac{a_i + \delta_i a_i^\dagger}{\sqrt{1 - \delta_i^2}}, \quad a^\dagger = \frac{\delta_i a_i + a_i^\dagger}{\sqrt{1 - \delta_i^2}} \qquad (8.1.19)$$

其中 $|\delta_i| < 1$.

对于上述变换：

① $a_i, a_i^\dagger$ 满足玻色基本对易关系：

$$[a_i, a_i] = 0 = [a_i^\dagger, a_i^\dagger], \quad [a_i, a_i^\dagger] = 1 \qquad (8.1.20)$$

② 从 $(a, a^\dagger)$ 到 $(a_i, a_i^\dagger)$ 是一个正则变换.

③ 由于 $(a, a^\dagger)$ 到 $(a_i, a_i^\dagger)$ 是正则变换,因此将 $H(a, a^\dagger)$ 改表示为 $H(a_i, a_i^\dagger)$ 时相应的物理性质不变,就是说经 $(\hat{x}, \hat{p}) \to (a, a^\dagger) \to (a_i, a_i^\dagger)$ 的变换,物理性质都不会改变.将两步结合起来,有

$$\hat{x} = \frac{1}{\sqrt{2}}\sqrt{\frac{\hbar}{m\omega}}(a + a^\dagger) = \frac{1}{\sqrt{2}}\sqrt{\frac{\hbar}{m\omega}}\left(\frac{a_i + \delta_i a_i^\dagger}{\sqrt{1 - \delta_i^2}} + \frac{\delta_i a_i + a_i^\dagger}{\sqrt{1 - \delta_i^2}}\right)$$

$$= \frac{1}{\sqrt{2}}\sqrt{\frac{\hbar}{m\omega}}\frac{1 + \delta_i}{\sqrt{1 - \delta_i^2}}(a_i + a_i^\dagger) = \frac{1}{\sqrt{2}}\sqrt{\frac{\hbar}{m\omega}}\sqrt{\frac{1 + \delta_i}{1 - \delta_i}}(a_i + a_i^\dagger) \qquad (8.1.21)$$

$$\hat{p} = \frac{\mathrm{i}}{\sqrt{2}}\sqrt{m\omega\hbar}(a^\dagger - a) = \frac{\mathrm{i}}{\sqrt{2}}\sqrt{m\omega\hbar}\left(\frac{\delta_i a_i + a_i^\dagger}{\sqrt{1 - \delta_i^2}} - \frac{a_i + \delta_i a_i^\dagger}{\sqrt{1 - \delta_i^2}}\right)$$

$$= \frac{\mathrm{i}}{\sqrt{2}}\sqrt{m\omega\hbar}\frac{1 - \delta_i}{\sqrt{1 - \delta_i^2}}(a_i^\dagger - a_i) = \frac{\mathrm{i}}{\sqrt{2}}\sqrt{m\omega\hbar}\sqrt{\frac{1 - \delta_i}{1 + \delta_i}}(a_i^\dagger - a_i)$$

$$(8.1.22)$$

将 $\sqrt{\dfrac{1 - \delta_i}{1 + \delta_i}}$ 记为 Δ_i,则当 $1 > \delta_i > 0$ 时,$\Delta_i < 1$;当 $0 > \delta_i > -1$ 时,$\Delta_i > 1$.式

(8.1.21)及式(8.1.22)可表示为

$$\hat{x} = \frac{1}{\sqrt{2}} \frac{1}{\Delta_i} \sqrt{\frac{\hbar}{m\omega}}(a_i + a_i^\dagger), \quad \hat{p} = \frac{i}{\sqrt{2}}\Delta_i \sqrt{m\omega\hbar}(a_i^\dagger - a_i) \qquad (8.1.23)$$

对任一物理系统作算符变换(8.1.23),Δ_i 为任意数时系统的物理性质在新的 $(a_i, a_i^\dagger)$ 的表述中给出相同的结果,即表述变换的表观任意性不存在,但是在第一步的 $(\hat{x}, \hat{p}) \rightarrow (a, a^\dagger)$ 变换后物理性质的不变应归因于更广泛的量子理论的自洽性,对这一点更深入一些的探讨仍是必要的.

5. 表述变换中的基本物理意义

为了把问题阐述得更为清晰透彻,我们先回顾一下一些量子理论的传统观点与做法.

(1) 经典物理与量子物理间的关系

相对论与量子理论是 20 世纪初同时出现的物理学的两大进展.相对论出现后,人们认为相对论力学和经典力学的关系是:相对论力学是更精准的力学规律,过去的经典力学是在速度远小于光速的条件下很好的近似理论.对于经典物理与量子物理间的关系,人们自然地亦秉持这样的观点,认为量子物理是更广泛的物理理论,经典物理是在一定条件下好的近似.这样讲的依据是:第一,许多教科书上说当一个物理系统中的 Planck 常量 h 可以略去时,该系统就可用经典理论处理;第二,引入量子系统时,常先用经典物理的图像描述该物理系统,然后将其中经典的物理量转换为算符,就转换成了对应的量子系统.

不过,把相对论与量子理论作这样相似看待的观点实在值得思考一下.相对论力学和经典力学讨论的是同属于宏观世界的物理系统的运动规律,它们之间的差异仅为速度在量级上的差异;而经典物理与量子物理研究的对象一个是宏观物理世界,一个是微观物理世界,把量子物理与经典力学的关系和相对论力学与经典力学的关系一样考虑是否恰当应该重新审视才对.我们这样讲是依据如下几点理由:

① 量子力学教科书都会谈到谐振子与氢原子两个系统,原因是经典谐振子及两个带相反电荷但质量不一样的质点这两种系统的图像是十分清楚的,并且将它们转换为量子系统后又是严格可解的.但是如果来看一下这两个量子系统的情况,实际是不一样的.氢原子是一个实际存在的微观物理系统,它的物理性质都是一定意义上的现实;然而量子的谐振子系统不是实在的,量子的谐振子理论虽然应用很广,但都只是做为模型在应用.至今没有一个实在的谐振子的量子系统.宏观世界里和微观世界

里不是总有相对应的物理系统.

② 当 Dirac 导出他的 Dirac 方程后,除了 Dirac 方程本身带来的重要意义及应用外,还有一点值得注意的是,从理论中看到微观的量子系统(Dirac 粒子)具有宏观系统不具备的内部自由度,因此认为所有物理系统都有宏观与微观的对应是站不住脚的.

③ 我们对物质世界构成的理解与上述量子物理和经典物理对应的思想亦是不协调的.从微观的量子系统作为宏观世界的基石这种角度来看,应该是微观的量子系统比宏观的系统要简单,多样性少许多.然后微观系统在构成宏观系统时,经过多种途径后会产生纷繁复杂的宏观世界.

根据以上的考虑,我们可以看出,把相对论力学和经典力学间的对应关系搬到量子物理和经典物理间的关系上是不恰当的.量子理论中存在不同于经典物理的若干原理:态矢与算符两个要素、叠加原理、不确定性关系等.服从这些原理的量子系统和经典系统一定有一一对应的关系显然是值得质疑的.

(2) 广义正则变换的物理意义

前面已比较仔细地讨论了从$(\hat{x},\hat{p})$到$(a,a^{\dagger})$的广义正则变换,特别是变换的唯一性问题.现在我们来看这种变换的反变换,即从$(a,a^{\dagger})$到$(\hat{x},\hat{p})$的变换.把式(8.1.10)改写为

$$a + a^{\dagger} = \sqrt{2}\Delta \sqrt{\frac{m\omega}{\hbar}}\hat{x}$$

$$a^{\dagger} - a = \frac{\mathrm{i}\sqrt{2}}{\Delta} \sqrt{\frac{1}{m\omega\hbar}}\hat{p}$$

(8.1.24)

在上式中已把 $\Delta_i, a_i, a_i^{\dagger}$ 中的下标 i 去掉,只要记住 Δ 是一个任意的数即可.为了便于阐述,将式(8.1.24)改表示为

$$a = \frac{1}{\sqrt{2}}\left[\Delta \sqrt{\frac{m\omega}{\hbar}}\hat{x} - \frac{\mathrm{i}}{\Delta} \sqrt{\frac{1}{m\omega\hbar}}\hat{p}\right]$$

$$a^{\dagger} = \frac{1}{\sqrt{2}}\left[\Delta \sqrt{\frac{m\omega}{\hbar}}\hat{x} + \frac{\mathrm{i}}{\Delta} \sqrt{\frac{1}{m\omega\hbar}}\hat{p}\right]$$

(8.1.25)

现在我们要问:在反变换时,这样的广义正则变换下物理系统的规律不变是什么含义? 为阐述清楚这个问题,我们先看一下正则变换下物理规律不变的意义.

① 正则变换下物理规律不变的意义.

如果有一个从 $(a,a^\dagger)\leftrightarrow(b,b^\dagger)$ 的正则变换：

$$a = \frac{b-\delta b^\dagger}{\sqrt{1-\delta^2}}, \quad a^\dagger = \frac{b^\dagger-\delta b}{\sqrt{1-\delta^2}} \qquad (8.1.26)$$

物理规律不变表明有以下的对应关系：

(a) 在 $(a,a^\dagger)$ 表述中，由 $\hat{n}=a^\dagger a$ 数算符的本征基态矢集构成一个基矢集 $\{|n\rangle_a\}$.相应地，在 $(b,b^\dagger)$ 表述中亦可构造出一个基矢定义的 $\{|n\rangle_b\}$.

(b) $(a,a^\dagger)$ 中任一态 $|\psi\rangle_a$ 可 $\{|n\rangle_a\}$ 展开：

$$|\psi\rangle_a = \sum_n f_n |n\rangle_a$$

$(b,b^\dagger)$ 中任一态 $|\psi\rangle_b$ 亦可 $\{|n\rangle_b\}$ 展开：

$$|\psi\rangle_b = \sum_n g_n |n\rangle_b$$

(c) 定态集：首先在 $(a,a^\dagger)$ 表述中系统是 $H(a,a^\dagger)$；相应地，按式(8.1.26)，在 $(b,b^\dagger)$ 表述中则是 $H(b,b^\dagger)$，故在两个表述中定态集可由下式分别决定：

$$H(a,a^\dagger)\sum_n f_n |n\rangle_a = E\sum_n f_n |n\rangle_a$$

$$H(b,b^\dagger)\sum_n g_n |n\rangle_b = E\sum_n g_n |n\rangle_b$$

则物理不变是指在两个表述中给出的 $\{E_i\}$ 是相同的，但 $\{f_n^{(i)}\}$ 和 $\{g_n^{(i)}\}$ 可以是不同的.

(d) 在两个表述中，定态集的本征值集是相同的 $\{E_i\}$，而相应的本征值态形式不同，分别为

$$|E_i\rangle_a = \sum_n f_n^{(i)} |n\rangle_a$$

$$|E_i\rangle_b = \sum_n g_n^{(i)} |n\rangle_b$$

(e) 虽然 $|E_i\rangle_a$，$|E_i\rangle_b$ 表观形式不同，但在两个 Hilbert 空间中的态矢可以一一对应：

$$|\psi\rangle_a = \sum_i F_i |E_i\rangle_a$$

$$\updownarrow$$

$$|\psi\rangle_b = \sum_i F_i |E_i\rangle_b$$

于是在$(a, a^\dagger)$表述中的一个物理过程的初态为

$$| \psi(0) \rangle_a = \sum_i F_i(0) | E_i \rangle_a$$

系统演化到 t 时刻的态矢是

$$| \psi(t) \rangle_a = \sum_i F_i(0) \mathrm{e}^{-\mathrm{i}E_i t} | E_i \rangle_a$$

这一过程在$(b, b^\dagger)$表示中的初态为:

$$| \psi(0) \rangle_b = \sum_i F_i(0) | E_i \rangle_b$$

到 t 时刻,则为

$$| \psi(t) \rangle_b = \sum_i F_i(0) \mathrm{e}^{-\mathrm{i}E_i t} | E_i \rangle_b$$

即在两个表述中演化过程是一一对应的.

② 正则变换下系统的物理规律不变的含义如上所述,但是并没有证明,亦即我们并未证明对任一量子系统(由 Hamiltonian 表征)在正则变换下物理规律不变.按前面的仔细一点的分析,确切地说就是它的定态集的能谱不因正则变换而改变.量子理论认为,在我们讨论的框架下(一维空间,只包含外部自由度),给定系统中的一对正则算符的对易关系,物理规律就确定下来,因此维持这一对易关系的正则变换都不会改变系统的物理规律.

广义正则变换和正则变换的不同之处是,一对正则算符$(\hat{x}, \hat{p})$以及它们的对易关系经过一个广义正则变换到另一对正则算符$(a, a^\dagger)$以及它们的不同的对易关系,但后者保持了原始的$(\hat{x}, \hat{p})$的对易关系不变.在这样的意义下,作为量子理论的基本原理,认为只要原始的对易关系被保持,则物理规律不变.事实上,我们前面对一些具体的量子系统作的计算就是在验证量子理论的这一基本原理在广义正则变换下仍然成立.

基本正则算符及对易关系的确定决定了一个系统的物理规律,并在广义正则变换下保持不变.

③ 在前面的讨论中,我们从$(\hat{x}, \hat{p})$及其对易式$[\hat{x}, \hat{p}] = \mathrm{i}(\hbar = 1)$出发作广义正则变换到$(a, a^\dagger)$及$[a, a^\dagger] = 1$,变换有一个表观的可变换到$(a_i, a_i^\dagger)$的任意性,不过我们已证明这样的表观不唯一性不是实质的,不同的$(a_i, a_i^\dagger)$给出相同的定态能谱及其

他物理性质.

当我们转而观察式(8.1.24)和式(8.1.25)中的广义正则变换的反向变换时,会得到比原来的正则变换下更多的内容.式(8.1.25)告诉我们,如记

$$\hat{x}_i = \Delta_i \sqrt{\frac{m\omega}{\hbar}}\hat{x}, \quad \hat{p}_i = \frac{1}{\Delta_i} \sqrt{m\omega\,\hbar}\hat{p} \tag{8.1.27}$$

则广义正则变换是

$$(a, a^\dagger) \text{ 和} [a, a^\dagger] = 1 \quad \rightarrow \quad (\hat{x}_i, \hat{p}_i) \text{ 和} [\hat{x}_i, \hat{p}_i] = i\hbar$$

它的意义是变换后的系统$(\hat{x}_i, \hat{p}_i)$和$(a, a^\dagger)$表述的物理规律一致,但是现在不同的i对应的$(\hat{x}_i, \hat{p}_i)$系统从式(8.1.27)可以看出是不同的,因为在$\Delta_i \neq \Delta_j$的情况下,有

$$\frac{\hat{x}_i}{\hat{x}_j} = \frac{\Delta_i}{\Delta_j}, \quad \frac{\hat{p}_i}{\hat{p}_j} = \frac{\Delta_j}{\Delta_i} \tag{8.1.28}$$

可见$(\hat{x}_i, \hat{p}_i)$和$(\hat{x}_j, \hat{p}_j)$两系统间差了坐标及动量的同时重新标度,这点是原来的正则变换没有的.考虑到不同的$(\hat{x}_i, \hat{p}_i)$系统都是由同一个$(a, a^\dagger)$系统变换而来的,于是得到一个新的结论:由$(\hat{x}, \hat{p})$表述的两个系统之间如果相差一个由式(8.1.28)描述的不同标度,则这两个系统的物理规律相同.或者换一个等价的表述方式:一个由$(\hat{x}, \hat{p})$表述的量子系统,当对它作一个如式(8.1.28)的坐标与动量的重新标度后,其物理规律不变.

④ 把上面得到的结论和熟知的 de Broglie 的波粒二象性的思想作一个比较. de Broglie 认为一个微观的客体具有动量 p 时,它的波动性质的波长 λ 为

$$\lambda = \frac{h}{p} \tag{8.1.29}$$

现在来考虑动量和位置的尺度改变.如果我们把动量的量度单位缩小为原来的$\frac{1}{\Delta}$,则这时系统的动量 p 的值有 $p \rightarrow \Delta p$ 的变化,如要维持式(8.1.29)的关系,需将长度的单位增大 Δ 倍,使系统的波长 $\lambda \rightarrow \frac{\lambda}{\Delta}$ 方能达到这一要求.换句话说,对一个量子系统同时进行动量和位置(长度)如式(8.1.27)那样的重新标度后,de Broglie 的波粒二象性关系维持不变.于是我们可以得出一个有意义的结论:因为上面已得出一个量子系统在式(8.1.28)的坐标和动量同时重新标度下物理规律都不变的结论,而现在由式

(8.1.29)看出,de Broglie 波粒二象性的关系亦是不变的,可见它给出的关系只是上面结论的一个特例,因此在这样的考虑下,de Broglie 的波粒关系不再是一个量子理论的独立的基本原理.

6. JC 模型

为了让关于广义正则变换的讨论在更广泛的范围内进行,这里我们将 JC 模型纳入来考虑.其实 JC 模型从一开始就是在 $(a, a^\dagger)$ 的表述中引入的,为了纳入现在的讨论框架,我们在下面特地把它先改写为 $(\hat{x}, \hat{p})$ 表述的形式.我们引进 JC 模型来讨论还有另外一个目的,那就是 JC 模型的求解问题在过去相当长的一段时期里由于存在困难,所以采用了旋波近似的处理,近年来由于需要对超出旋波近似适用的参量范围作出研究,可以在作近似和不作近似的情况下讨论其和广义正则变换之间的关系,以期对处理其他模型有所启发.

(1) JC 模型 $(\hat{x}, \hat{p})$ 表述.

如上所述,我们先将 JC 模型的 Hamiltonian 在 $(\hat{x}, \hat{p})$ 表述下写出:

$$H = \frac{1}{2}(\hat{p}^2 + \Omega^2 \hat{x}^2) + \frac{\omega}{2}\sigma_z + g\hat{x}\sigma_x \tag{8.1.30}$$

作如下算符变换:

$$\hat{x} = \frac{1}{\sqrt{2\Omega}}(a^\dagger + a), \quad \hat{p} = \sqrt{\frac{\Omega}{2}}\mathrm{i}(a^\dagger - a) \tag{8.1.31}$$

则得

$$H = \Omega\left(a^\dagger a + \frac{1}{2}\right) + \frac{\omega}{2}\sigma_z + \frac{g}{\sqrt{2\Omega}}(a + a^\dagger)\sigma_x \tag{8.1.32}$$

这就是熟知的 JC 模型的 Hamiltonian 表达式.

(2) 根据以上讨论,我们看一下如从式(8.1.30)出发,作如下的算符变换:

$$\hat{x} = \frac{1}{\Delta\sqrt{2\Omega}}(a^\dagger + a), \quad \hat{p} = \frac{\mathrm{i}\Delta\sqrt{\Omega}}{\sqrt{2}}(a^\dagger - a) \tag{8.1.33}$$

代入式(8.1.30),得

$$H = \frac{\Omega}{4}\left(\frac{1}{\Delta^2} - \Delta^2\right)(a^{\dagger 2} + a^2) + \frac{\Omega}{4}\left(\frac{1}{\Delta^2} + \Delta^2\right)(2a^\dagger a + 1)$$

$$+ \frac{\omega}{2}\sigma_z + \frac{g}{\Delta\sqrt{2\Omega}}(a^\dagger\sigma_+ + a\sigma_-) + \frac{g}{\Delta\sqrt{2\Omega}}(a^\dagger\sigma_- + a\sigma_+) \tag{8.1.34}$$

现在我们要问:当 Δ 取不同值时,从式(8.1.34)出发是否会得到同样的物理结果?

① 定态集.

记$\{|n\rangle\}$是 $a^\dagger a$ 的本征态的态矢集,将待求的定态态矢在$\{|n\rangle\}$上展开:

$$|\rangle = \sum_n a_n \mid n\rangle \mid e\rangle + \sum_n b_n \mid n\rangle \mid g\rangle \tag{8.1.35}$$

将式(8.1.34)及式(8.1.35)代入定态方程

$$H\mid\rangle = E\mid\rangle \tag{8.1.36}$$

并针对两方的$|e\rangle,|g\rangle$分别列出,得

$$\frac{\Omega}{4}\left(\frac{1}{\Delta^2} - \Delta^2\right)\sum_n a_n\left[\sqrt{(n+2)(n+1)}\mid n+2\rangle + \sqrt{(n-1)n}\mid n-2\rangle\right]$$

$$+ \frac{\Omega}{4}\left(\frac{1}{\Delta^2} + \Delta^2\right)\sum_n a_n(2n+1)\mid n\rangle + \frac{\omega}{2}\sum_n a_n\mid n\rangle$$

$$+ \frac{g}{\Delta\sqrt{2\Omega}}\left(\sum_n b_n\sqrt{n+1}\mid n+1\rangle + \sum_n b_n\sqrt{n}\mid n-1\rangle\right)$$

$$= E\sum_n a_n\mid n\rangle \tag{8.1.37}$$

$$\frac{\Omega}{4}\left(\frac{1}{\Delta^2} - \Delta^2\right)\sum_n b_n\left[\sqrt{(n+2)(n+1)}\mid n+2\rangle + \sqrt{(n-1)n}\mid n-2\rangle\right]$$

$$+ \frac{\Omega}{4}\left(\frac{1}{\Delta^2} + \Delta^2\right)\sum_n b_n(2n+1)\mid n\rangle + \frac{\omega}{2}\sum_n b_n\mid n\rangle$$

$$+ \frac{g}{\Delta\sqrt{2\Omega}}\left(\sum_n a_n\sqrt{n}\mid n-1\rangle + \sum_n a_n\sqrt{n+1}\mid n+1\rangle\right)$$

$$= E\sum_n b_n\mid n\rangle \tag{8.1.38}$$

比较两边的$|m\rangle$,得

$$\frac{\Omega}{4}\left(\frac{1}{\Delta^2} - \Delta^2\right)\left[\sqrt{(m-1)m}\,a_{m-2} + \sqrt{(m+2)(m+1)}\,a_{m+2}\right]$$

$$+ \left[\frac{\Omega}{4}\left(\frac{1}{\Delta^2} + \Delta^2\right)(2m+1) + \frac{\omega}{2}\right]a_m$$

$$+ \frac{g}{\Delta\sqrt{2\Omega}}\left(\sqrt{m}\,b_{m-1} + \sqrt{m+1}\,b_{m+1}\right) = Ea_m \tag{8.1.39}$$

$$\frac{\Omega}{4}\left(\frac{1}{\Delta^2} - \Delta^2\right)\left[\sqrt{(m-1)m}\,b_{m-2} + \sqrt{(m+2)(m+1)}\,b_{m+2}\right]$$

$$+ \left[\frac{\Omega}{4}\left(\frac{1}{\Delta^2} + \Delta^2\right)(2m+1) - \frac{\omega}{2}\right]b_m + \frac{g}{\Delta\sqrt{2\Omega}}\left(\sqrt{m+1}\,a_{m+1} + \sqrt{m}\,a_{m-1}\right)$$

$$= Eb_m \tag{8.1.40}$$

由式(8.1.39)和式(8.1.40)可求出 $\{a_n^{(j)}, b_n^{(j)}\}$ 及 $\{E_j\}$,即可求出能谱及相应的定态态矢:

$$|E_j\rangle = \sum_n a_n^{(j)}|n\rangle|e\rangle + \sum_n b_n^{(j)}|n\rangle|g\rangle \tag{8.1.41}$$

② 定态 $|E_j\rangle$ 下的位置涨落.

得到 $\{|E_j\rangle\}$ 后,便可以求出系统在定态下的位置涨落 Δx. 位置涨落为

$$(\overline{\Delta x^2})_j = \langle E_j|\left[\hat{x}^2 - (\langle\hat{x}\rangle)^2\right]|E_j\rangle$$

$$\Delta x = \sqrt{\overline{\Delta x^2}} \tag{8.1.42}$$

其中

$$\langle\hat{x}\rangle = \frac{1}{\sqrt{2\Omega\Delta}}\langle E_j|(a^\dagger + a)|E_j\rangle$$

$$= \frac{1}{\sqrt{2\Omega\Delta}}\sum_{nm}(a_m^{(j)*}a_n^{(j)} + b_m^{(j)*}b_n^{(j)})(\sqrt{n}\langle m|n-1\rangle$$

$$+ \sqrt{n+1}\langle m|n+1\rangle)$$

$$= \frac{1}{\sqrt{2\Omega\Delta}}\sum_m(\sqrt{m+1}\,a_m^{(j)*}a_{m+1}^{(j)} + \sqrt{m}\,a_m^{(j)*}a_{m-1}^{(j)}$$

$$+ \sqrt{m+1}\,b_m^{(j)*}b_{m+1}^{(j)} + \sqrt{m}\,b_m^{(j)*}b_{m-1}^{(j)}) \tag{8.1.43}$$

量子物理若干基本问题
Some Fundamental Problems in Quantum Physics

$$\langle \hat{x}^2 \rangle = \frac{1}{2\Delta^2} \langle E_j \mid (a^{\dagger 2} + a^2 + 2a^{\dagger}a + 1) \mid E_j \rangle$$

$$= \frac{1}{2\Omega\Delta^2} \sum_m \Big[\sqrt{m(m-1)}\, a_m^{(j)*} a_{m-2}^{(j)} + \sqrt{(m+2)(m+1)}\, a_m^{(j)*} a_{m+2}^{(j)}$$

$$+ (2m+1) a_m^{(j)*} a_m^{(j)} + \sqrt{m(m-1)}\, b_m^{(j)*} b_{m-2}^{(j)}$$

$$+ \sqrt{(m+2)(m+1)}\, b_m^{(j)*} b_{m+2}^{(j)} + (2m+1) b_m^{(j)*} b_m^{(j)} \Big] \tag{8.1.44}$$

计算证实,所有的物理结果和 Δ 取值无关.

(3) 在式(8.1.34)的基础上取旋波近似,按照以往的做法是将式中的倒数第二项(非旋波项)略去,这时 Hamiltonian 变为

$$H = \frac{\Omega}{4}\Big(\frac{1}{\Delta^2} - \Delta^2\Big)(a^{\dagger 2} + a^2) + \frac{\Omega}{4}\Big(\frac{1}{\Delta^2} + \Delta^2\Big)(2a^{\dagger}a + 1)$$

$$+ \frac{\omega}{2}\sigma_z + \frac{g}{\Delta}\frac{1}{\sqrt{2\Omega}}(a^{\dagger}\sigma_- + a\sigma_+) \tag{8.1.45}$$

从上式出发,重复以上计算,得到的结果就和 Δ 值有关了.于是我们会问:为什么在这个问题中又和 Δ 取值有关了? 这里的结果是否表示前面得到的结论不是普遍成立的? 下面我们来回答这一问题.

① 这里结果不仅没有否定前面得到的结论,反而更加证实了前面的结论,亦即更肯定了量子理论的自洽性,理由是表述变换中的唯一性必须在严格无近似的情况下才成立.作了旋波近似后,在 Δ 取值不同时与严格结果的偏离自然是不同的.因此在旋波近似下,Δ 取值不同,结果不同,这是必然的结果.

② 为更清楚地阐明这个问题,我们将作了旋波近似后的式(8.1.45)的 Hamiltonian 通过式(8.1.25)再变换回 $(\hat{x}, \hat{p})$ 去,则这时的 Hamiltonian 为

$$H = \frac{1}{2}(\hat{p}^2 + \Omega^2\hat{x}^2) + \frac{\omega}{2}\sigma_z + \frac{g}{\sqrt{\Omega}}\hat{x}\begin{bmatrix} 0 & 1 \\ 1 & 0 \end{bmatrix}$$

$$+ \frac{g}{\sqrt{2}}\frac{\mathrm{i}\hat{p}}{\Delta^2}\begin{bmatrix} 0 & -1 \\ 1 & 0 \end{bmatrix} \tag{8.1.46}$$

上式最后一项的形式依赖于任意的 Δ,这就是说,用表述变换的语言来说,它不是一个确定的 $H(\hat{x}, \hat{p})$ 向 $H(a, a^{\dagger})$ 的变换,而是从不同的 $H(\hat{x}, \hat{p}; \Delta)$ 出发的变换,所以得到的物理结果自然各异.

③ 用第 3 小节中的论证来对比一下,在那里从 $(\hat{x}, \hat{p})$ 到 $(a_i(\Delta_i), a_i^{\dagger}(\Delta_i))$ 的表

述变换分为两步,第一步是 $(\hat{x},\hat{p}) \rightarrow (a,a^{\dagger})$,第二步是 $(a,a^{\dagger}) \rightarrow (a_i,a_i^{\dagger})(\Delta_i)$. 对于取了旋波近似后的式(8.1.46),作 $(a,a^{\dagger}) \rightarrow (a_i,a_i^{\dagger})$ 的第二步变换,物理结果的确不会变,但第一步对应的 $H(\hat{x},\hat{p}) \rightarrow H(a,a^{\dagger})$ 不成立了,因为对应于 Δ_i,原始的 Hamiltonian 成为 $H(\hat{x},\hat{p};\Delta_i)$,自然已不是我们讨论的原始命题.

8.2　测量原理及测量的不确定性

1. 引言

在经典物理的范围内,实际测量中总会因为仪器的不精密、操作的不准确以及可能的诸多外界干扰因素造成测量结果与应得数值间的偏离,即存在测量误差.不过在经典物理中,原则上讲,随着设备的优化及实验技艺的提高,总可使误差逐步减少,而不存在有限误差的下限.

进入微观领域,对一个量子系统作测量时出现了不同于经典测量的新规律.对一个经典物理系统作测量时,各种物理量的测量原则上是相互独立的.例如,首先测量物理量 A,不仅可以通过技术上的改进使测量的结果不受限制地逼近精确值,还可以通过恰当的安排让测量过程对物理系统不产生任何影响,不影响以后对任何其他物理量的测量.对不同物理量的测量是相互独立的,和测量的先后顺序无关.对于量子系统的测量,情况有了实质的不同,根本原因在于量子系统的物理量不像在经典物理中那样是一个数.在量子物理中,表征物理量的不是纯粹的数,而是算符,而且算符间还有对易与不对易的关系.当两个物理量算符 $\hat{A}$ 和 $\hat{B}$ 不对易时,就会出现 Heisenberg 指出的测量引起的干扰问题.如先测物理量 $\hat{A}$,则会影响到以后对物理量 $\hat{B}$ 的测量,反之亦然,而且两种顺序的结果可能不一样.

还要说明两点.第一点是上述的测量的干扰不是设备和实验技术带来的干扰,后一种干扰对经典物理和量子物理是一样的,原则上可以通过实验技术的提高无限地降低.这里谈的测量干扰是量子物理特有的属性.第二点是这里讨论的测量干扰不是教科书中谈到的 Heisenberg 不确定性关系.下面我们要具体谈一下所谓的 Heisenberg 不确定性关系(也被译为测不准关系)的含义,它和测量干扰实际上毫无关系.其实 Heisenberg 提出的原始思想是这里要讨论的测量中的干扰问题,而不是"测不准关系"问题. Weyl 和 Robertson 都继续讨论过. 近年来由于要做精密测量的工作,人们重新对这一问题产生了浓厚的兴趣. 在这些工作中,沿不同思路及公式化的理论得出了两个不相同的结论,至今人们还为此争论不休. 在这里我们亦想对这一问题提出我们的想法. 按照当年 Heisenberg 的原始思路,用最简单和最能看清的自旋系统来讨论测量干扰问题,并和那两种不同的理论推导及结果作比较,借以揭示出现不同结论的缘由,探讨是否能得出一个更合理的结果.

2. 测不准关系的含义

为了说明所谓的"测不准关系"和这里要讨论的量子物理中的测量干扰是不同的两个命题,我们先对测不准关系作一个简短的回顾,以阐明它与量子干扰不是一回事.

设量子系统具有两个物理量算符 $\hat{A}$ 和 $\hat{B}$,它们互不对易,即

$$[\hat{A}, \hat{B}] \neq 0 \tag{8.2.1}$$

测不准关系告诉我们,对于量子系统的任一状态 $|\psi\rangle$,有以下的关系:

$$\sigma(\hat{A}, \psi) \cdot \sigma(\hat{B}, \psi) \geqslant \frac{\langle \psi | [\hat{A}, \hat{B}] | \psi \rangle}{2} \tag{8.2.2}$$

上式左端中的 $\sigma(\hat{o}, \psi)$ 称作对量子系统的状态 $|\psi\rangle$ 进行物理量 $\hat{o}$ 的测量时的涨落. 下面讨论它是如何计算的.

一个量子系统的一个物理量算符 $\hat{A}$ 定有一个本征态集 $\{|a_i\rangle\}$,它们满足如下的方程:

$$\hat{A} | a_i\rangle = a_i | a_i\rangle \quad (i = 0, 1, 2, \cdots) \tag{8.2.3}$$

其中 a_i 是本征值. 量子系统的任意一个状态 $|\psi\rangle$ 可以按 $\{|a_i\rangle\}$ 展开,即

$$|\psi\rangle = \sum_i f_i | a_i\rangle \tag{8.2.4}$$

当我们对状态 $|\psi\rangle$ 进行物理量 $\hat{A}$ 的测量时,按量子理论的测量原理并结合式(8.2.4),有如下的论断:

状态 $|\psi\rangle$ 将塌缩到 $\{|a_i\rangle\}$ 中的某一个本征态 $|a_i\rangle$,塌缩的概率是 $S_i = |f_i|^2$,于是

对状态 $|\psi\rangle$ 测物理量 $\hat{A}$ 的统计平均值是

$$\bar{A} = \langle \psi \mid \hat{A} \mid \psi \rangle = \sum_i \mid f_i \mid^2 a_i = \sum_i S_i a_i \tag{8.2.5}$$

类似地,可给出对状态 $|\psi\rangle$ 测物理量 $\hat{A}^2$ 的统计平均值为

$$\langle \psi \mid \hat{A}^2 \mid \psi \rangle = \sum_i S_i a_i^2 \tag{8.2.6}$$

有了式(8.2.5)和式(8.2.6)后,便可算出对状态 $|\psi\rangle$ 测物理量 $\hat{A}$ 的均方偏离(涨落):

$$\sigma(\hat{A}, \psi) = [\langle \psi \mid \hat{A}^2 \mid \psi \rangle - (\langle \psi \mid \hat{A} \mid \psi \rangle)^2]^{1/2} \tag{8.2.7}$$

另一方面,亦可对同一状态 $|\psi\rangle$ 进行对物理量 $\hat{B}$ 的测量,测量 $\hat{B}$ 的均方偏离为

$$\sigma(\hat{B}, \psi) = [\langle \psi \mid \hat{B}^2 \mid \psi \rangle - (\langle \psi \mid \hat{B} \mid \psi \rangle)^2]^{1/2} \tag{8.2.8}$$

到此,我们看到:

① 式(8.2.2)表示的"测不准关系"是对一个量子系统的一个状态分别作对物理量 $\hat{A}$ 的测量和对物理量 $\hat{B}$ 的测量,这两种测量的统计偏离满足不等式(8.2.2).

② 式(8.2.2)的物理内容和我们要讨论的对一个物理系统的一个状态同时作对 $\hat{A}, \hat{B}$ 的测量不是一回事.

3. 对两个物理量的同时①测量

(1) 一般讨论.

先作一点一般的讨论,把要考虑的问题的意义说清楚,然后再以具体系统为例作计算,得到一些确切的结果后进行分析.

假定一个量子系统具有两个物理量算符 $\hat{A}, \hat{B}$,它们有如下的对易关系:

$$[\hat{A}, \hat{B}] = \hat{C} \tag{8.2.9}$$

上面写的是最一般的情形,不同的 $\hat{A}, \hat{B}$ 对易后可能是算符,亦可能是一个不为零的数,甚至是零.我们要讨论的是不包括 $\hat{C} = 0$ 的情况.记 $\hat{A}, \hat{B}, \hat{C}$ 相应的本征态集分别为 $\{|a_i\rangle\}, \{|b_i\rangle\}, \{|c_i\rangle\}$,它们分别满足

---

① 这里的"同时"是对"simultaneous"的误译,词源本意是竞争,可当成"既…又…"来理解.下文所谓的同时测量 A 和 B 应理解为"既要测量 A 又要测量 B".中文关于量子力学和狭义相对论的诸多错误认识都来自对"simultaneous"这个词的误译.

$$\hat{A} \mid a_i \rangle = a_i \mid a_i \rangle$$

$$\hat{B} \mid b_i \rangle = b_i \mid b_i \rangle \tag{8.2.10}$$

$$\hat{C} \mid c_i \rangle = c_i \mid c_i \rangle$$

系统的任一状态的态矢 $\mid \psi \rangle$ 可在这些本征态矢集上展开：

$$\mid \psi \rangle = \sum_i f_i \mid a_i \rangle$$

$$\mid \psi \rangle = \sum_i g_i \mid b_i \rangle \tag{8.2.11}$$

$$\mid \psi \rangle = \sum_i k_i \mid c_i \rangle$$

现在讨论对状态 $\mid \psi \rangle$ 同时测量 $\hat{A}, \hat{B}$ 的问题.

① 先测 $\hat{A}$，后测 $\hat{B}$.

尽管是同时测量，仍然有先后顺序的不同，即测 $\hat{A}$ 后瞬时再测 $\hat{B}$ 和测 $\hat{B}$ 后瞬时再测 $\hat{A}$ 仍然是两个不同的测量. 按照量子理论的测量原理，对 $\mid \psi \rangle$ 测量物理量 $\hat{A}$ 的结果如前所述，系统将塌缩到 $\mid A \rangle$ 的某个本征态，其概率为 $\mid f_i \mid^2$，即这一测量过程可表述为

$$\mid \psi \rangle \xrightarrow{\text{测} \hat{A}} \begin{cases} \text{本征态} & \text{概率} \\ \mid a_1 \rangle & \mid f_1 \mid^2 \\ \mid a_2 \rangle & \mid f_2 \mid^2 \\ \vdots & \vdots \\ \mid a_n \rangle & \mid f_n \mid^2 \\ \vdots & \vdots \end{cases} \tag{8.2.12}$$

② 为下面讨论测 $\hat{B}$ 作准备，先给出 $\{\mid a_i \rangle\}$ 用 $\{\mid b_i \rangle\}$ 展开的表示：

$$\mid a_i \rangle = \sum_j \mid b_j \rangle \langle b_j \mid a_i \rangle = \sum_j M_{ji} \mid b_j \rangle \tag{8.2.13}$$

其中

$$M_{ji} = \langle b_j \mid a_i \rangle \tag{8.2.14}$$

③ 在对 $\mid \psi \rangle$ 测过 $\hat{A}$ 后立即测 $\hat{B}$.

从式(8.2.12)知，在对系统的状态测物理量 $\hat{A}$ 后，系统已成为由 $\hat{A}$ 的本征态组

成的混合态(非纯态),混合态中含本征态$|a_i\rangle$的概率为$|f_i|^2$,根据式(8.2.13),对于系统测$\hat{A}$后立即再测$\hat{B}$,出现本征态$|b_i\rangle$的概率如下所示:

$$|\psi\rangle \xrightarrow{\text{测}\hat{A}} \left\{ \begin{array}{cc} \text{本征态} & \text{概率} \\ |a_1\rangle & |f_1|^2 \\ \vdots & \vdots \\ |a_n\rangle & |f_n|^2 \\ \vdots & \vdots \end{array} \right. \xrightarrow{\text{测}\hat{B}} \left\{ \begin{array}{cc} \text{本征态} & \text{概率} \\ |b_1\rangle & \sum_j |f_j|^2 |M_{1j}|^2 \\ \vdots & \vdots \\ |b_n\rangle & \sum_j |f_j|^2 |M_{nj}|^2 \\ \vdots & \vdots \end{array} \right. \tag{8.2.15}$$

即在这样的测量过程下测得的概率为

$$S_{ab(i)} = \sum_j |f_j|^2 |M_{ij}|^2 \tag{8.2.16}$$

④ 现在考虑在测了$\hat{A}$后再测$\hat{B}$的结果与直接测$\hat{B}$的结果的偏离.所谓的直接测量,说得确切一点,对一个系统的一个状态直接测一个物理量,本身测得的仍是一个统计的期待值,即直接测量$\hat{B}$的结果$\langle\hat{B}\rangle$是$\sum_i S_{b(i)} b_i$,而测$\hat{A}$后接着测$\hat{B}$的结果为$\langle\hat{B}\rangle_A = \sum_i S_{ab(i)} b_i$,因此后者对前者的偏离应该由它们的均方差来表征,即

$$\eta_{AB} = \left\{ \sum_i [S_{ab(i)} - S_{b(i)}]^2 |b_i|^2 \right\}^{1/2} \tag{8.2.17}$$

由于$S_{b(i)}$就是式(8.2.11)中的$|g_i|^2$,故η_{AB}亦可表示为

$$\eta_{AB} = \left[\sum_i \left(\sum_j |f_j|^2 |M_{ij}|^2 - |g_i|^2 \right)^2 |b_i|^2 \right]^{1/2} \tag{8.2.18}$$

亦可将η_{AB}称为同时测$\hat{A}$时对测$\hat{B}$的扰动.

⑤ 按与前面完全相同的考虑,同时先测$\hat{B}$再测$\hat{A}$相对于直接测$\hat{A}$的期待值的偏离或扰动η_{BA}可表示为

$$\eta_{BA} = \left\{ \sum_i [S_{ba(i)} - S_{a(i)}]^2 |a_i|^2 \right\}^{1/2}$$

$$= \left[\sum_i (|g_j|^2 |N_{ij}|^2 - |f_i|^2)^2 |a_i|^2 \right]^{1/2} \tag{8.2.19}$$

其中

$$S_{ba(i)} = \sum_i |g_j|^2 |N_{ij}|^2 \qquad (8.2.20)$$

$$N_{ij} = \langle a_i | b_j \rangle \qquad (8.2.21)$$

⑥ 至此，我们看到，在量子物理里对一般不对易的两个物理算符进行测量时，如同时测两个量，一个量的测量会对另一个量的测量产生干扰．而且一般来说，$\hat{A}$ 对 $\hat{B}$ 的扰动 η_{AB} 和 $\hat{B}$ 对 $\hat{A}$ 的扰动 η_{AB} 是不一样的．为了更清楚地看清这些结论，下面给出一些简单的系统的结果．

(2) $j = \dfrac{1}{2}$ 的量子系统．

① 基本性质．

$j = \dfrac{1}{2}$ 时角动量分量的矩阵表示是 Pauli 矩阵：

$$\hat{j}_x = \frac{1}{2}\begin{bmatrix} 0 & 1 \\ 1 & 0 \end{bmatrix}, \quad \hat{j}_y = \frac{1}{2}\begin{bmatrix} 0 & -i \\ i & 0 \end{bmatrix}, \quad \hat{j}_z = \frac{1}{2}\begin{bmatrix} 1 & 0 \\ 0 & -1 \end{bmatrix} \qquad (8.2.22)$$

它们的本征态矢及相应的本征值分别为

$$\hat{j}_x \qquad \frac{1}{2}, \quad \frac{1}{\sqrt{2}}\begin{bmatrix} 1 \\ 1 \end{bmatrix}; \qquad -\frac{1}{2}, \quad \frac{1}{\sqrt{2}}\begin{bmatrix} 1 \\ -1 \end{bmatrix} \qquad (8.2.23)$$

$$\hat{j}_y \qquad \frac{1}{2}, \quad \begin{bmatrix} \dfrac{1-i}{2} \\ \dfrac{1+i}{2} \end{bmatrix}; \qquad -\frac{1}{2}, \quad \begin{bmatrix} \dfrac{1+i}{2} \\ \dfrac{1-i}{2} \end{bmatrix} \qquad (8.2.24)$$

$$\hat{j}_z \qquad \frac{1}{2}, \quad \begin{bmatrix} 1 \\ 0 \end{bmatrix}; \qquad -\frac{1}{2}, \quad \begin{bmatrix} 0 \\ 1 \end{bmatrix} \qquad (8.2.25)$$

② 在下面的讨论中，选定 $\hat{A} = \hat{j}_x$，$\hat{B} = \hat{j}_z$．为了使讨论更具普遍性，我们将系统的任一态 $|\psi\rangle$ 在 $\hat{j}_y$ 的本征态上展开，而不是在 $\hat{j}_x$ 或 $\hat{j}_z$ 上展开：

$$|\psi\rangle = \cos\theta \begin{bmatrix} \dfrac{1-i}{2} \\ \dfrac{1+i}{2} \end{bmatrix} + \sin\theta e^{i\varphi} \begin{bmatrix} \dfrac{1+i}{2} \\ \dfrac{1-i}{2} \end{bmatrix} \qquad (8.2.26)$$

上面表示的态矢是归一的，第一项的相因子可以去掉，不影响普遍性．

③ 将 $|\psi\rangle$ 依次在 $\hat{j}_x,\hat{j}_z$ 的本征态上展开:

$$|\psi\rangle = \frac{1}{\sqrt{2}}(\cos\theta + \sin\theta e^{i\varphi})\frac{1}{\sqrt{2}}\begin{bmatrix}1\\1\end{bmatrix} + \frac{i}{\sqrt{2}}(\sin\theta e^{i\varphi} - \cos\theta)\frac{1}{\sqrt{2}}\begin{bmatrix}1\\-1\end{bmatrix}$$

$$= f_1\left|\frac{1}{2}\right\rangle_x + f_2\left|-\frac{1}{2}\right\rangle_x \tag{8.2.27}$$

其中

$$f_1 = \frac{1}{\sqrt{2}}(\cos\theta + \sin\theta e^{i\varphi}), \quad f_2 = \frac{1}{\sqrt{2}}(\sin\theta e^{i\varphi} - \cos\theta) \tag{8.2.28}$$

$$|\psi\rangle = \frac{1}{2}\left[(\cos\theta + \sin\theta e^{i\varphi}) + i(\sin\theta e^{i\varphi} - \cos\theta)\right]\begin{bmatrix}1\\0\end{bmatrix}$$

$$+ \frac{1}{2}\left[(\cos\theta + \sin\theta e^{i\varphi}) + i(\cos\theta - \sin\theta e^{i\varphi})\right]\begin{bmatrix}0\\1\end{bmatrix}$$

$$= g_1\left|\frac{1}{2}\right\rangle_z + g_2\left|-\frac{1}{2}\right\rangle_z \tag{8.2.29}$$

其中

$$g_1 = \frac{1}{2}\left[(\cos\theta + \sin\theta e^{i\varphi}) + i(\sin\theta e^{i\varphi} - \cos\theta)\right]$$
$$g_2 = \frac{1}{2}\left[(\cos\theta + \sin\theta e^{i\varphi}) + i(\cos\theta - \sin\theta e^{i\varphi})\right] \tag{8.2.30}$$

根据前面引入的 M_{ij} 和 N_{ij} 的定义,可得

$$M_{11} = {}_z\left\langle\frac{1}{2}\bigg|\frac{1}{2}\right\rangle_x = [1,0]\begin{bmatrix}\dfrac{1}{\sqrt{2}}\\[2mm]\dfrac{1}{\sqrt{2}}\end{bmatrix} = \frac{1}{\sqrt{2}}$$

$$M_{12} = {}_z\left\langle\frac{1}{2}\bigg|-\frac{1}{2}\right\rangle_x = [1,0]\begin{bmatrix}\dfrac{1}{\sqrt{2}}\\[2mm]\dfrac{1}{-\sqrt{2}}\end{bmatrix} = \frac{1}{\sqrt{2}}$$

量子物理若干基本问题
Some Fundamental Problems in Quantum Physics

$$M_{21} = {}_z\left\langle -\frac{1}{2} \middle| \frac{1}{2} \right\rangle_x = \begin{bmatrix} 0,1 \end{bmatrix}\begin{bmatrix} \dfrac{1}{\sqrt{2}} \\ \dfrac{1}{\sqrt{2}} \end{bmatrix} = \frac{1}{\sqrt{2}}$$

$$M_{22} = {}_z\left\langle -\frac{1}{2} \middle| -\frac{1}{2} \right\rangle_x = \begin{bmatrix} 0,1 \end{bmatrix}\begin{bmatrix} \dfrac{1}{\sqrt{2}} \\ -\dfrac{1}{\sqrt{2}} \end{bmatrix} = -\frac{1}{\sqrt{2}} \tag{8.2.31}$$

类似地,可得

$$N_{11} = \frac{1}{\sqrt{2}}, \quad N_{12} = \frac{1}{\sqrt{2}}, \quad N_{21} = \frac{1}{\sqrt{2}}, \quad N_{22} = -\frac{1}{\sqrt{2}} \tag{8.2.32}$$

④ 按式(8.2.18),对系统的态矢 $|\psi\rangle$ 测了 $\hat{j}_x$ 后再测 $\hat{j}_z$,测得的本征态 $|i\rangle_z$ 的概率分别为

$$\begin{aligned}
S_{ab(1)} &= |f_1|^2 |M_{11}|^2 + |f_2|^2 |M_{12}|^2 \\
&= \frac{1}{2}|\cos\theta + \sin\theta e^{i\varphi}|^2 \left|\frac{1}{\sqrt{2}}\right|^2 + \frac{1}{2}|\sin\theta e^{i\varphi} - \cos\theta|^2 \left|\frac{1}{\sqrt{2}}\right|^2 \\
&= \frac{1}{2}\frac{1}{2}(\cos^2\theta + \sin^2\theta + 2\sin\theta\cos\theta) + \frac{1}{2}\frac{1}{2}(\sin^2\theta + \cos^2\theta - 2\sin\theta\cos\theta) \\
&= \frac{1}{2}
\end{aligned} \tag{8.2.33}$$

类似地,可得

$$S_{ab(2)} = |f_1|^2 |M_{21}|^2 + |f_2|^2 |M_{22}|^2 = \frac{1}{2} \tag{8.2.34}$$

此外有

$$\begin{aligned}
|g_1|^2 &= \left|\left[\frac{1}{2}(\cos\theta + \sin\theta e^{i\varphi}) + \frac{i}{2}(\sin\theta e^{i\varphi} - \cos\theta)\right]\right|^2 \\
&= \left[\frac{1}{2}(\cos\theta + \sin\theta e^{-i\varphi}) - \frac{i}{2}(\sin\theta e^{-i\varphi} - \cos\theta)\right] \\
&\quad \cdot \left[\frac{1}{2}(\cos\theta + \sin\theta e^{i\varphi}) + \frac{i}{2}(\sin\theta e^{i\varphi} - \cos\theta)\right] \\
&= \frac{1}{4}(\cos^2\theta + \sin^2\theta + \sin\theta\cos\theta e^{i\varphi} + \sin\theta\cos\theta e^{-i\varphi})
\end{aligned}$$

$$+ \frac{1}{4}(\sin^2\theta + \cos^2\theta - \sin\theta\cos\theta\mathrm{e}^{i\varphi} - \sin\theta\cos\theta\mathrm{e}^{-i\varphi})$$

$$= \frac{1}{2} \tag{8.2.35}$$

类似可得

$$|g_2|^2 = \frac{1}{2} \tag{8.2.36}$$

将式(8.2.33)～(8.2.36)代入 η_{AB} 的表示式,得

$$\begin{aligned}
\eta_{AB} &= \left\{ [S_{ab(1)} - |g_1|^2]\left(\frac{1}{2}\right)^2 + [S_{ab(2)} - |g_2|^2]\left(-\frac{1}{2}\right)^2 \right\}^{1/2} \\
&= \left[\left(\frac{1}{2} - \frac{1}{2}\right)\left(\frac{1}{4}\right) + \left(\frac{1}{2} - \frac{1}{2}\right)\left(\frac{1}{4}\right) \right]^{1/2} \\
&= 0 \tag{8.2.37}
\end{aligned}$$

⑤ 现在来看先测 $\hat{B}(\hat{j}_z)$ 后测 $\hat{A}(\hat{j}_x)$ 的情形,和前面类似,分别求

$$\begin{aligned}
S_{ba(1)} &= |g_1|^2|N_{11}|^2 + |g_2|^2|N_{12}|^2 \\
&= \frac{1}{2}\left|\frac{1}{\sqrt{2}}\right|^2 + \frac{1}{2}\left|\frac{1}{\sqrt{2}}\right|^2 = \frac{1}{2} \tag{8.2.38}
\end{aligned}$$

$$S_{ba(2)} = |g_1|^2|N_{21}|^2 + |g_2|^2|N_{22}|^2 = \frac{1}{2} \tag{8.2.39}$$

$$\begin{aligned}
|f_1|^2 &= \frac{1}{\sqrt{2}}(\cos\theta + \sin\theta\mathrm{e}^{i\varphi})\frac{1}{\sqrt{2}}(\cos\theta + \sin\theta\mathrm{e}^{i\varphi}) \\
&= \frac{1}{2}[\cos^2\theta + \sin^2\theta + \sin\theta\cos\theta(\mathrm{e}^{i\varphi} + \mathrm{e}^{-i\varphi})] \\
&= \frac{1}{2}(1 + \sin2\theta\cos\varphi) \tag{8.2.40}
\end{aligned}$$

$$\begin{aligned}
|f_2|^2 &= \frac{1}{2}(\sin\theta\mathrm{e}^{i\varphi} - \cos\theta)(\sin\theta\mathrm{e}^{i\varphi} - \cos\theta) \\
&= \frac{1}{2}(1 - \sin2\theta\cos\varphi) \tag{8.2.41}
\end{aligned}$$

利用式(8.2.38)～(8.2.41),得

$$\begin{aligned}
\eta_{BA} &= \{[S_{ba(1)} - |f_1|^2]^2|a_1|^2 + [S_{ba(2)} - |f_2|^2]|a_2|^2\}^{1/2} \\
&= \left[\left(\frac{1}{2} - \frac{1}{2} - \frac{1}{2}\sin2\theta\cos\varphi\right)^2\left(\frac{1}{2}\right)^2 + \left(\frac{1}{2} - \frac{1}{2} + \frac{1}{2}\sin2\theta\cos\varphi\right)^2\left(\frac{1}{2}\right)^2 \right]^{1/2}
\end{aligned}$$

量子物理若干基本问题
Some Fundamental Problems in Quantum Physics

$$= \left(\frac{1}{16}\sin^2 2\theta \cos^2 \varphi + \frac{1}{16}\sin^2 2\theta \cos^2 \varphi \right)^{1/2}$$

$$= \frac{1}{2\sqrt{2}}\sin 2\theta \cos \varphi \tag{8.2.42}$$

由式(8.2.37)和式(8.2.42)分别得到了 η_{AB} 和 η_{BA}. 由于测了 $\hat{A}$ 给测 $\hat{B}$ 带来的扰动和由于测了 $\hat{B}$ 给测 $\hat{A}$ 带来的扰动,这两个扰动并不相同,这亦是预期的结果.

(3) $j = 1$.

下面再以稍繁一点的 $j = 1$ 的系统为例,借以看出一些细微的不同之处和向更复杂的系统应用时需要考虑的地方.

① 基本性质.

$j = 1$ 的系统的三个角动量分量算符的矩阵表示分别为

$$\hat{j}_x = \begin{bmatrix} 0 & \frac{1}{\sqrt{2}} & 0 \\ \frac{1}{\sqrt{2}} & 0 & \frac{1}{\sqrt{2}} \\ 0 & \frac{1}{\sqrt{2}} & 0 \end{bmatrix}, \quad \hat{j}_y = \begin{bmatrix} 0 & \frac{-i}{\sqrt{2}} & 0 \\ \frac{i}{\sqrt{2}} & 0 & \frac{-i}{\sqrt{2}} \\ 0 & \frac{i}{\sqrt{2}} & 0 \end{bmatrix}, \quad \hat{j}_z = \begin{bmatrix} 1 & 0 & 0 \\ 0 & 0 & 0 \\ 0 & 0 & -1 \end{bmatrix}$$

$$\tag{8.2.43}$$

它们的本征态矢及本征值如下:

$\hat{j}_x$:

本征矢   本征值

$$|1\rangle_x = \begin{bmatrix} \frac{1}{2} \\ \frac{1}{\sqrt{2}} \\ \frac{1}{2} \end{bmatrix} \qquad 1$$

$$|0\rangle_x = \begin{bmatrix} \dfrac{1}{\sqrt{2}} \\ 0 \\ -\dfrac{1}{\sqrt{2}} \end{bmatrix} \qquad 0$$

$$|-1\rangle_x = \begin{bmatrix} \dfrac{1}{2} \\ -\dfrac{1}{\sqrt{2}} \\ \dfrac{1}{2} \end{bmatrix} \qquad -1 \tag{8.2.44}$$

$\hat{j}_y:$

本征矢   本征值

$$|1\rangle_y = \begin{bmatrix} \dfrac{1-\mathrm{i}}{2\sqrt{2}} \\ \dfrac{1+\mathrm{i}}{2} \\ -\dfrac{1-\mathrm{i}}{2\sqrt{2}} \end{bmatrix} \qquad 1$$

$$|0\rangle_y = \begin{bmatrix} \dfrac{\mathrm{i}}{\sqrt{2}} \\ 0 \\ \dfrac{\mathrm{i}}{\sqrt{2}} \end{bmatrix} \qquad 0 \tag{8.2.45}$$

$$|-1\rangle_y = \begin{bmatrix} \dfrac{1+\mathrm{i}}{2\sqrt{2}} \\ \dfrac{1-\mathrm{i}}{2} \\ -\dfrac{1+\mathrm{i}}{2\sqrt{2}} \end{bmatrix} \qquad -1$$

$\hat{j}_z:$

$$
\begin{array}{ccc}
\text{本征矢} & \text{本征值} \\
\end{array}
$$

$$
\begin{aligned}
|1\rangle_z &= \begin{bmatrix} 1 \\ 0 \\ 0 \end{bmatrix} & 1 \\
\\
|0\rangle_z &= \begin{bmatrix} 0 \\ 1 \\ 0 \end{bmatrix} & 0 \\
\\
|-1\rangle_z &= \begin{bmatrix} 0 \\ 0 \\ 1 \end{bmatrix} & -1
\end{aligned}
\tag{8.2.46}
$$

② 将系统的任意态矢 $|\psi\rangle$ 用 $\hat{j}_y$ 的本征态矢展开:

$$
|\psi\rangle = \cos\theta_1 \, |0\rangle_y + \sin\theta_1\cos\theta_2 \mathrm{e}^{\mathrm{i}\varphi_1} \, |1\rangle_y + \sin\theta_1\sin\theta_2 \mathrm{e}^{\mathrm{i}\varphi_2} \, |-1\rangle_y
$$

$$
= \cos\theta_1 \begin{bmatrix} \dfrac{\mathrm{i}}{\sqrt{2}} \\ 0 \\ \dfrac{\mathrm{i}}{\sqrt{2}} \end{bmatrix} + \sin\theta_1\cos\theta_2 \mathrm{e}^{\mathrm{i}\varphi_1} \begin{bmatrix} \dfrac{1-\mathrm{i}}{2\sqrt{2}} \\ \dfrac{1+\mathrm{i}}{2} \\ -\dfrac{1-\mathrm{i}}{2\sqrt{2}} \end{bmatrix} + \sin\theta_1\sin\theta_2 \mathrm{e}^{\mathrm{i}\varphi_2} \begin{bmatrix} \dfrac{1+\mathrm{i}}{2\sqrt{2}} \\ \dfrac{1-\mathrm{i}}{2} \\ -\dfrac{1+\mathrm{i}}{2\sqrt{2}} \end{bmatrix}
\tag{8.2.47}
$$

将 $|\psi\rangle$ 用 $\hat{j}_x$ 的本征态展开:

$$
|\psi\rangle = f_1 \, |1\rangle_x + f_2 \, |0\rangle_x + f_3 \, |-1\rangle_x
\tag{8.2.48}
$$

其中

$$
f_1 = {}_x\langle 1 | \psi \rangle = \left[\frac{1}{2}, \frac{1}{\sqrt{2}}, \frac{1}{2} \right] \left(\cos\theta_1 \begin{bmatrix} \dfrac{\mathrm{i}}{\sqrt{2}} \\ 0 \\ \dfrac{\mathrm{i}}{\sqrt{2}} \end{bmatrix} + \sin\theta_1\cos\theta_2 \mathrm{e}^{\mathrm{i}\varphi_1} \begin{bmatrix} \dfrac{1-\mathrm{i}}{2\sqrt{2}} \\ \dfrac{1+\mathrm{i}}{2} \\ -\dfrac{1-\mathrm{i}}{2\sqrt{2}} \end{bmatrix} \right.
$$

$$+ \sin\theta_1 \sin\theta_2 \mathrm{e}^{\mathrm{i}\varphi_2} \begin{bmatrix} \dfrac{1+\mathrm{i}}{2\sqrt{2}} \\[2mm] \dfrac{1-\mathrm{i}}{2} \\[2mm] -\dfrac{1+\mathrm{i}}{2\sqrt{2}} \end{bmatrix}$$

$$= \frac{\mathrm{i}}{\sqrt{2}}\cos\theta_1 + \frac{1+\mathrm{i}}{2\sqrt{2}}\sin\theta_1\cos\theta_2\mathrm{e}^{\mathrm{i}\varphi_1} + \frac{1-\mathrm{i}}{2\sqrt{2}}\sin\theta_1\sin\theta_2\mathrm{e}^{\mathrm{i}\varphi_2} \qquad (8.2.49)$$

$$f_2 = \left[\frac{1}{\sqrt{2}}, 0, -\frac{1}{\sqrt{2}}\right]\left(\cos\theta_1 \begin{bmatrix} \dfrac{\mathrm{i}}{\sqrt{2}} \\[2mm] 0 \\[2mm] \dfrac{\mathrm{i}}{\sqrt{2}} \end{bmatrix} + \sin\theta_1\cos\theta_2\mathrm{e}^{\mathrm{i}\varphi_1} \begin{bmatrix} \dfrac{1-\mathrm{i}}{2\sqrt{2}} \\[2mm] \dfrac{1+\mathrm{i}}{2} \\[2mm] -\dfrac{1-\mathrm{i}}{2\sqrt{2}} \end{bmatrix}\right.$$

$$\left.+ \sin\theta_1\sin\theta_2\mathrm{e}^{\mathrm{i}\varphi_2} \begin{bmatrix} \dfrac{1+\mathrm{i}}{2\sqrt{2}} \\[2mm] \dfrac{1-\mathrm{i}}{2} \\[2mm] -\dfrac{1+\mathrm{i}}{2\sqrt{2}} \end{bmatrix}\right)$$

$$= \frac{1-\mathrm{i}}{2}\sin\theta_1\cos\theta_2\mathrm{e}^{\mathrm{i}\varphi_1} + \frac{1+\mathrm{i}}{2}\sin\theta_1\sin\theta_2\mathrm{e}^{\mathrm{i}\varphi_2} \qquad (8.2.50)$$

$$f_3 = \left[\frac{1}{2}, -\frac{1}{\sqrt{2}}, \frac{1}{2}\right]\left(\cos\theta_1 \begin{bmatrix} \dfrac{\mathrm{i}}{\sqrt{2}} \\[2mm] 0 \\[2mm] \dfrac{\mathrm{i}}{\sqrt{2}} \end{bmatrix} + \sin\theta_1\cos\theta_2\mathrm{e}^{\mathrm{i}\varphi_1} \begin{bmatrix} \dfrac{1-\mathrm{i}}{2\sqrt{2}} \\[2mm] \dfrac{1+\mathrm{i}}{2} \\[2mm] -\dfrac{1-\mathrm{i}}{2\sqrt{2}} \end{bmatrix}\right.$$

$$\left.+ \sin\theta_1\sin\theta_2\mathrm{e}^{\mathrm{i}\varphi_2} \begin{bmatrix} \dfrac{1+\mathrm{i}}{2\sqrt{2}} \\[2mm] \dfrac{1-\mathrm{i}}{2} \\[2mm] -\dfrac{1+\mathrm{i}}{2\sqrt{2}} \end{bmatrix}\right)$$

$$= \frac{\mathrm{i}}{\sqrt{2}}\cos\theta_1 - \frac{1+\mathrm{i}}{2\sqrt{2}}\sin\theta_1\cos\theta_2\mathrm{e}^{\mathrm{i}\varphi_1} - \frac{1-\mathrm{i}}{2\sqrt{2}}\sin\theta_1\sin\theta_2\mathrm{e}^{\mathrm{i}\varphi_2} \tag{8.2.51}$$

③ 将 $|\psi\rangle$ 用 $\hat{j}_z$ 的本征态展开：

$$|\psi\rangle = g_1 \mid 1\rangle_z + g_2 \mid 0\rangle_z + g_3 \mid -1\rangle_z \tag{8.2.52}$$

其中

$$g_1 = [1,0,0]\left\{\cos\theta_1\begin{bmatrix}\dfrac{\mathrm{i}}{\sqrt{2}}\\[2mm]0\\[2mm]\dfrac{\mathrm{i}}{\sqrt{2}}\end{bmatrix} + \sin\theta_1\cos\theta_2\mathrm{e}^{\mathrm{i}\varphi_1}\begin{bmatrix}\dfrac{1-\mathrm{i}}{2\sqrt{2}}\\[2mm]\dfrac{1+\mathrm{i}}{2}\\[2mm]-\dfrac{1-\mathrm{i}}{2\sqrt{2}}\end{bmatrix}\right.$$

$$\left. + \sin\theta_1\sin\theta_2\mathrm{e}^{\mathrm{i}\varphi_2}\begin{bmatrix}\dfrac{1+\mathrm{i}}{2\sqrt{2}}\\[2mm]\dfrac{1-\mathrm{i}}{2}\\[2mm]-\dfrac{1+\mathrm{i}}{2\sqrt{2}}\end{bmatrix}\right\}$$

$$= \frac{\mathrm{i}}{\sqrt{2}}\cos\theta_1 + \frac{1-\mathrm{i}}{2\sqrt{2}}\sin\theta_1\cos\theta_2\mathrm{e}^{\mathrm{i}\varphi_1} + \frac{1+\mathrm{i}}{2\sqrt{2}}\sin\theta_1\sin\theta_2\mathrm{e}^{\mathrm{i}\varphi_2} \tag{8.2.53}$$

$$g_2 = [0,1,0]\left\{\cos\theta_1\begin{bmatrix}\dfrac{\mathrm{i}}{\sqrt{2}}\\[2mm]0\\[2mm]\dfrac{\mathrm{i}}{\sqrt{2}}\end{bmatrix} + \sin\theta_1\cos\theta_2\mathrm{e}^{\mathrm{i}\varphi_1}\begin{bmatrix}\dfrac{1-\mathrm{i}}{2\sqrt{2}}\\[2mm]\dfrac{1+\mathrm{i}}{2}\\[2mm]-\dfrac{1-\mathrm{i}}{2\sqrt{2}}\end{bmatrix}\right.$$

$$\left. + \sin\theta_1\sin\theta_2\mathrm{e}^{\mathrm{i}\varphi_2}\begin{bmatrix}\dfrac{1+\mathrm{i}}{2\sqrt{2}}\\[2mm]\dfrac{1-\mathrm{i}}{2}\\[2mm]-\dfrac{1+\mathrm{i}}{2\sqrt{2}}\end{bmatrix}\right\}$$

$$= \frac{1+i}{2}\sin\theta_1\cos\theta_2 e^{i\varphi_1} + \sin\theta_1\sin\theta_2 e^{i\varphi_2}\frac{1-i}{2} \tag{8.2.54}$$

$$g_3 = \frac{i}{\sqrt{2}}\cos\theta_1 - \frac{1-i}{2\sqrt{2}}\sin\theta_1\cos\theta_2 e^{i\varphi_1} - \frac{1+i}{2\sqrt{2}}\sin\theta_1\sin\theta_2 e^{i\varphi_2} \tag{8.2.55}$$

④

$$M_{11} = [1,0,0]\begin{bmatrix} \dfrac{1}{2} \\ \dfrac{1}{\sqrt{2}} \\ \dfrac{1}{2} \end{bmatrix} = \frac{1}{2}, \quad M_{12} = [1,0,0]\begin{bmatrix} \dfrac{1}{\sqrt{2}} \\ 0 \\ -\dfrac{1}{\sqrt{2}} \end{bmatrix} = \frac{1}{\sqrt{2}}$$

$$M_{13} = [1,0,0]\begin{bmatrix} \dfrac{1}{2} \\ -\dfrac{1}{\sqrt{2}} \\ \dfrac{1}{2} \end{bmatrix} = \frac{1}{2}$$

$$M_{21} = \frac{1}{\sqrt{2}}, \quad M_{22} = 0, \quad M_{23} = -\frac{1}{\sqrt{2}} \tag{8.2.56}$$

$$M_{31} = \frac{1}{2}, \quad M_{32} = -\frac{1}{\sqrt{2}}, \quad M_{33} = \frac{1}{2}$$

$$N_{11} = \left[\frac{1}{2}, \frac{1}{\sqrt{2}}, \frac{1}{2}\right]\begin{bmatrix} 1 \\ 0 \\ 0 \end{bmatrix} = \frac{1}{2}, \quad N_{12} = \frac{1}{\sqrt{2}}, \quad N_{13} = \frac{1}{2}$$

$$N_{21} = \left[\frac{1}{\sqrt{2}}, 0, -\frac{1}{\sqrt{2}}\right]\begin{bmatrix} 1 \\ 0 \\ 0 \end{bmatrix} = \frac{1}{\sqrt{2}}, \quad N_{22} = 0, \quad N_{23} = -\frac{1}{\sqrt{2}}$$

$$N_{31} = \left[\frac{1}{2}, -\frac{1}{\sqrt{2}}, \frac{1}{2}\right]\begin{bmatrix} 1 \\ 0 \\ 0 \end{bmatrix} = \frac{1}{2}, \quad N_{32} = -\frac{1}{\sqrt{2}}, \quad N_{33} = \frac{1}{2}$$

⑤

$$|f_1|^2 = \left(-\frac{i}{\sqrt{2}}\cos\theta_1 + \frac{1-i}{2\sqrt{2}}\sin\theta_1\cos\theta_2 e^{-i\varphi_1} + \frac{1+i}{2\sqrt{2}}\sin\theta_1\sin\theta_2 e^{-i\varphi_2}\right)$$

$$\cdot \left(\frac{i}{\sqrt{2}}\cos\theta_1 + \frac{1+i}{2\sqrt{2}}\sin\theta_1\cos\theta_2 e^{i\varphi_1} + \frac{1-i}{2\sqrt{2}}\sin\theta_1\sin\theta_2 e^{i\varphi_2}\right)$$

$$= \frac{1}{2}\cos^2\theta_1 + \frac{1-i}{4}\sin\theta_1\cos\theta_1\cos\theta_2 e^{i\varphi_1} - \frac{1+i}{4}\sin\theta_1\cos\theta_1\sin\theta_2 e^{i\varphi_2}$$

$$+ \frac{1+i}{4}\sin\theta_1\cos\theta_1\cos\theta_2 e^{-i\varphi_1} + \frac{1}{4}\sin^2\theta_1\cos^2\theta_2$$

$$- \frac{i}{4}\sin^2\theta_1\sin\theta_2\cos\theta_2 e^{i(\varphi_2-\varphi_1)} - \frac{1-i}{4}\sin\theta_1\cos\theta_1\sin\theta_2 e^{-i\varphi_2}$$

$$+ \frac{i}{4}\sin^2\theta_1\sin\theta_2\cos\theta_2 e^{i(\varphi_1-\varphi_2)} + \frac{1}{4}\sin^2\theta_1\sin^2\theta_2$$

$$= \frac{1}{2}\cos^2\theta_1 + \frac{1}{2}\sin\theta_1\cos\theta_1\cos\theta_2(\cos\varphi_1 + \sin\varphi_1)$$

$$- \frac{1}{2}\sin\theta_1\cos\theta_1\sin\theta_2(\cos\varphi_2 - \sin\varphi_2)$$

$$+ \frac{1}{4}\sin^2\theta_1 - \frac{1}{2}\sin^2\theta_1\sin\theta_2\cos\theta_2\sin(\varphi_1 - \varphi_2) \tag{8.2.57}$$

$$|f_2|^2 = \left(\frac{1+i}{2}\sin\theta_1\cos\theta_2 e^{-i\varphi_1} + \frac{1-i}{2}\sin\theta_1\sin\theta_2 e^{-i\varphi_2}\right)$$

$$\cdot \left(\frac{1-i}{2}\sin\theta_1\cos\theta_2 e^{i\varphi_1} + \frac{1+i}{2}\sin\theta_1\sin\theta_2 e^{i\varphi_2}\right)$$

$$= \frac{1}{2}\sin^2\theta_1\cos^2\theta_2 + \frac{i}{2}\sin^2\theta_1\sin\theta_2\cos\theta_2 e^{i(\varphi_2-\varphi_1)}$$

$$- \frac{i}{2}\sin^2\theta_1\sin\theta_2\cos\theta_2 e^{i(\varphi_1-\varphi_2)} + \frac{1}{2}\sin^2\theta_1\sin^2\theta_2$$

$$= \frac{1}{2}\sin^2\theta_1 + \sin^2\theta_1\sin\theta_2\cos\theta_2\sin(\varphi_1 - \varphi_2) \tag{8.2.58}$$

$$|f_3|^2 = \left(-\frac{i}{\sqrt{2}}\cos\theta_1 - \frac{1-i}{2\sqrt{2}}\sin\theta_1\cos\theta_2 e^{-i\varphi_1} - \frac{1+i}{2\sqrt{2}}\sin\theta_1\sin\theta_2 e^{-i\varphi_2}\right)$$

$$\cdot \left(\frac{i}{\sqrt{2}}\cos\theta_1 - \frac{1+i}{2\sqrt{2}}\sin\theta_1\cos\theta_2 e^{i\varphi_1} - \frac{1-i}{2\sqrt{2}}\sin\theta_1\sin\theta_2 e^{i\varphi_2}\right)$$

$$= \frac{1}{2}\cos^2\theta_1 + \frac{i-1}{4}\sin\theta_1\cos\theta_1\cos\theta_2 e^{i\varphi_1} + \frac{1+i}{4}\sin\theta_1\cos\theta_1\sin\theta_2 e^{i\varphi_2}$$

$$- \frac{1+\mathrm{i}}{4} \sin\theta_1 \cos\theta_1 \cos\theta_2 \mathrm{e}^{-\mathrm{i}\varphi_1} + \frac{1}{4} \sin^2\theta_1 \cos^2\theta_2$$

$$- \frac{\mathrm{i}}{4} \sin^2\theta_1 \sin\theta_2 \cos\theta_2 \mathrm{e}^{\mathrm{i}(\varphi_2 - \varphi_1)} + \frac{1-\mathrm{i}}{4} \sin\theta_1 \cos\theta_1 \sin\theta_2 \mathrm{e}^{-\mathrm{i}\varphi_2}$$

$$+ \frac{\mathrm{i}}{4} \sin^2\theta_1 \sin\theta_2 \cos\theta_2 \mathrm{e}^{\mathrm{i}(\varphi_1 - \varphi_2)} + \frac{1}{4} \sin^2\theta_1 \sin^2\theta_2$$

$$= \frac{1}{2} \cos^2\theta_1 - \frac{1}{2} \sin\theta_1 \cos\theta_1 \cos\theta_2 (\cos\varphi_1 + \sin\varphi_1)$$

$$+ \frac{1}{2} \sin\theta_1 \cos\theta_1 \sin\theta_2 (\cos\varphi_2 - \sin\varphi_2)$$

$$- \frac{1}{2} \sin^2\theta_1 \sin\theta_2 \cos\theta_2 \sin(\varphi_1 - \varphi_2) + \frac{1}{4} \sin^2\theta_1 \qquad (8.2.59)$$

$$| g_1 |^2 = \left(- \frac{\mathrm{i}}{\sqrt{2}} \cos\theta_1 + \frac{1+\mathrm{i}}{2\sqrt{2}} \sin\theta_1 \cos\theta_2 \mathrm{e}^{-\mathrm{i}\varphi_1} + \frac{1-\mathrm{i}}{2\sqrt{2}} \sin\theta_1 \sin\theta_2 \mathrm{e}^{-\mathrm{i}\varphi_2} \right)$$

$$\bullet \left(\frac{\mathrm{i}}{\sqrt{2}} \cos\theta_1 + \frac{1-\mathrm{i}}{2\sqrt{2}} \sin\theta_1 \cos\theta_2 \mathrm{e}^{\mathrm{i}\varphi_1} + \frac{1+\mathrm{i}}{2\sqrt{2}} \sin\theta_1 \sin\theta_2 \mathrm{e}^{\mathrm{i}\varphi_2} \right)$$

$$= \frac{1}{2} \cos^2\theta_1 - \frac{1+\mathrm{i}}{4} \sin\theta_1 \cos\theta_1 \cos\theta_2 \mathrm{e}^{\mathrm{i}\varphi_1} + \frac{1-\mathrm{i}}{4} \sin\theta_1 \cos\theta_1 \sin\theta_2 \mathrm{e}^{\mathrm{i}\varphi_2}$$

$$- \frac{1-\mathrm{i}}{4} \sin\theta_1 \cos\theta_1 \cos\theta_2 \mathrm{e}^{-\mathrm{i}\varphi_1} + \frac{1}{4} \sin^2\theta_1 \cos^2\theta_2$$

$$+ \frac{\mathrm{i}}{4} \sin^2\theta_1 \sin\theta_2 \cos\theta_2 \mathrm{e}^{\mathrm{i}(\varphi_2 - \varphi_1)} + \frac{1+\mathrm{i}}{4} \sin\theta_1 \cos\theta_1 \sin\theta_2 \mathrm{e}^{-\mathrm{i}\varphi_2}$$

$$- \frac{\mathrm{i}}{4} \sin^2\theta_1 \sin\theta_2 \cos\theta_2 \mathrm{e}^{\mathrm{i}(\varphi_1 - \varphi_2)} + \frac{1}{4} \sin^2\theta_1 \sin^2\theta_2$$

$$= \frac{1}{2} \cos^2\theta_1 - \frac{1}{2} \sin\theta_1 \cos\theta_1 \cos\theta_2 (\cos\varphi_1 - \sin\varphi_1)$$

$$+ \frac{1}{2} \sin\theta_1 \cos\theta_1 \sin\theta_2 (\cos\varphi_2 + \sin\varphi_2)$$

$$+ \frac{1}{4} \sin^2\theta_1 + \frac{1}{2} \sin^2\theta_1 \sin\theta_2 \cos\theta_2 \sin(\varphi_1 - \varphi_2) \qquad (8.2.60)$$

$$| g_2 |^2 = \left(\frac{1-\mathrm{i}}{2} \sin\theta_1 \cos\theta_2 \mathrm{e}^{-\mathrm{i}\varphi_1} + \frac{1+\mathrm{i}}{2} \sin\theta_1 \sin\theta_2 \mathrm{e}^{-\mathrm{i}\varphi_2} \right)$$

$$\bullet \left(\frac{1+\mathrm{i}}{2} \sin\theta_1 \cos\theta_2 \mathrm{e}^{\mathrm{i}\varphi_1} + \frac{1-\mathrm{i}}{2\sqrt{2}} \sin\theta_1 \sin\theta_2 \mathrm{e}^{\mathrm{i}\varphi_2} \right)$$

$$= \frac{1}{2} \sin^2\theta_1 \cos^2\theta_2 - \frac{\mathrm{i}}{2} \sin^2\theta_1 \sin\theta_2 \cos\theta_2 \mathrm{e}^{\mathrm{i}(\varphi_2 - \varphi_1)}$$

$$+ \frac{i}{2}\sin^2\theta_1\sin\theta_2\cos\theta_2 e^{i(\varphi_1-\varphi_2)} + \frac{1}{2}\sin^2\theta_1\sin^2\theta_2$$

$$= \frac{1}{2}\sin^2\theta_1 - \sin^2\theta_1\sin\theta_2\cos\theta_2\sin(\varphi_1-\varphi_2) \tag{8.2.61}$$

$$|g_3|^2 = \left(-\frac{i}{\sqrt{2}}\cos\theta_1 - \frac{1+i}{2\sqrt{2}}\sin\theta_1\cos\theta_2 e^{-i\varphi_1} - \frac{1-i}{2\sqrt{2}}\sin\theta_1\sin\theta_2 e^{-i\varphi_2}\right)$$

$$\cdot \left(\frac{i}{\sqrt{2}}\cos\theta_1 - \frac{1-i}{2\sqrt{2}}\sin\theta_1\cos\theta_2 e^{i\varphi_1} - \frac{1+i}{2\sqrt{2}}\sin\theta_1\sin\theta_2 e^{i\varphi_2}\right)$$

$$= \frac{1}{2}\cos^2\theta_1 + \frac{1+i}{4}\sin\theta_1\cos\theta_1\cos\theta_2 e^{i\varphi_1} - \frac{1-i}{4}\sin\theta_1\cos\theta_1\sin\theta_2 e^{i\varphi_2}$$

$$+ \frac{1-i}{4}\sin\theta_1\cos\theta_1\cos\theta_2 e^{-i\varphi_1} + \frac{1}{4}\sin^2\theta_1\cos^2\theta_2$$

$$+ \frac{i}{4}\sin^2\theta_1\sin\theta_2\cos\theta_2 e^{i(\varphi_2-\varphi_1)} - \frac{1+i}{4}\sin\theta_1\cos\theta_1\sin\theta_2 e^{-i\varphi_2}$$

$$- \frac{i}{4}\sin^2\theta_1\sin\theta_2\cos\theta_2 e^{i(\varphi_1-\varphi_2)} + \frac{1}{4}\sin^2\theta_1\sin^2\theta_2$$

$$= \frac{1}{2}\cos^2\theta_1 + \frac{1}{2}\sin\theta_1\cos\theta_1\cos\theta_2(\cos\varphi_1 - \sin\varphi_1)$$

$$- \frac{1}{2}\sin\theta_1\cos\theta_1\sin\theta_2(\cos\varphi_2 + \sin\varphi_2)$$

$$+ \frac{1}{4}\sin^2\theta_1 + \frac{1}{2}\sin^2\theta_1\sin\theta_2\cos\theta_2\sin(\varphi_1-\varphi_2) \tag{8.2.62}$$

⑥ η_{xz}.

$$S'(1) = |f_1|^2 M_{11}^2 + |f_2|^2 M_{12}^2 + |f_3|^2 M_{13}^2$$

$$= \frac{1}{4}\left[\frac{1}{2}\cos^2\theta_1 + \frac{1}{2}\sin\theta_1\cos\theta_1\cos\theta_2(\cos\varphi_1 + \sin\varphi_1)\right.$$

$$- \frac{1}{2}\sin\theta_1\cos\theta_1\sin\theta_2(\cos\varphi_2 - \sin\varphi_2)$$

$$\left.+ \frac{1}{4}\sin^2\theta_1 - \frac{1}{2}\sin^2\theta_1\sin\theta_2\cos\theta_2\sin(\varphi_1-\varphi_2)\right]$$

$$+ \frac{1}{2}\left[\frac{1}{2}\sin^2\theta_1 + \sin^2\theta_1\sin\theta_2\cos\theta_2\sin(\varphi_1-\varphi_2)\right]$$

$$+ \frac{1}{4}\left[\frac{1}{2}\cos^2\theta - \frac{1}{2}\sin\theta_1\cos\theta_1\cos\theta_2(\cos\varphi_1 + \sin\varphi_1)\right.$$

$$+ \frac{1}{2}\sin\theta_1\cos\theta_1\sin\theta_2(\cos\varphi_2 - \sin\varphi_2)$$

$$- \frac{1}{2}\sin^2\theta_1\sin\theta_2\cos\theta_2\sin(\varphi_1 - \varphi_2) + \frac{1}{4}\sin^2\theta_1\Big]$$

$$= \frac{1}{8}\cos^2\theta_1 + \frac{1}{16}\sin^2\theta_1 - \frac{1}{8}\sin^2\theta_1\sin\theta_2\cos\theta_2\sin(\varphi_1 - \varphi_2)$$

$$+ \frac{1}{4}\sin^2\theta_1 + \frac{1}{2}\sin^2\theta_1\sin\theta_2\cos\theta_2\sin(\varphi_1 - \varphi_2)$$

$$+ \frac{1}{8}\cos^2\theta_1 - \frac{1}{8}\sin^2\theta_1\sin\theta_2\cos\theta_2\sin(\varphi_1 - \varphi_2) + \frac{1}{16}\sin^2\theta_1$$

$$= \frac{1}{4} + \frac{1}{8}\sin^2\theta_1 + \frac{1}{4}\sin^2\theta_1\sin\theta_2\cos\theta_2\sin(\varphi_1 - \varphi_2) \tag{8.2.63}$$

$$S'(2) = \mid f_1 \mid^2 \mid M_{21} \mid^2 + \mid f_2 \mid^2 \mid M_{22} \mid^2 + \mid f_3 \mid^2 \mid M_{23} \mid^2$$

$$= \frac{1}{2}\Big[\frac{1}{2}\cos^2\theta_1 + \frac{1}{2}\sin\theta_1\cos\theta_1\cos\theta_2(\cos\varphi_1 + \sin\varphi_1)$$

$$- \frac{1}{2}\sin\theta_1\cos\theta_1\sin\theta_2(\cos\varphi_2 - \sin\varphi_2)$$

$$+ \frac{1}{4}\sin^2\theta_1 - \frac{1}{2}\sin^2\theta_1\sin\theta_2\cos\theta_2\sin(\varphi_1 - \varphi_2)\Big]$$

$$+ \frac{1}{2}\Big[\frac{1}{2}\cos^2\theta_1 - \frac{1}{2}\sin\theta_1\cos\theta_1\cos\theta_2(\cos\varphi_1 + \sin\varphi_1)$$

$$+ \frac{1}{2}\sin\theta_1\cos\theta_1\sin\theta_2(\cos\varphi_2 - \sin\varphi_2)$$

$$- \frac{1}{2}\sin^2\theta_1\sin\theta_2\cos\theta_2\sin(\varphi_1 - \varphi_2) + \frac{1}{4}\sin^2\theta_1\Big]$$

$$= \frac{1}{4} + \frac{1}{4}\cos^2\theta_1 - \frac{1}{2}\sin^2\theta_1\sin\theta_2\cos\theta_2\sin(\varphi_1 - \varphi_2) \tag{8.2.64}$$

$$S'(3) = \mid f_1 \mid^2 \mid M_{31} \mid^2 + \mid f_2 \mid^2 \mid M_{32} \mid^2 + \mid f_3 \mid^2 \mid M_{33} \mid^2 = S'(1) \tag{8.2.65}$$

$$\eta_{xz} = \{[S'(1) - \mid g_1 \mid^2]^2(1)^2 + [S'(2) - \mid g_2 \mid^2]^2(0)^2$$

$$+ [S'(3) - \mid g_3 \mid^2]^2(-1)^2\}^{1/2}$$

$$= \{[S'(1) - \mid g_1 \mid^2]^2 + [S'(3) - \mid g_3 \mid^2]^2\}^{1/2}$$

$$= \Big\{\Big[\frac{1}{4} + \frac{1}{8}\sin^2\theta_1 + \frac{1}{4}\sin^2\theta_1\sin\theta_2\cos\theta_2\sin(\varphi_1 - \varphi_2)$$

$$- \frac{1}{2}\cos^2\theta_1 + \frac{1}{2}\sin\theta_1\cos\theta_1\cos\theta_2(\cos\varphi_1 - \sin\varphi_1)$$

$$- \frac{1}{2}\sin\theta_1\cos\theta_1\sin\theta_2(\cos\varphi_2 + \sin\varphi_2)$$

$$- \frac{1}{4}\sin^2\theta_1 - \frac{1}{2}\sin^2\theta_1\sin\theta_2\cos\theta_2(\varphi_1 - \varphi_2)\Big]^2$$

$$+ \Big[\frac{1}{4} + \frac{1}{8}\sin^2\theta_1 + \frac{1}{4}\sin^2\theta_1\sin\theta_2\cos\theta_2\sin(\varphi_1 - \varphi_2)$$

$$- \frac{1}{2}\cos^2\theta_1 - \frac{1}{2}\sin\theta_1\cos\theta_1\cos\theta_2(\cos\varphi_1 - \sin\varphi_1)$$

$$+ \frac{1}{2}\sin\theta_1\cos\theta_1\sin\theta_2(\cos\varphi_2 + \sin\varphi_2)$$

$$- \frac{1}{4}\sin^2\theta_1 - \frac{1}{2}\sin^2\theta_1\sin\theta_2\cos\theta_2\sin(\varphi_1 - \varphi_2)\Big]^2\Big\}^{1/2}$$

$$= \Big\{\Big[\frac{1}{4} - \frac{1}{8}\sin^2\theta_1 - \frac{1}{2}\cos^2\theta_1 - \frac{1}{4}\sin^2\theta_1\sin\theta_2\cos\theta_2\sin(\varphi_1 - \varphi_2)$$

$$+ \frac{1}{2}\sin\theta_1\cos\theta_1\cos\theta_2(\cos\varphi_1 - \sin\varphi_1)$$

$$- \frac{1}{2}\sin\theta_1\cos\theta_1\sin\theta_2(\cos\varphi_2 + \sin\varphi_2)\Big]^2$$

$$+ \Big[\frac{1}{4} - \frac{1}{8}\sin^2\theta_1 - \frac{1}{2}\cos^2\theta_1 - \frac{1}{4}\sin^2\theta_1\sin\theta_2\cos\theta_2\sin(\varphi_1 - \varphi_2)$$

$$- \frac{1}{2}\sin\theta_1\cos\theta_1\cos\theta_2(\cos\varphi_1 - \sin\varphi_1)$$

$$+ \frac{1}{2}\sin\theta_1\cos\theta_1\sin\theta_2(\cos\varphi_2 + \sin\varphi_2)\Big]^2\Big\}^{1/2}$$

$$= \Big\{\Big[\frac{1}{4} - \frac{1}{8}\sin^2\theta_1 - \frac{1}{2}\cos^2\theta_1 - \frac{1}{4}\sin^2\theta_1\sin\theta_2\cos\theta_2\sin(\varphi_1 - \varphi_2)\Big]^2$$

$$- \Big[\frac{1}{2}\sin\theta_1\cos\theta_1\cos\theta_2(\cos\varphi_1 - \sin\varphi_1)$$

$$- \frac{1}{2}\sin\theta_1\cos\theta_1\sin\theta_2(\cos\varphi_2 + \sin\varphi_2)\Big]^2\Big\}^{1/2} \tag{8.2.66}$$

⑦ η_{zx}.

$$S'(1) = |g_1|^2 N_{11}^2 + |g_2|^2 N_{12}^2 + |g_3|^2 N_{13}^2$$

$$= \frac{1}{4}\Big[\frac{1}{2}\cos^2\theta_1 - \frac{1}{2}\sin\theta_1\cos\theta_1\cos\theta_2(\cos\varphi_1 - \sin\varphi_1)$$

$$+ \frac{1}{2}\sin\theta_1\cos\theta_1\sin\theta_2(\cos\varphi_2 + \sin\varphi_2)$$

$$+ \frac{1}{4}\sin^2\theta_1 + \frac{1}{2}\sin^2\theta_1\sin\theta_2\cos\theta_2\sin(\varphi_1 - \varphi_2)\Big]$$

$$+ \frac{1}{2}\Big[\frac{1}{2}\sin^2\theta_1 - \sin^2\theta_1\sin\theta_2\cos\theta_2\sin(\varphi_1 - \varphi_2)\Big]$$

$$+ \frac{1}{4}\Big[\frac{1}{2}\cos^2\theta_1 + \frac{1}{2}\sin\theta_1\cos\theta_1\cos\theta_2(\cos\varphi_1 - \sin\varphi_1)$$

$$- \frac{1}{2}\sin\theta_1\cos\theta_1\sin\theta_2(\cos\varphi_2 + \sin\varphi_2)$$

$$+ \frac{1}{4}\sin^2\theta_1 + \frac{1}{2}\sin^2\theta_1\sin\theta_2\cos\theta_2\sin(\varphi_1 - \varphi_2)\Big]$$

$$= \frac{1}{4} + \frac{1}{8}\sin^2\theta_1 - \frac{1}{4}\sin^2\theta_1\sin\theta_2\cos\theta_2\sin(\varphi_1 - \varphi_2) \quad (8.2.67)$$

$$S'(2) = \mid g_1 \mid^2 N_{21}^2 + \mid g_2 \mid^2 N_{22}^2 + \mid g_3 \mid^2 N_{23}^2$$

$$= \frac{1}{2}\Big[\frac{1}{2}\cos^2\theta_1 - \frac{1}{2}\sin\theta_1\cos\theta_1\cos\theta_2(\cos\varphi_1 - \sin\varphi_1)$$

$$+ \frac{1}{2}\sin\theta_1\cos\theta_1\sin\theta_2(\cos\varphi_2 + \sin\varphi_2)$$

$$+ \frac{1}{4}\sin^2\theta_1 + \frac{1}{2}\sin^2\theta_1\sin\theta_2\cos\theta_2\sin(\varphi_1 - \varphi_2)\Big]$$

$$+ \frac{1}{2}\Big[\frac{1}{2}\cos^2\theta_1 + \frac{1}{2}\sin\theta_1\cos\theta_1\cos\theta_2(\cos\varphi_1 - \sin\varphi_1)$$

$$- \frac{1}{2}\sin\theta_1\cos\theta_1\sin\theta_2(\cos\varphi_2 + \sin\varphi_2)$$

$$+ \frac{1}{4}\sin^2\theta_1 + \frac{1}{2}\sin^2\theta_1\sin\theta_2\cos\theta_2\sin(\varphi_1 - \varphi_2)\Big]$$

$$= \frac{1}{4} + \frac{1}{4}\cos^2\theta_1 + \frac{1}{2}\sin^2\theta_1\sin\theta_2\cos\theta_2\sin(\varphi_1 - \varphi_2) \quad (8.2.68)$$

$$S'(3) = \mid g_1 \mid^2 N_{31}^2 + \mid g_2 \mid^2 N_{32}^2 + \mid g_3 \mid^2 N_{33}^2 = S'(1) \quad (8.2.69)$$

$$\eta_{xz} = \{[S'(1) - \mid f_1 \mid^2]^2 (1)^2 + [S'(2) - \mid f_2 \mid^2]^2 (0)^2$$

$$+ [S'(3) - \mid f_3 \mid^2]^2 (-1)^2\}^{1/2}$$

$$= \{[S'(1) - \mid f_1 \mid^2]^2 + [S'(3) - \mid f_3 \mid^2]^2\}^{1/2}$$

$$= \Big\{\Big[\frac{1}{4} + \frac{1}{8}\sin^2\theta_1 - \frac{1}{4}\sin^2\theta_1\sin\theta_2\cos\theta_2\sin(\varphi_1 - \varphi_2)$$

$$-\frac{1}{2}\cos^2\theta_1 - \frac{1}{2}\sin\theta_1\cos\theta_1\cos\theta_2(\cos\varphi_1 + \sin\varphi_1)$$

$$+\frac{1}{2}\sin\theta_1\cos\theta_1\sin\theta_2(\cos\varphi_2 - \sin\varphi_2)$$

$$-\frac{1}{4}\sin^2\theta_1 + \frac{1}{2}\sin^2\theta_1\sin\theta_2\cos\theta_2\sin(\varphi_1 - \varphi_2)\Big]^2$$

$$+\Big[\frac{1}{4} + \frac{1}{8}\sin^2\theta_1 - \frac{1}{4}\sin^2\theta_1\sin\theta_2\cos\theta_2\sin(\varphi_1 - \varphi_2)$$

$$-\frac{1}{2}\cos^2\theta_1 + \frac{1}{2}\sin\theta_1\cos\theta_1\cos\theta_2(\cos\varphi_1 + \sin\varphi_1)$$

$$-\frac{1}{2}\sin\theta_1\cos\theta_1\sin\theta_2(\cos\varphi_2 - \sin\varphi_2)$$

$$+\frac{1}{2}\sin^2\theta_1\sin\theta_2\cos\theta_2\sin(\varphi_1 - \varphi_2) - \frac{1}{4}\sin^2\theta_1\Big]^2\Big\}^{1/2}$$

$$= \Big\{\Big[\frac{1}{4} + \frac{1}{8}\sin^2\theta_1 - \frac{1}{2}\cos^2\theta_1 - \frac{1}{4}\sin^2\theta_1\sin\theta_2\cos\theta_2\sin(\varphi_1 - \varphi_2)\Big]^2$$

$$-\Big[\frac{1}{2}\sin^2\theta_1\cos\theta_1\cos\theta_2(\cos\varphi_1 + \sin\varphi_1)$$

$$-\frac{1}{2}\sin\theta_1\cos\theta_1\sin\theta_2(\cos\varphi_2 - \sin\varphi_2)\Big]^2\Big\}^{1/2} \tag{8.2.70}$$

⑧ 讨论:

(a) 和 $j = \frac{1}{2}$ 比较可知,$j = 1$ 的情形不像 $j = \frac{1}{2}$,在那里

$$\eta_{xz}\left(j = \frac{1}{2}\right) = 0$$

$$\eta_{xz}(j = 1) \neq 0$$

(b) 尽管 $\eta_{xz}(j = 1) \neq 0$,但仍然有

$$\eta_{xz}(j = 1) \neq \eta_{zx}(j = 1)$$

(c) 不论 $j = \frac{1}{2}$ 还是 $j = 1$,都有 $\eta_{xz} \neq \eta_{zx}$. 从物理角度看,这是应有的结果,因为 $\hat{j}_x\hat{j}_z \neq \hat{j}_z\hat{j}_x$,所以在不同顺序下,其物理效应应当是不一样的.

(d) 从 $j = \frac{1}{2}$ 到 $j = 1$ 的讨论中已可看出,对于更高阶角动量系统的同时测量,其中相互扰动的繁复程度增加很快.这里不再继续推演,只在附录中将高阶角动量分量

算符的性质列出.

最后我们要指出,按照这里的讨论,已经可以将得到的 $j = \frac{1}{2}, 1$ 的两个物理系统的具体结果与上面谈到的那两种理论作比较,借以探讨如何寻求到正确的做法,就不在这里继续讨论下去了.

附录

角动量不同分量间的关系

（1）角动量算符的 Schwinger 双振子理论.

为简单起见，取 $\hbar = 1$，一个角动量含三个分量：

$$\hat{j} = (\hat{j}_x, \hat{j}_y, \hat{j}_z) \tag{1}$$

它们满足如下的基本对易关系：

$$[\hat{j}_x, \hat{j}_y] = \mathrm{i}\,\hat{j}_z$$
$$[\hat{j}_y, \hat{j}_z] = \mathrm{i}\,\hat{j}_x \tag{2}$$
$$[\hat{j}_z, \hat{j}_x] = \mathrm{i}\,\hat{j}_y$$

引入角动量平方算符：

$$\hat{j}^2 = \hat{j}_x^2 + \hat{j}_y^2 + \hat{j}_z^2 \tag{3}$$

$\hat{j}^2, \hat{j}_z$ 的共同本征态 $|jm\rangle$ 有以下性质：

$$\hat{j}^2 \mid jm\rangle = j(j+1) \mid jm\rangle, \quad \hat{j}_z \mid jm\rangle = m \mid jm\rangle$$

$$m = -j, -j+1, \cdots, j-1, j, \quad j = \begin{cases} 0,1,2,\cdots \\ \dfrac{1}{2}, \dfrac{3}{2}, \dfrac{5}{2} \end{cases} \tag{4}$$

为方便计算角动量算符，Schwinger 引入了两对玻色算符 $(a, a^\dagger)$ 及 $(b, b^\dagger)$，它们相互独立，都满足基本的玻色算符对易关系：

$$[a, a] = [a^\dagger, a^\dagger] = 0, \quad [a, a^\dagger] = 1 \tag{5}$$

$$[b, b] = [b^\dagger, b^\dagger] = 0, \quad [b, b^\dagger] = 1 \tag{6}$$

因为 $(a, a^\dagger)$ 与 $(b, b^\dagger)$ 互为独立，故相互对易. Schwinger 将角动量算符用 $(a, a^\dagger)$ 和 $(b, b^\dagger)$ 表示如下：

$$\hat{j}_x = \frac{1}{2}(a^\dagger b + b^\dagger a)$$

$$\hat{j}_y = \frac{i}{2}(ab^\dagger - a^\dagger b) \tag{7}$$

$$\hat{j}_z = \frac{1}{2}(a^\dagger a - b^\dagger b)$$

容易证明，将角动量算符用右方的表示式代换时，它们满足式(2)的基本对易关系，同时上述角动量平方算符 $\hat{j}^2$ 及角动量分量 $\hat{j}_z$ 的共同本征态矢可表示为

$$\mid jm\rangle = \frac{(a^\dagger)^{j+m} (b^\dagger)^{j-m}}{\sqrt{(j+m)!(j-m)!}} \mid 0\rangle \tag{8}$$

从(7)(8)两式看出，这里引入 Schwinger 的角动量算符玻色化理论的优点在于，计算中可以利用玻色算符表示及态矢表示作系统的计算.

(2) 为演示这样计算的系统性，我们以计算 $\hat{j}_x$ 的本征态(准确地说是 $\hat{j}^2$ 和 $\hat{j}_x$ 的共同本征态)用 $\hat{j}_z$ 的本征态($\hat{j}^2, \hat{j}_z$ 的共同本征态)展开的表示式为例，从前面的讨论已看到，这是讨论这类问题时必须做的一个部分. 把 $\hat{j}^2, \hat{j}_z$ 的共同本征态仍表示为 $\{|jm\rangle\}$，为了将 $\hat{j}^2, \hat{j}_x$ 的共同本征态与 $\{|jm\rangle\}$ 相区别，必须加上下标，表示为 $\{|jm_1\rangle_x\}$. 将 $|jm_1\rangle_x$ 用 $\{|jm\rangle\}$ 展开时表示为

量子物理若干基本问题
Some Fundamental Problems in Quantum Physics

$$| j m_1 \rangle_x = \sum_m \varphi_m^{(m_1)} | jm \rangle \tag{9}$$

上式右方的 $\{\varphi_m^{(1)}\}$ 如何确定？因为 $| j m_1 \rangle_x$ 是 $\hat{j}_x$ 的本征态矢，故应有

$$\hat{j}_x | j m_1 \rangle_x = m_1 | j m_1 \rangle_x \tag{10}$$

现在就利用将式(7)和式(8)的 Schwinger 表示代入式(10)中来求 $\{\varphi_m^{(1)}\}$，即

$$\hat{j}_x | m_1 \rangle_x = \frac{1}{2} (a^\dagger b + a b^\dagger) \sum_m \varphi_m^{(m_1)} \frac{(a^\dagger)^{j+m} (b^\dagger)^{j-m}}{\sqrt{(j+m)!(j-m)!}} | 0 \rangle$$

$$= \frac{1}{2} \sum_m \varphi_m^{(m_1)} \frac{(a^\dagger)^{j+m+1} (j-m)(b^\dagger)^{j-m-1}}{\sqrt{(j+m)!(j-m)!}} | 0 \rangle$$

$$+ \frac{1}{2} \sum_m \varphi_m^{(m_1)} \frac{(j+m)(a^\dagger)^{j+m-1} (b^\dagger)^{j-m+1}}{\sqrt{(j+m)!(j-m)!}} | 0 \rangle$$

$$= \frac{1}{2} \sum_m \varphi_m^{(m_1)} \frac{(a^\dagger)^{j+m+1} (b^\dagger)^{j-m-1}}{\sqrt{(j+m+1)!(j-m-1)!}} \sqrt{j+m+1} | 0 \rangle$$

$$+ \frac{1}{2} \sum_m \varphi_m^{(m_1)} \frac{(a^\dagger)^{j+m-1} (b^\dagger)^{j-m+1}}{\sqrt{(j+m-1)!(j-m+1)!}} \sqrt{j-m+1} | 0 \rangle$$

$$= \frac{1}{2} \sum_m \varphi_m^{(m_1)} \sqrt{j+m+1} | j, m+1 \rangle$$

$$+ \frac{1}{2} \sum_m \varphi_m^{(m_1)} \sqrt{j-m+1} | j, m-1 \rangle$$

$$= \sum_m m_1 \varphi_m^{(m_1)} | jm \rangle \tag{11}$$

比较上式两方的 $| jm \rangle$，得

$$\frac{1}{2} \sqrt{2j} \varphi_j^{(m_1)} = m_1 \varphi_j^{(m_1)} \quad (m = j) \tag{12}$$

$$\frac{1}{2} \sqrt{j+m} \varphi_{m-1}^{(m_1)} + \frac{1}{2} \sqrt{j-m} \varphi_{m+1}^{(m_1)} = m_1 \varphi_m^{(m_1)} \quad (m \neq j \text{ 和} -j) \tag{13}$$

$$\frac{1}{2} \sqrt{2j} \varphi_{-j+1}^{(m_1)} = m_1 \varphi_{-j}^{(m_1)} \quad (m = -j) \tag{14}$$

利用上面的方程组可将 $\{\varphi_m^{(m_1)}\}$ 解出.

量子科学出版工程